高等学校 CAD/CAM/CAE 规划教材

Pro/ENGINEER Wildfire 4.0

三维机械设计

田绪东　管殿柱　主编

机械工业出版社

Pro/ENGINEER 是美国参数技术（PTC）公司于 1988 年推出的大型 CAD/CAM/CAE 集成软件，该软件使用参数化特征造型技术，实现了从特征、零件、装配及产生工程图直至制造分析的全相关性。其最新版本为 Pro/ENGINEER Wildfire 4.0。近年来随着计算机图形学和数控技术的飞速发展，Pro/ENGINEER 在我国许多大型公司、科研单位和大学得到了十分普遍的应用，深受三维产品设计和研究人员的喜爱。

本书从基础入手，详细讲解了 Pro/ENGINEER 的设置、草绘模块、拉伸和旋转、基准特征、其他草绘型特征、点放型特征、特征操作工具、关系和族表、装配基础、工程图基础等。涵盖了所有机械设计涉及到的内容，其中工程图的制作是本书最有特色的章节。

本书的内容全面实用、条理清晰、通俗易懂，给出的实例都是机械设计和工业造型中具有代表性和实用性的例子，让读者学以致用，触类旁通，用最短的时间掌握 Pro/ENGINEER Wildfire 4.0 的操作方法和使用它进行机械设计的一般过程。

本书可作为高等学校电子、机械、模具和工业设计等专业的学生作为三维参数化设计的 CAD 教材，也可作为工业设计和机械设计领域的工程技术人员的参考读物。

图书在版编目（CIP）数据

Pro/ENGINEER Wildfire 4.0 三维机械设计/田绪东，管殿柱主编.
—北京：机械工业出版社，2009.7（2025.2 重印）
高等学校 CAD/CAM/CAE 规划教材
ISBN　978-7-111-27638-8

Ⅰ. P...　Ⅱ. ① 田... ② 管...　Ⅲ. 机械设计：计算机辅助设计—应用软件，Pro/ENGINEER Wildfire 4.0—高等学校—教材　Ⅳ. TH122

中国版本图书馆 CIP 数据核字（2009）第 115779 号

机械工业出版社（北京市百万庄大街 22 号　邮政编码 100037）
责任编辑：商红云
封面设计：马精明　　　责任印制：郜　敏
北京富资园科技发展有限公司印刷
2025 年 2 月第 1 版第 11 次印刷
184mm×260mm・24.5 印张・586 千字
标准书号：ISBN　978-7-111-27638-8
定价：69.80 元

电话服务　　　　　　　网络服务
客服电话：010-88361066　机　工　官　网：www.cmpbook.com
　　　　　010-88379833　机　工　官　博：weibo.com/cmp1952
　　　　　010-68326294　金　书　网：www.golden-book.com
封底无防伪标均为盗版　机工教育服务网：www.cmpedu.com

教材编写委员会

前　言

　　Pro/ENGINEER 是美国参数技术公司推出的使用全参数化特征造型技术的大型 CAD/CAM/CAE 集成软件，它的内容涵盖了产品从概念设计、工业造型设计、三维模型设计、分析计算、动态模拟与仿真、工程图的输出、生产加工成产品的全过程，广泛应用于航空航天、汽车、机械、NC 加工、电子等诸多行业。由于其强大而完美的功能，Pro/ENGINEER 几乎是 CAD/CAM 领域中应用得最广的软件。它在国外大学院校里已经成为学习工程必修的专业课程，也成为工程技术人员必备的技术。

　　随着科学技术的迅猛发展，一场新的机械设计和工业设计领域的技术革命正在兴起，在国内也兴起了学习和应用 Pro/ENGINEER 进行设计的热潮。

　　Pro/ENGINEER Wildfire4.0 是美国 PTC 公司于 2008 年新推出的 Pro/ENGINEER 系列产品中的最新版本，比起以前的版本，该版本更加人性化，许多功能由菜单操作变为界面操作。

　　本书兼顾理论与实务，立足于解决实际问题，目的是使读者在掌握基础知识的同时，通过实例分析，开拓思路，掌握方法，提高对知识综合运用的能力。在学习过程中，突出"设计理念"和"设计思路"两个重点，通过对某些应用实例的分析和讲解，帮助读者适应和面对一整套以 3D 理念进行设计的软件。本书是基于 Pro/ENGINEER Wildfire4.0 的专业计算机辅助机械设计教材，书中除了详尽讲解 Pro/ENGINEER Wildfire4.0 的操作界面之外，所有的基础操作也都囊括其中。书中列举的范例着重于 3D 几何、参数化设计、特征功能、立体概念和立体装配的建立。

　　本书根据机械学科教学指导委员会《高等教育面向 21 世纪教学内容和课程体系改革计划》的精神进行组织编写。书中的实例结合了编者多年实际创作的经验和体会，特色鲜明，讲解与练习相结合；典型实用，每一章讲述的都是常用的知识和技巧；简明清晰，重点突出，在叙述上力求深入浅出、通俗易懂。相信会为读者的学习和工作带来一定的帮助。

　　全书共 11 章，各章的主要内容如下：

- 第 1 章　Pro/ENGINEER 概述
- 第 2 章　界面和使用前的设置
- 第 3 章　草绘模块
- 第 4 章　拉伸和旋转
- 第 5 章　基准特征
- 第 6 章　其他草绘型特征
- 第 7 章　点放型特征
- 第 8 章　特征操作工具
- 第 9 章　关系和族表

- 第 10 章 装配基础
- 第 11 章 工程图

读者对象

- 工业设计专业人员
- 机械、模具、汽车、电子、家电、玩具等行业的设计人员
- 高等学校机械电子类专业和工业设计专业及相关专业的学生

本书配有课件，订购教材的教师可以从www.cmpedu.com下载。本书的实例和练习的源文件可以从www.zerobook.net下载。

本书由青岛科技大学田绪东、青岛大学管殿柱主编，参与本书编写的还有高家禹、代德虎、孙家山、侯兆强、温时宝、徐爱莉、袁国兴、张琳、王秀英、李淑江、高交运、王召乐、徐健、李文秋等，本书由宋一兵、祁振海主审。由于编者水平有限，书中难免存在错误和不足之处，衷心希望读者批评指正。

感谢您选择了本书，希望我们的努力对您的工作和学习有所帮助，也希望您把对本书的意见和建议告诉我们。

学习交流平台：www.zerobook.net

编　者

2009 年 5 月

目　　录

第 1 章 Pro/ENGINEER 概述

Pro/ENGINEER（简称 Pro/E）是美国参数技术公司（PTC）推出的一套博大精深的三维 CAD/CAM 参数化软件系统，它的内容包括了整个产品的设计过程。Pro/ENGINEER 软件可以应用于概念设计、工业造型设计、三维模型设计、分析计算、动态模拟仿真，输出工程图、生成数控加工程序等许多领域，并获得了很大的成功。由于其功能的强大，在航空航天、汽车制造、机械设计、NC 加工等产业得到了普遍的应用。Pro/ENGINEER Wildfire 4.0 是 PTC 公司 2008 年推出的 Pro/ENGINEER 的最新版本，在前面版本的基础上新增了许多功能，加强了设计过程的易用性和设计人员之间的互联性。

【本章重点】
- 产品生产的基本流程；
- Pro/ENGINEER 的主要功能；
- 软件的安装与配置。

1.1 产品设计的流程

Pro/ENGINEER 作为一种功能强大的 CAD/CAM 软件，其最吸引设计者使用的优点就是能应用于整个产品生产的过程。产品设计的流程如图 1-1 所示。

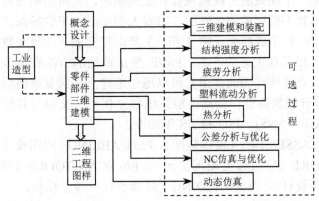

图 1-1 产品设计的流程

产品设计的过程一般从产品的概念设计、零部件三维建模到二维工程图，用以指导工厂的生产。对于外观要求较高的产品，还需要进行工业外观造型设计。

完成产品设计后，根据产品的特点和要求，接下来进行大量的分析和运动仿真模拟，以满足产品强度、运动、生产制造与装配方面的要求。这些分析和工作包括运动仿真、结构强度分析、疲劳分析、塑料流动、热分析、公差分析与优化、NC 仿真及优化，动态仿真等。

产品的设计方法可以分为两种：从零件到产品和从产品到零件。两种方法也可以同时进行。从零件到产品是指从零件开始设计产品。而后到部件装配，再到总装配，最后到整体外观的设计过程。从产品到零件是指从整体外观（或总装配）开始，然后到部件和零件的产品设计过程。

1.2　Pro/ENGINEER 的主要功能

Pro/Engineer 是一套由设计到生产的机械自动化软件，是新一代的产品造型系统，是一个参数化、基于特征的实体造型系统，它是一套使用 3D 实体模型的设计工具，其最基本的实用功能就是构建零件的 3D 实体模型，其他功能都以此为基础。Pro/ENGINEER 的主要功能归纳如下：

1. 工业设计（CAID）模块

工业设计模块主要用于对产品进行造型设计。在三维设计软件产生以前，不制造出零件或模型，无法观看零件的形状，只能通过二维平面图进行想象。现在，用一些软件可以生成实体模型，但生成的模型在工程实际中是"中看不中用"。用 Pro/E 生成的实体模型，不仅中看，而且相当管用。Pro/E 软件包中各阶段工作数据的产生都要依赖于实体建模所生成的数据。

该模块包括 Pro/3DPAINT（3D 建模）、Pro/ANIMATE（动画模拟）、Pro/DESIGNER（概念设计）、Pro/NETWORKANIMATOR（网络动画合成）、Pro/PERSPECTA-SKETCH（图片转三维模型）、Pro/PHOTORENDER（图片渲染）几个子模块。

2. 机械设计（CAD）模块

机械设计模块是一个高效的三维机械设计工具模块，它可绘制任意复杂形状的零件。在实际中存在大量形状不规则的物体表面，随着人们生活水平的提高，对曲面产品的需求将会大大增加。用 Pro/E 生成曲面仅需 2 步～3 步即可完成，如果和数控机床连接，可以生成数控程序，加工出美观大方的产品。Pro/E 生成曲面的方法有很多，如拉伸、旋转、放样、扫描、网格、点阵等，因此使用它可以迅速地建立任何复杂曲面。

Pro/E 的机械设计模块既能作为高性能系统独立使用，又能与其他实体建模模块结合起来使用，它支持 GB、ANSI、ISO 和 JIS 等标准。

该模块包括 Pro/ASSEMBLY（实体装配）、Pro/CABLING（电路设计）、Pro/PIPING（弯管铺设）、Pro/REPORT（应用数据图形显示）、Pro/SCAN-TOOLS（物理模型数字化）、Pro/SURFACE（曲面设计）、Pro/WELDING（焊接设计）等子模块。

3. 功能仿真（CAE）模块

功能仿真（CAE）模块主要是指进行有限元分析。中国有句古话："画虎画皮难画骨，知人知面不知心"。主要是说明事物内在特征很难把握。如果不通过高新技术的检验，对于机械零件的内部变化情况是很难知晓的。有限元分析使我们有了一双慧眼，能"看到"零件内部的受力状态。利用该功能，在满足零件受力要求的基础上，可以充分优化零件的设计。著名的可口可乐公司，利用有限元仿真，分析其饮料瓶，结果使瓶子的质量减轻了近

20%，而其功能丝毫不受影响，仅此一项就取得了极大的经济效益。

该模块包括 Pro/FEM~POST（有限元分析）、Pro/MECHANICA CUSTOMLOADS（自定义载荷输入）、Pro/MECHANICA EQUATIONS（第三方仿真程序连接）、Pro/MECHANICA MOTION（指定环境下的装配体运动分析）、Pro/MECHANICA THERMAL（热分析）、PRO/MECHANICA TIRE MODEL（车轮动力仿真）、Pro/MECHANICA VIBRATION（震动分析）、Pro/MESH（有限元网格划分）等子模块。

4. 制造（CAM）模块

在机械行业中用到的 CAM 制造模块中的功能主要是 NC Machining（数控加工）。说到数控功能，就不能不提八十年代著名的"东芝事件"。当时，苏联从日本东芝公司引进了一套五坐标数控系统及数控软件 CAMMAX，加工出高精度、低噪声的潜艇推进器，从而使西方的反潜系统完全失效，损失惨重。东芝公司因违反"巴统"协议，擅自出口高技术，受到了严厉的制裁。在这一事件中出尽风头的 CAMMAX 软件就是一种数控模块。

Pro/ES 的数控模块包括 Pro/CASTING（铸造模具设计）、Pro/MFG（电加工）、Pro/MOLDESIGN（塑料模具设计）、Pro/NC-CHECK（NC 仿真）、Pro/NCPOST（CNC 程序生成）、Pro/SHEETMETAL（钣金件设计）等子模块。

5. 数据管理（PDM）模块

Pro/E 的数据管理模块就像一位保健医生，它在计算机上对产品性能进行测试仿真，找出造成产品各种故障的原因，帮助设计师对症下药，排除产品故障，改进产品设计。它就像 Pro/E 家庭的一个大管家，将触角伸到每一个任务模块。并自动跟踪你创建的数据，这些数据包括存贮在模型或库文件中零件的数据。这个管家通过一定的机制，保证了所有数据的安全及存取方便。

该模块包括 Pro/PDM（数据管理）、Pro/REVIEW（模型图纸评估）等子模块。

6. 数据交换（Geometry Translator）模块

在实际工作中还存在一些别的 CAD 系统，如 UGNX、EUCLID、CIMATRTON、MDT 等，由于它们门户有别，所以自己的数据都难以被对方所识别。但在实际工作中，往往需要接受别的 CAD 数据。这时几何数据交换模块就会发挥作用。

Pro/E 中几何数据交换模块主要有 Pro/CAT（ProE 和 CATIA 的数据交换）、Pro/CDT（二维工程图接口）、ProDATA FOR PDGS（Pro/E 和福特汽车设计软件的接口）、Pro/DEVELOP（Pro/E 软件开发）、Pro/DRAW（二维数据库数据输入）、Pro/INTERFACE（工业标准数据交换格式扩充）、Pro/INTERFACE FOR STEP（STEP/ISO10303 数据和 Pro/E 交换）、Pro/LEGACY（线架/曲面维护）、Pro/LIBRARYACCESS（Pro/E 模型数据库进入）、Pro/POLT（HPGL/POSTSCRIPTA 数据输出）等。

1.3　Pro/ENGINEER Wildfire 4.0 的安装

Pro/E 作为功能强大的三维软件，如果完全安装各个模块，需要占用将近 6GB 的硬盘空间。所以要求计算机配置优良，环境设置合理，软件安装配置正确，才能发挥其强大的功能，否则运行速度缓慢，甚至不能运行。下面就系统的硬件要求，安装前的计算机设置，以及安装过程这几个方面进行分别介绍。

1.3.1 安装前的计算机设置

要使 Pro/E 在中文状态下工作，在安装软件之前要对计算机的环境变量进行设置。为了提高系统的运行速度，高效使用软件，要对计算机的虚拟内存进行合理配置，确保系统安全运行必备的空间。下面以 Windows XP 为例说明如何设置计算机的环境变量以使 Pro/E 系统在中文环境下运行。

1.3.1.1 环境变量的设置

Pro/E 要显示中文界面，首先需要设置系统的环境变量。

📧 **设置系统环境变量**

（1）在桌面上用鼠标右键单击【我的电脑】，在出现的快捷菜单中选择【属性】命令，弹出【系统属性】对话框，选择【高级】选项卡，如图 1-2 所示。

（2）在【系统属性】对话框中单击【环境变量】按钮，弹出【环境变量】对话框，如图 1-3 所示。

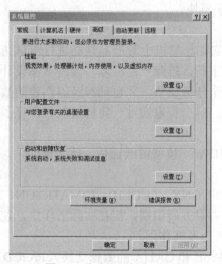
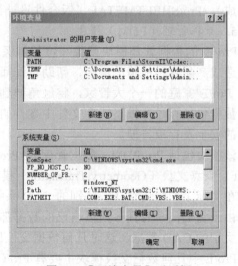

图 1-2 【系统属性】对话框   图 1-3 【环境变量】对话框

（3）在【Administrator 的用户变量】选项组下方的按钮组中单击 新建(N) 按钮，弹出【新建用户变量】对话框，如图 1-4 所示。在此对话框中可以设置 Pro/E 系统界面使用的语言环境。

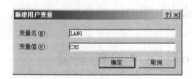

图 1-4 【新建用户变量】对话框

（4）在【变量名】编辑框中输入 "LANG"，在【变量值】文本框中输入 "CHS"，设置系统的默认语言为中文，否则安装 Pro/E 不能显示中文界面。

（5）单击【新建用户变量】对话框中的 ▭确定▭ 按钮，回到【环境变量】对话框。

（6）单击【环境变量】对话框中的 ▭确定▭ 按钮，回到【系统属性】对话框。

（7）单击【系统属性】对话框中的 ▭确定▭ 按钮，完成环境变量的设置。

 其中"LANG"是指"LANGUANGE"，表示语言的意思，"CHS"是指"CHINESE"，表示中文的意思，也就是给语言变量赋值为中文，也可在【环境变量】对话框中的【系统变量】选项组进行设置。

1.3.1.2　虚拟内存的设置

为了使系统运行速度加快，优化利用系统的内存资源，需要设置电脑的虚拟内存。

设置虚拟内存

（1）在桌面上用鼠标右键单击【我的电脑】，在出现的快捷菜单中选择【属性】命令，弹出【系统属性】对话框，选择【高级】选项卡。

（2）在【系统属性】对话框中单击【性能】选项组下的 设置(S) 按钮，弹出【性能选项】对话框，选择【高级】选项卡，如图 1-5 所示。

（3）在【虚拟内存】选项组内单击 更改(C) 按钮，弹出【虚拟内存】对话框，如图 1-6 所示。

（4）在【驱动器卷标】列表栏中选择 Pro/E 的安装驱动器。

（5）设置【所选驱动器的页面文件大小】选项组。一般情况下，虚拟内存设置为物理内存的 2 倍即可。假设系统物理内存为 1GB，设置【初始大小】为 2GB，【最大值】为 4GB，单击 设置(S) 按钮。

（6）单击【虚拟内存】对话框中的 ▭确定▭ 按钮，回到【性能选项】对话框。

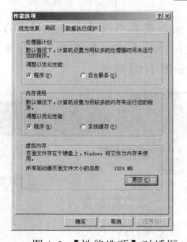

图 1-5　【性能选项】对话框　　　　图 1-6　【虚拟内存】对话框

（7）单击【性能选项】对话框中的 ▭确定▭ 按钮，回到【系统属性】对话框。

（8）单击【系统属性】对话框中的 ▭确定▭ 按钮，完成虚拟内存的设置。

注意设置虚拟内存的最大值不要超过硬盘剩余空间的一半。

1.3.2 安装软件

对应于每台机器的网卡物理地址，PTC公司分配唯一的许可证文件"liscense.dat"，安装 Pro/E 时，首先将许可证文件"liscense.dat"拷贝到硬盘上。如"D：\"，以备安装使用。接下来进行安装，具体过程简述如下。

Pro/E 安装过程

（1）双击 Pro/E 安装盘上的"setup"文件开始安装，弹出如图 1-7 所示的安装界面。

（2）单击 下一步> 按钮，进入版权页面，在版权页面勾选【接受许可证协议的条款和条件】复选项，如图 1-8 所示。

图 1-7 安装界面   图 1-8 版权页面

（3）单击 下一步> 按钮，进入安装选项设置页面，在其中选择要安装的产品，如图 1-9 所示。一般选取【Pro/ENGINEER & Pro/ENGINEER Mechanica】选项，鼠标单击该选项，弹出对话框，在其中设置安装目录和安装模式，如图 1-10 所示。

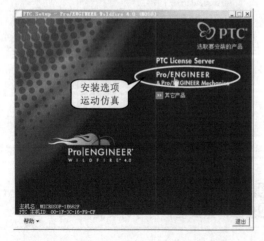

图 1-9 选择安装选项   图 1-10 选择安装目录和安装模式

（4）在【目录文件夹】编辑框中输入安装目录或者单击 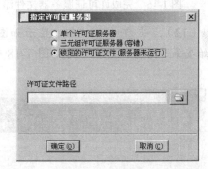，直接在硬盘上选择安装目录。

（5）在【要安装的功能】选项栏中选择要安装的产品功能，以及其他安装选项。

> Pro/E 系统占用的磁盘空间较大，如果全部的程序都安装在硬盘上，大约需要 5.7GB 的磁盘空间，建议用户最好不要将系统安装在系统盘上，另外初学者选用默认的安装功能即可。

（6）单击 下一步> 按钮，显示如图 1-11 所示的指定许可证服务器窗口。

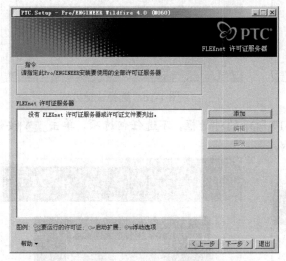

图 1-11　添加许可证服务器

图 1-12　【指定许可证服务器】对话框

（7）点击 添加 按钮，显示【指定许可证服务器】对话框，如图 1-12 所示。

（8）在【指定许可证服务器】对话框中选择【锁定的许可怔文件】单选项，点击 ，浏览文件，弹出【选取文件】对话框，如图 1-13 所示。

（9）找到已经拷贝到硬盘 D 区上的 "liscense.dat" 文件，点击 打开⑩ 按钮，重新回到【指定许可证服务器】对话框，如图 1-14 所示。

图 1-13　选取许可证服务器文件

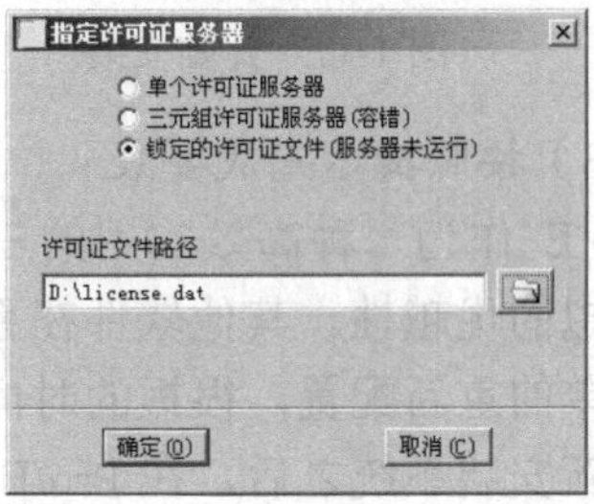

图 1-14　指定了许可证文件

（10）单击 确定 按钮，已经在【FLEXnet 许可证服务器】列表中为 Pro/E 添加了许可证文件，如图 1-15 所示。

（11）点击 下一步> 按钮，显示如图 1-16 所示的对话框，在【Windows 快捷方式优先选项】选项组中选择合适的快捷方式。

图 1-15　完成许可证服务器文件添加

图 1-16　选择快捷方式

（12）点击 下一步> 按钮，显示如图 1-17 所示的对话框，不选任何选项，单击 安装 按钮，开始安装 Pro/E，安装界面如图 1-18 所示。

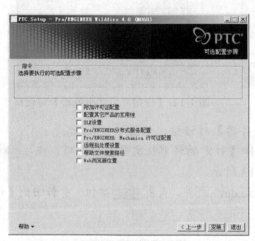
图 1-17　开始安装

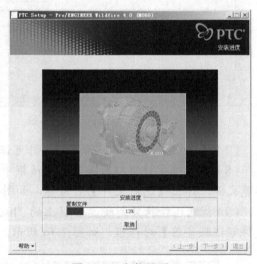
图 1-18　安装界面

（13）按照提示完成安装。

Pro/E 作为一种高效实用的三维设计软件，不仅使用方便，在安装方面也有其他软件不可比拟的优越性。其他软件在系统重新安装后一般需要重新安装才能使用，而 Pro/E 只需要简单的重新配置，很短的时间就可完成。

重新安装系统之后，在 Pro/E 的安装目录下找到"bin"文件夹，找到"ptcsetup.exe"文件，双击该文件开始配置 Pro/E，可以省去重新复制文件的过程，能节省大约 20 分钟的安装时间。

1.4　启动设置

每次启动 Pro/E，系统都会自动产生一个追踪文件，此文件是个文本文件，名称

"trail.txt"，每次启动后文件后缀加 1，如 "trail.txt.1"、"trail.txt.2"、"trail.txt.3" 等，Pro/E 使用这些文件记录用户每次的工作过程。如果系统故障出现，通过编辑和运行跟踪文件，可以找回以前的文件，避免丢失设计。但是多次启动 Pro/E 将会产生很多追踪文件，占用大量的磁盘空间，影响系统运行速度，所以要定时清除无用的追踪文件。

在没有设置启动文件夹的情况下，自动追踪文件存放在 My Documents 文件夹下，清除时容易错误删除其他文件。如果能够设置一个文件夹，使所有的追踪文件自动存放在这一文件夹中，将会很好地解决这一问题。

Pro/E 系统中启动文件夹的设置很好地解决了这一问题，一旦设置了启动文件夹，系统将所有的追踪文件都存放在默认的文件夹内，清除编辑方便。同时，还可以将系统配置文件（config.Pro）存放在启动文件夹中，每次启动时自动加载，方便设计者将自己的工作都存放在启动文件夹中。

📁 启动文件夹的设置

（1）在工作磁盘上新建文件夹，如："E:\qidong"。

（2）在【开始】菜单中依次点取【开始】/【所有程序】/【PTC】/【Pro ENGINEER】/【Pro ENGINEER】，在【Pro ENGINEER】上右键点击，在弹出的快捷菜单中选择【属性】命令，如图 1-19 所示。

> 🔍 在桌面上的 Pro/E 启动图标上点击鼠标右键，在弹出的快捷菜单中点击【属性】，也可以设置启动文件夹。

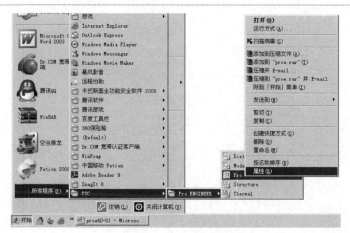

图 1-19　选取命令

图 1-20　设置启动文件夹

（3）弹出【Pro ENGINEER 属性】对话框，在【起始位置】编辑框中输入起始文件夹的路径，如："E:\qidong"，点击  按钮，完成设置，如图 1-20 所示。

1.5　本章小结

通过本章的学习，用户应该熟悉三维设计的基本流程，熟练掌握 Pro/ENGINEER 系统对计算机硬件及操作系统的要求，学会对计算机系统的设置、Pro/ENGINEER 系统的安装及启动设置。

1.6 习题

1. 概念题

（1）Pro/ENGINEER 系统主要可以完成哪些功能？

（2）创建启动目录有什么实际意义？

（3）在安装 Pro/ENGINEER 系统之前为什么要设置环境变量和虚拟内存？

2. 操作题

（1）设置 Pro/ENGINEER 安装前的计算机系统环境。

（2）安装 Pro/ENGINEER 系统。

（3）设置 Pro/ENGINEER 系统启动后的起始文件夹。

（4）用 2 种不同的方法启动 Pro/ENGINEER 系统。

（5）查看跟踪文件的位置，并将其删除。

第2章 界面和使用前的设置

Pro/ENGNIEER Wildfire 4.0 的界面操作和 Windows 的操作基本相同。除此之外，Pro/ENGNIEER Wildfire 4.0 还有其独特的一面，它有独特的操控面板和菜单管理器。以前的 Pro/E 版本，大部分功能都是通过菜单管理器来实现，Pro/ENGNIEER Wildfire 4.0 将大多数功能的实现转化成工具栏和操控面板操作，界面更加人性化，易于操作。

使用 Pro/ENGNIEER Wildfire 4.0 的配置文件还可以自定义软件的操作界面，定制符合设计者习惯的软件界面。

【本章重点】
- Pro/E 的主窗口组件及其功能；
- 设置工作目录；
- 定制屏幕。

2.1 Pro/E 的主窗口

Pro/E 主窗口的组成如图 2-1 所示。

从图中可以看出 Pro/E 的主窗口和 Windows 窗口基本相似，不同的地方是 Pro/E 有下拉弹出式的菜单管理器和上滑弹出式的操控板。

Pro/E 的主界面主要由标题栏、菜单栏、工具栏、导航区、操控板、图形区、信息区，对话框和菜单管理器等元素组成。

1. 标题栏

标题栏上从左到右依次是当前模块的图标、文件名、Pro/E 的版本号。如果文件名后面有被小括号括住的"活动的"三个字，则该文件被激活，可以对文件进行操作，否则不能对文件进行操作。

标题栏右侧由右到左依次是【关闭】、【最大化】和【最小化】窗口，使用【关闭】按钮可以关闭程序，使用【最大化】和【最小化】按钮可以使当前窗口以最大化或者最小化方式显示。

2. 菜单栏

Pro/E 的菜单栏由 10 个下拉式主菜单组成，每个主菜单又有许多菜单项，可以执行相应的命令。这 10 个主菜单分别是【文件】、【编辑】、【视图】、【插入】、【分析】、【信息】、【应用程序】、【工具】、【窗口】和【帮助】。

- 当单击某一菜单标签后，弹出一个下拉菜单，显示菜单项，可以执行不同的命令。图 2-2 显示了【文件】菜单各命令的显示情况。

● 主菜单标签后面括号内加下划线的字母是该主菜单的访问键，同时按下键盘上的 Alt 键和相应字母键可以激活不同的主菜单。

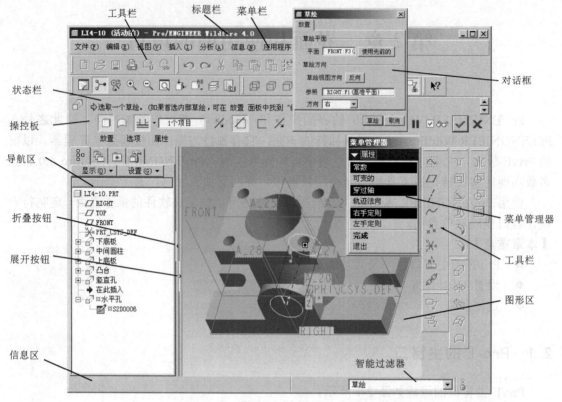

图 2-1　主界面

● 下拉菜单的菜单项后面括号内加下划线的字母被称为是菜单命令的热键，激活下拉菜单后，按下键盘上的相应字母可以执行相应命令。

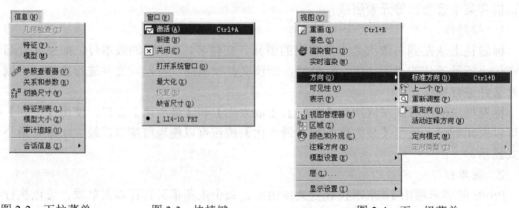

图 2-2　下拉菜单　　　　图 2-3　快捷键　　　　图 2-4　下一级菜单

● 下拉菜单项后面的【Ctrl+字母】标签定义了该命令的快捷键，同时按下键盘上的 Ctrl 键和相应的字母键，即可执行该菜单项对应的命令。如图 2-3 所示的【窗口】下拉菜单的【激活】命令即可同时按下 Ctrl 键和字母键 A 快速执行。快捷键和热键的使用可以大大提高设计速度和工作效率。

● 如果菜单项后面有▶按钮，则该菜单项还可以打开下一级菜单，如图 2-4 所示的【视图】主菜单。

● 有的菜单项后面有三个小黑点，表明执行该命令可以弹出相应的对话框，如图 2-5 所示。执行菜单命令【视图】/【显示设置】/【可见性】能够弹出【可见性】对话框，在对话框中对可见性各参数进行设置。

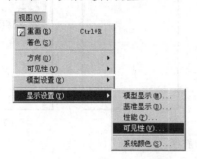

图 2-5　弹出对话框

3．工具栏

工具栏是常用命令的快捷方式，单击工具按钮可以快速执行相应的命令。工具栏主要有标准工具栏和特征工具栏。标准工具栏在图形窗口的上面，主要用于文件编辑和模型显示操作；特征工具栏在图形窗口的右侧，用于创建各种特征。当鼠标移动到某一工具按钮上稍停片刻，会在光标右下角出现该工具按钮的命令提示。

Pro/E 的工具栏可以定制，使其符合使用者的要求。

　　菜单或工具栏上有些菜单命令有时灰色的，表明工具当前没有处在发挥其作用的环境中，暂不可用。一旦进入它们发挥作用的环境，便会自动变亮。有些工具栏图标右下角或者旁边有黑色小箭头，表明该工具可以展开，选择不同的命令。

4．图形区

图形区是各种模型图像的显示区，绘制的各种特征将显示在这个区域中，通过鼠标操作可以操纵模型观察的角度。

5．导航区

导航栏位于图形窗口的左侧，上面有四个工具按钮，分别对应于不同栏目，如图 2-6 所示。

导航区可以展开和折叠。导航栏展开时，单击其右侧的▸按钮可以折叠导航区使其不再显示；导航区折叠时，单击图形窗口左侧的▸按钮可以展开导航区使其重新显示。

（1）模型树。单击导航区的▫按钮，显示模型树方式。模型树表明了整个模型的创建过程，每个特征都以列表的方式显示在模型树中，列表显示的上下表明创建顺序的先后。每个特征前半部分是特征的图标，后半部分是特征名，使用者可以自己根据需要命名，在模型树中，还可以对每个特征执行编辑定义、删除、隐藏、重命名等操作。

（2）文件夹浏览器。单击导航区的▫按钮，【导航区】显示为【文件夹浏览器】方式。文件夹浏览器和 Windows 的资源管理器类似，可以快速搜索、打开已保存的文件，并对文件夹进行有效的管理。

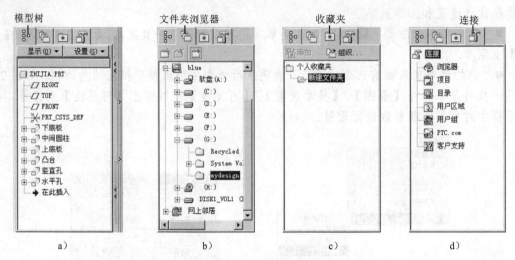

图 2-6　导航栏

a）模型树　b）文件夹浏览器　c）收藏夹　d）连接

当单击【文件夹浏览器】中某一文件夹时，将在图形区自动显示【浏览器】窗口，覆盖【图形区】，如图 2-7 所示。在【浏览器】窗口中可以进行各种文件夹操作。要隐藏浏览器窗口，重新显示图形区，可以单击浏览器右侧的 ▎按钮。想打开已经隐藏的浏览器窗口，单击图形窗口左侧的 ▎按钮。

图 2-7　【浏览器】窗口

（3）收藏夹。收藏夹用于有效组织和管理个人资源。

（4）连接。连接用于连接网络资源以及网上协同工作。

6. 信息区

信息区主要显示 Pro/E 操作时系统的提示信息和要求输入的参数。信息区用一条可见的边线将其与图形区分开，需要调整信息区的大小时，将光标移到分界边线附近，光标变为上下箭头形式，按住鼠标左键拖动鼠标到合适的地方即可。

7. 操控板

操控板如图 2-8 所示，位于 Pro/E 图形区底部的下方，用于指导用户的整个建模过程。

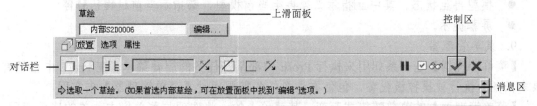

图 2-8　操控板

操控板包含消息区，其中显示与窗口中的工作相关的单行消息。使用消息区右侧的滚动条可查看过去的消息。操控板只有在创建特征时才显示，它代替了许多过去版本中菜单管理器，使得操作简单明了。Pro/E 4.0 更加完善了操控板功能，这也是 Pro/E 以后版本中继续完善的地方。操控板由对话栏、上滑面板、消息区和控制区组成。

（1）对话栏。可在图形窗口和对话栏中完成大部分建模工作。激活工具时，对话栏显示常用选项和收集器。

（2）上滑面板。要执行高级建模操作或检索综合特征信息，必须使用上滑面板。单击对话栏上的选项卡之一，其上滑面板打开。因为选项卡及其对应的上滑面板均与环境相关，所以系统会根据当前建模环境的变化而显示不同的选项卡和面板元素。

（3）消息区。处理模型时，Pro/E 通过对话栏下的消息区中的文本消息来确认用户的操作并指定用户完成建模操作。消息区包含当前建模进程的所有消息。要找到先前的消息，滚动消息列表或拖动框格来展开消息区。

每个消息前有一个图标，它指示消息的类别：

⇨ — 提 示　　• — 信 息　　⚠ — 警 告　　▨ — 出 错　　✖ — 危 险

即使用户暂停使用工具并且操控板不可用，消息窗口仍继续显示消息。

（4）控制区。操控板的控制区包含下列元素：

● ▮▮ — 暂停当前工具，临时返回其中可进行选取的默认系统状态。在原来工具暂停期间创建的任何特征会在其完成后与原来的特征一起放置在"模型树"内的一个"组"中。

● ▶ — 恢复暂停的工具。

● ☑∞ – 激活图形窗口中显示特征的"校验"模式。要停止"校验"模式，再次单击 ☑∞ 或单击 ▶。选中复选框时，系统会激活动态预览，使用此功能可在更改模型时查看模型的变化。

● ✔ — 完成使用当前设置的工具。

● ✖ — 取消当前工具。

🔍　　Pro/E 4.0 默认状态下，操控板处于图形区上方，可将其定制于图形区下方，本书以操控板位于图形区下方为标准讲述，笔者认为这更符合大部分用户的习惯。

8. 状态拦

状态栏位于屏幕的最下方显示以下信息：

● 与【工具】/【控制台】相关的警告和错误快捷方式；

- 在当前模型中选取的项目数；
- 可用的选取过滤器；
- 模型再生状态。其中 🔧 指示必须再生当前模型，❌ 指示当前过程已暂停；
- 屏幕提示。

9. 菜单管理器

【菜单管理器】是一系列用来执行 Pro/E 内部某些任务的层叠菜单。在 Pro/E 中已经有很多任务的执行被操控板代替，但仍有许多任务需要通过【菜单管理器】来实现。

【菜单管理器】的菜单随模式而变，其菜单上的一些选项与菜单栏中菜单的选项相同。

10. 对话框

大多数对话框支持一组相关的功能。例如，视图重定向、缩放、平移、旋转和旋转中心等功能都能在【方向】对话框中实现。

很多对话框还是动态的，选项会根据所做的选取而变化。例如，【方向】对话框根据在【类型】项目中所作的选择而变化。

11. 智能过滤器

智能过滤器位于状态栏最右端。随着具体操作的不同，过滤器中提供的可供选择的对象类型也不相同。用户在使用时，应该熟练地将该工具和具体操作相结合，才能达到事半功倍的效果。

2.2　标准工具栏

标准工具栏是 Pro/E 所有模块共有的工具栏，使用标准工具栏可以快速进入命令，为用户提供了很大的方便。默认的标准工具栏由【文件】工具栏、【编辑】工具栏、【视图】工具栏、【模型显示】工具栏和【基准显示】工具栏和【帮助】工具栏组成。

1. 【文件】工具栏

【文件】工具栏由图 2-9 所示的常见命令组成。

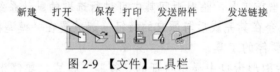

新建　打开　　保存　打印　发送附件　　发送链接

图 2-9　【文件】工具栏

2. 【编辑】工具栏

【编辑】工具栏如图 2-10 所示，由【撤消】、【重做】、【复制】、【粘贴】、【选择性粘贴】、【再生模型】、【搜索】和【选择方式】等命令组成。

【选择方式】工具决定选择对象的方式，单击 · 按钮打开下一级工具进行选择，如图 2-11 所示。

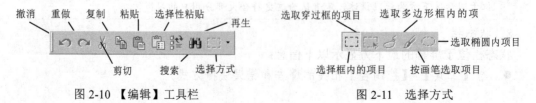

撤消　重做　复制　粘贴　选择性粘贴　　　　　　选取穿过框的项目　　　选取多边形框内的项

　　　　　　　　　　　　　再生

　　　　　　　　　　　　　　　　　　　　　　　　　　　　　　　　——选取椭圆内项目

剪切　　搜索　选择方式　　　　选择框内的项目　　按画笔选取项目

图 2-10　【编辑】工具栏　　　　　　　　　图 2-11　选择方式

3.【基准显示】工具栏

【基准显示】工具栏有【基准平面开/关】、【基准轴开/关】、【基准点开/关】和【坐标系开/关】和【注释元素显示开/关】五个工具，如图 2-12 所示。这些工具控制图形区中各种基准及注释的显示和隐藏。

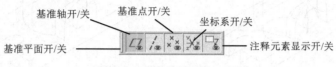

图 2-12　【基准显示】工具栏

图 2-13 为各种基准的显示和隐藏的比较。

在较复杂的模型之中，建立的基准数目很多，不但使模型看起来繁杂难懂，同时占用大量的系统资源，在不使用基准的时候，可以将相应类型的基准隐藏，从而提高系统的速度。

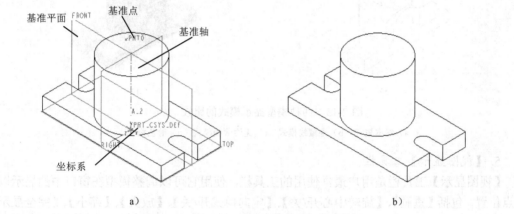

图 2-13　各种基准的显示和隐藏

a）显示基准　b）隐藏基准

4.【模型显示】工具栏

【模型显示】工具栏有四个命令，分别是【线框】、【隐藏线】、【无隐藏线】和【着色】模式，如图 2-14 所示。

- 【线框】：模型以线框模式显示，可见线和隐藏线都以实线方式显示。
- 【隐藏线】：模型以线框模式显示，可见线为实线，隐藏线为虚线。
- 【无隐藏线】：模型以线框模式显示，可见线为实线，不显示隐藏线。
- 【着色】：模型以实体着色模式显示。

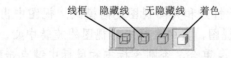

图 2-14　【模型显示】工具栏

图 2-15 为四种模型显示方式的比较。

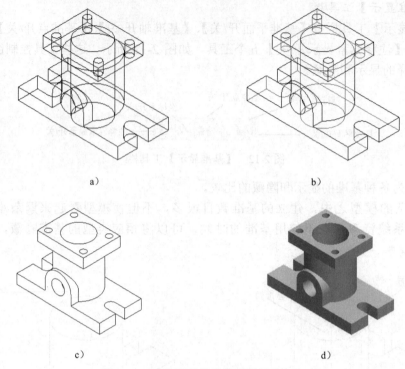

图 2-15 四种模型显示模式的比较

a）线框模式　b）隐藏线模式　c）无隐藏线模式　d）着色模式

5. 【视图显示】工具栏

【视图显示】工具栏是用户最常使用的工具栏，使用它可以调整模型在窗口中的显示以及视点位置，包括【重画】、【旋转中心开/关】、【定向模式开/关】、【放大】、【缩小】、【完全显示】、【重定向】、【保存的视图】、【图层】和【启动视图管理器】10 个工具。如图 2-16 所示。

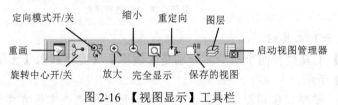

图 2-16 【视图显示】工具栏

● 【重画】用于重画当前视图。

● 【旋转中心开/关】用于打开和关闭视图的旋转中心。当打开旋转中心时，视图的缩放和旋转操作都以系统默认的旋转中心为参考点进行。旋转中心的标志是 ，打开旋转中心时，在视图中显示 ，否则不显示 。

● 【定向模式开/关】用于打开和关闭视图定向模式。视图中出现 ◈ 标志，按住鼠标中键拖动旋转视图，重新定向视图，其中 ◈ 标志为视图的旋转中心。当打开旋转中心开关 时，◈ 标志和旋转中心标志 重合，否则 ◈ 标志和鼠标中键点击的初始点重合。

● 【放大】用于放大区域，使用鼠标左键框选要放大的区域即可。

● 【缩小】用于缩小模型在视窗中的显示，每点一下【缩小】按钮，模型显示缩小一半。

- 【完全显示】用于重新调整对象使其完全显示在屏幕上。
- 【重定向】工具打开【方向】对话框，在对话框中进行设置重新定义视图的方向。
- 【保存的视图】用于迅速根据系统定义的视图方向调整窗口中对象的视图方向。选择保存的视图工具 可以打开已保存的视图列表，包括【默认方向】、【标准方向】、【FRONT】、【TOP】、【RIGHT】、【LEFT】、【BOTTOM】、【BACK】几个视图，可以快速定向视图，一般常用【默认方向】选项。
- 【图层】用于设置层、层项目和显示状态。
- 【启动视图管理器】用于打开视图管理器，对视图进行管理。

6．【帮助】工具栏

【帮助】工具栏只有一个工具 按钮，可以利用它阅读帮助文件。

2.3　设置工作目录

工作目录是指分配存储 Pro/E 文件的区域。Pro/E 软件默认的工作目录是系统的"My Documents"文件夹，在软件运行过程中将大量的文件保存到当前目录中，并且经常从当前目录打开文件。为了高效管理 Pro/E 中大量相互关联的文件，并且避免每次打开文件或者保存文件都进行文件夹的搜索，很有必要设置 Pro/E 的默认工作目录，使德 Pro/E 的各种文件操作都在该目录中进行。

设置工作目录有两种方法，使用菜单操作和使用导航器操作。

【例 2-1】　使用菜单操作设置工作目录

（1）选择菜单【文件】/【设置工作目录】，打开如图 2-17 所示的对话框。

（2）在【设置工作目录】对话框中【查找范围】下拉列表中选择文件夹位置，然后在列表中选取文件夹，单击 确定 按钮完成设置。

【例 2-2】　在浏览器设置工作目录

（1）单击导航区和图形区交界处的 按钮，展开浏览器窗口。

（2）在浏览器的地址栏中打开欲设置为工作目录的文件夹所在的跟目录，在浏览器中显示该文件夹。

（3）选择要设置为工作目录的文件夹，右键单击，在弹出的快捷菜单中选择【设置工作目录】命令，完成设置，如图 2-18。

图 2-17　选取工作目录

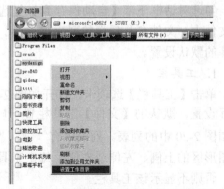

图 2-18　使用浏览器设置工作目录

退出 Pro/E 时，系统不会保存新工作目录的设置。如果从用户工作目录以外的目录中检索文件，然后保存文件，则文件会保存到该文件所在的目录中。如果保存副本并重命名文件，副本会保存到当前的工作目录中。

2.4 定制屏幕

Pro/E 的操作窗口非常人性化，用户可以根据自己的需要定制屏幕，使界面符合用户的设计习惯。使用菜单【工具】/【定制屏幕】命令，可以打开如图 2-19 所示的【定制】对话框。

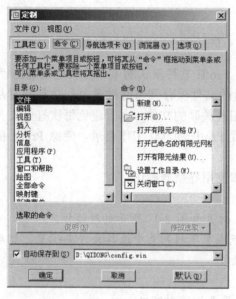

图 2-19 【定制】对话框

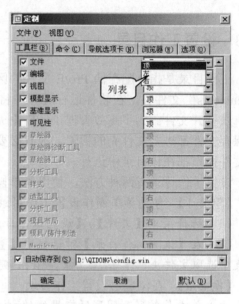

图 2-20 工具栏位置列表

对话框中有【工具栏】、【命令】、【导航选项卡】、【浏览器】和【选项】五个选项卡，用于定制各个项目的位置、内容和大小。对话框中的【文件】菜单有两个菜单项，【打开设置】和【保存设置】，分别用以打开以前保存的设置文件和保存当前的设置。

勾选对话框下部【自动保存到】复选框，可以将配置好的文件保存到扩展名为 ".win" 的文件中，文件名从后面的列表中选取。如果对定制的屏幕不满意，单击 默认(D) 按钮恢复屏幕的默认设置。

1. 工具栏

单击【工具栏】选项卡，打开如图 2-20 所示的工具栏定制对话框，可以对各种工具栏进行设置。默认的【文件】工具栏置于屏幕的顶部，单击其后列表框顶，弹出如图 2-20 中的列表。列表中有"顶"、"左"、"右"三个选项，可以把相应的工具栏放置在图形区的上侧、左侧或右侧。每个工具栏的前面有一复选框，勾选在屏幕上显示该工具栏，否则不显示该工具栏。

2. 命令

　　单击【命令】选项卡，打开如图 2-21 所示的命令定制对话框，可以将命令添加到相应的工具栏中，或者将不经常使用的命令从工具栏中删除。

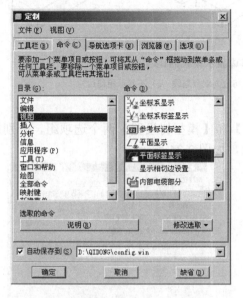

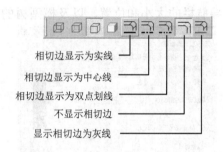

　　　　　　图 2-21　定制命令　　　　　　　　　图 2-22　定制后的【模型显示】工具栏

　　在【定制】对话框的【目录】列表中选择相应的工具组，可以显示该工具组中所有工具，选择要添加到工具栏的工具，将其拖动到屏幕上的相应工具栏位置，放开鼠标左键即可完成添加。

　　如果要将工具栏中不常使用的工具删除，选取要删除的工具，将其拖动到【定制】对话框放开鼠标左键即可。

【例 2-3】　为【模型显示】工具栏添加【相切边显示模式】工具

（1）选择菜单【工具】/【定制屏幕】命令，打开【定制】对话框。

（2）在【定制】对话框中选择【命令】选项卡。

（3）【目录】选项组中选择【模型显示】选项。

（4）在【命令】选项组中选择【显示相切边设置】选项，按住鼠标左键拖动到屏幕上的【模型显示】工具栏上放开鼠标左键。

（5）在【定制】对话框上单击 确定 按钮，完成设置，如图 2-22 所示。

【例 2-4】　使用不同的相切边模式

（1）选择菜单【文件】/【打开】命令。

（2）在【打开】对话框中选择 "...\chap02\zhijia.prt" 文件。

（3）击【显示】工具栏，模型相切边显示为实线，如图 2-23a 所示。

（4）单击【显示】工具栏，模型相切边显示为双点划线，如图 2-23b 所示。

（5）单击【显示】工具栏，模型相切边显示为无，如图 2-23c 所示。

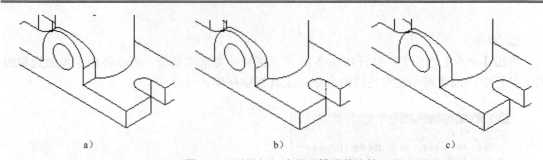

图 2-23 不同相切边显示模式的比较

a）显示相切边为实线 b）显示相切边为双点划线 c）不显示相切边

3. 导航器选项卡

【导航器选项卡】包含【导航选项卡设置】和【模型树设置】两个选项组，分别用来设置导航栏的大小和位置，以及模型树的位置，如图 2-24 所示。

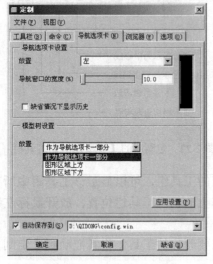

图 2-24 【导航器选项卡】

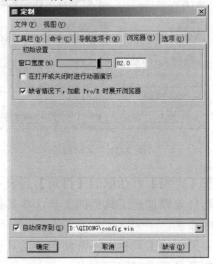

图 2-25 【浏览器】选项卡

- 【放置】：把导航器放置在图形窗口的左侧或右侧。
- 【导航窗口的宽度】：调整导航器的宽度，一般设置为 10。
- 【模型树设置】：设置【模型树】的放置位置。"作为导航选项卡一部分"将导航器和模型树组合在一起，通过命令按钮选择使用模型树还是导航器。"图形区域上方"和"图形区域下方"将模型树和导航器分离，可以放在图形窗口的上方或者下方。

4. 浏览器

【浏览器】选项卡如图 2-25 所示。其窗口宽度的调整方式有两种：

- 拖动【窗口宽度】后面的滑块。
- 在滑块后的编辑框内输入宽度数值。

窗口下部的两个复选框可以设置浏览器开/关时有无动画以及启动程序时是否直接载入浏览器。Pro/E 的浏览器要求使用 IE6.0 以上的版本浏览，否则会出现出错信息。

5. 选项

单击【选项】选项卡，【定制】对话框如图 2-26 所示。该选项卡用于设置操控板的位置、次窗口的打开方式和菜单的显示方式。

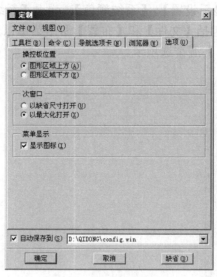

图 2-26　【选项】选项卡

在【操控板位置】选项组，点选【图形区域上方】单选项时，操控板放在图形区的上侧，操控板的弹出面板是下滑面板；点选【图形区域下方】单选项时，操控板放在图形区的下侧，操控板的弹出面板是上滑面板。在 Pro/E 4.0 中，消息区囊括于操控板中。

　　Pro/E 4.0 默认状态下，操控板位于图形区上侧，为读者方便阅读本书，请读者使用上面讲述的方法将操控板定制于图形区的下侧。

【菜单显示】可以调整在菜单项前面是否显示工具图标。图 2-27 和图 2-28 显示了消息区位置和菜单显示选项改变后的对比情况。

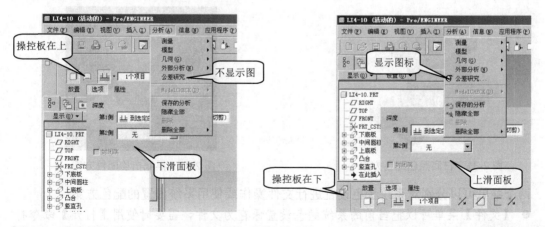

图 2-27　点选【图形区域上方】、不勾选【显示图标】　　图 2-28　点选【图形区域下方】、勾选【显示图标】

2.5　颜色设置

Pro/E 的颜色设置包括系统颜色设置和图元颜色设置。系统颜色设置包括窗口颜色设置、窗口前景和背景颜色设置等。图元颜色设置是指对各种图元的不同状态颜色进行设置。

单击菜单【视图】/【显示设置】/【系统颜色】，弹出【系统颜色】对话框，如图 2-29 所示。【系统颜色】对话框包括【文件】和【布置】两个菜单以及【基准】、【几何】、【草绘器】、【图形】和【用户界面】五个选项卡。

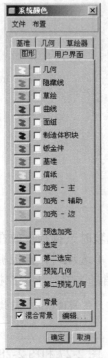

图 2-29 【系统颜色】对话框

图 2-30 【布置】菜单

图 2-31　白底黑色配色方案

图 2-32　黑底白色配色方案

两个菜单可以分别对系统颜色设置进行文件操作或使用系统内置的配色方案。

● 【文件】菜单可以把当前的系统颜色设置保存为文件，需要时使用【打开】命令打开已经保存的文件，恢复原来的设置。

● 【布置】菜单有 6 个菜单命令，如图 2-30 所示，分别对应不同的配色方案。用户可以从中选择自己喜欢的配色方案，也可以返回系统默认的颜色设置。图 2-31 和图 2-32 是白底黑色和黑底白色两种配色方案的效果比较。

　　五个选项卡可以分别设置不同要素的颜色。单击某个要素前面的颜色按钮，弹出如图2-33 所示的【颜色编辑器】对话框，使用颜色轮盘或者混合调色板直接选择颜色或者调整RGB/HSV 滑块选择适当的颜色。

● 【图形】选项卡中的【背景】可以调整图形区的背景颜色。如果想使用混合背景，单击【混合背景】后面的 编辑... 按钮，打开图 2-34 的【混合颜色】对话框，分别调整顶、底两种颜色决定图形区顶端和低端的颜色。可以在图形窗口中动态观察颜色的变化。

● 【草绘器】选项卡可以设置草绘模块中各元素的颜色。

● 【用户界面】选项卡可以设置用户界面各元素的颜色，如图 2-35 所示。

● 【图形】和【基准】选项卡可以设置各种图形要素的颜色。

● 【几何】选项卡可以设置各种几何要素的颜色。

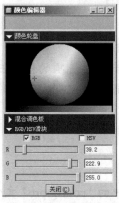

图 2-33 【颜色编辑器】对话框　　图 2-34 【混合颜色】对话框　　图 2-35 【用户界面】选项卡

2.6　配置文件 config.pro

　　用户可以用一个名为 config.pro 的配置文件预设 Pro/E 软件的工作环境并进行全局设置。Pro/E 在启动时，首先从默认目录中搜索 config.pro 文件对软件环境进行配置，这样，用户环境不必每次启动重新设置。

　　设置 config.pro 文件的方法是在设置文件中添加一定数量的选项，并给每个选项赋予相应的值，然后保存在文件中备用。

　　为了确保 config.pro 配置文件中的选项生效，无论是在新创建一个 config.pro 文件，还是修改后，都要保存，并且首先退出 Pro/E，然后重新进入才能生效。

　　下面通过例题讲解在默认目录 E:\qidong 中创建一个全新的配置文件的过程。

　　如果安装目录 proewildfire4.0\text 下有配置文件 config.pro，建议将其改名为 config_old.pro。

【例 2-5】　创建配置文件

（1）启动 Pro/E 软件。双击桌面上的 Pro ENGINEER 快捷图标，进入 Pro/E 软件。

（2）选择菜单【工具】/【选项】命令，出现如图 2-36 所示的【选项】对话框。

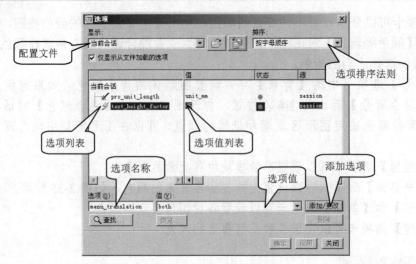

图 2-36 【选项】对话框

（3）在【选项】编辑框输入选项名称，如 "menu_translation"。

（4）在【值】组合框输入或者选择选项值。如 "menu_translation" 选项的值有三个：yes（中文）、no(英文)和 both（中英文），可以从值列表中选取，而其他没有固定值的选项要在【值】组合框中输入确定。

（5）单击 添加/更改 按钮将选项值添加到当前配置文件。

（6）选择 应用 按钮将当前配置应用到当前用户环境。

（7）按照步骤 3—6 添加其他选项。

（8）完成后选择保存配置文件工具 📇，将其保存在启动目录中的 "config.pro" 文件中，以备使用。

（9）想打开已经保存的配置文件，选择打开配置文件工具 📂，可以打开扩展名为 "*.pro" 的配置文件。欲删除选项，可以在【选项】列表中选择该选项，单击 删除 按钮完成。

（10）单击 关闭(C) 按钮退出【选项】对话框，配置文件将在重新启动后发生作用。

（11）单击 确定 按钮完成系统配置文件。

【例 2-6】 配置 config.pro 文件，使 Pro/E 的系统单位制为 mmns 单位制。

（1）双击桌面上的 Pro ENGINEER 快捷图标，启动 Pro/E 软件，进入 Pro/E 界面。

（2）选择菜单【工具】/【选项】命令，出现【选项】对话框。

（3）在【选项】编辑框输入选项 "pro_units_sys"。

（4）在【值】列表框选择选项值为 "mmns"。

（5）选择 添加/更改 按钮将选项值添加到当前配置文件。

（6）选择 应用 按钮将当前配置应用到当前用户环境。

（7）完成后选择保存配置文件工具 📇，将其保存在启动目录中的 "config.pro" 文件中，以备使用。

（8）单击 确定 按钮完成系统配置文件。

重新启动软件后将会应用新的配置文件。

2.7　本章小结

　　本章首先对 Pro/E 的操作界面进行了介绍，然后讲解了其标准工具栏，为以后章节的讲解打下坚实的基础。作为功能强大的软件，其界面友好，而且可以定制，本章讲解了软件界面的定制方法，并讲述如何设置工作目录。

2.8　习题

　　1. 概念题

　　（1）Pro/E 软件界面上最富有特色的工具有哪些？

　　（2）Pro/E 模型的显示方式有哪几种？有什么不同？

　　（3）Pro/E 的信息区有哪几种提示类型，有什么不同？

　　2. 操作题

　　（1）在 D 盘建立文件夹，名字为"myexcise"，使用两种方法将其设置为工作目录。

　　（2）定制 Pro/E 的屏幕，结果如图 2-37 所示。

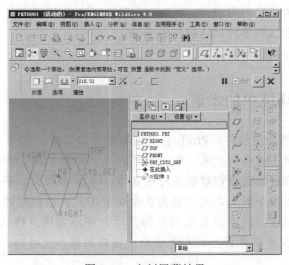

图 2-37　定制屏幕结果

　　（3）设置系统颜色如下：绘图区背景颜色为墨绿色，几何颜色为红色，隐藏线颜色为黄色，各中基准平面为亮白色，基准轴的颜色为棕色。

第 3 章　草绘模块

Pro/E 是基于特征造型的实体建模工具，其模型由若干简单特征叠加或者切割组成。它构建的特征可以分为草绘型特征和点放型特征两种类型。草绘型特征是 Pro/E 的基本特征，点放型特征必须在草绘型特征的基础上才能完成。

创建草绘型特征时，必须首先草绘截面，而后通过拉伸、旋转、混合、扫描等工具完成三维造型。从这个意义上说，Pro/E 创建草绘型特征的过程可以认为是二维截面图形的三维化。截面图形中包含着三维特征的定位尺寸和定形尺寸，是生成三维特征的源泉，因此，截面草绘是创建实体模型的基础。

【本章重点】

- 各种草绘工具的使用；
- 拖动几何编辑草绘的方法；
- 加强尺寸的方法和各种尺寸标注的方法；
- 弱约束和强约束的转换。

3.1　Pro/E 草绘环境中的术语

作为一种三维实体造型软件，Pro/E 有其独有的术语，介绍如下：

- 图元：指截面上的任何元素，包括直线、点、圆弧、圆、样条曲线和坐标系等。
- 参照：指草绘截面或者创建轨迹时的基准。包括基准面、基准轴、基准点等。
- 尺寸：特征上各个图元之间位置的量度或者图元大小形状的量度。
- 弱尺寸：绘制图元时系统自动标注的尺寸，在没有用户确认的情况下系统可以自动调整其存在与否，在系统界面上以灰色显示。在系统增加尺寸时，系统在没有任何提示的情况下删除弱尺寸。
- 强尺寸：指由用户创建的尺寸，软件系统不能自动删除。在系统默认情况下，强尺寸以较深的颜色显示。当几个尺寸有冲突时，系统提示删除其中一个。
- 约束：指定义图元之间关系或者图元和参照之间关系的条件。约束定义后，会在被约束的图元旁边出现相应的约束符号。例如，约束一条直线和一个圆相切，会在切点上出现一个相切约束符号 "T"。
- 弱约束：绘制草图时自动产生的约束，在和其他尺寸冲突时可以自动删除。在系统默认情况下，弱约束以灰色显示。
- 强约束：使用约束工具产生的约束，在和其他尺寸或约束冲突时，系统弹出对话框，根据提示删除多余的尺寸或约束。在系统默认情况下，强约束以较深的颜色显示。

- 参数：草绘中的辅助元素，可以改变其大小。
- 关系：相互关联的尺寸或者参数的等式。例如，可以使用一个关系将一个圆的直径设置为一条直线长度的 1/2。
- 冲突：两个强尺寸或者强约束产生的矛盾或多余条件。出现这种情况，必须删除多余的尺寸或者约束。

3.2　草绘基础

草绘是使用 Pro/E 建模的基础操作，利用它可以创建各种复杂的二维截面图形，草绘的尺寸在绘制后可以根据自己的意图修改，完全体现了软件的参数化思想。使用约束可以根据设计思想对图元精确定位。

3.2.1　进入草绘

进入草绘有两种方法：一种是利用文件进行草绘，保存后以备建模使用；另一种是在建模时直接进入草绘。下面着重讲解第一种方法，第二种将在三维建模过程中具体讲解。

创建新文件进入草绘的方法如下：

单击菜单【文件】/【新建】命令（或者工具栏 □ 工具，或者直接按下 Ctrl+N），打开如图 3-1 所示的【新建】对话框。在【类型】选项组中选择【草绘】单选项，在【名称】后的编辑框输入草绘的文件名，单击 确定 按钮，进入草绘模式。

　　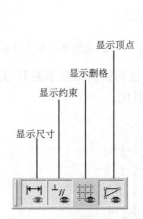　　

图 3-1　【新建】对话框　　　图 3-2　【草绘器】工具栏　　图 3-3　【草绘器工具】工具栏

进入草绘模式之后，系统默认的工具栏发生相应的变化。绘图区上侧显示出如图 3-2 所示的【草绘器】工具栏，控制草绘图中各种图元的显示状态；绘图区的右侧出现如图 3-3 所示的【草绘器工具】工具拦，综合了绘制各种图元的命令。

【草绘器】工具栏有【显示尺寸】、【显示约束】、【显示栅格】和【显示顶点】四个工具。

（1） 📷 （显示尺寸）工具用以切换尺寸显示的开/关，控制草绘图中是否显示尺寸。图 3-4 是显示尺寸和不显示尺寸的对比。

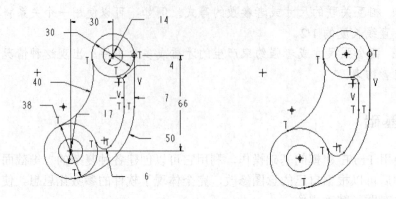

图 3-4　尺寸的显示和不显示比较

（2）⊥⁄⁄⁄（显示约束）工具用以切换约束显示的开/关，控制草绘图中是否显示约束标志。图 3-5 是显示约束和不显示约束的对比。

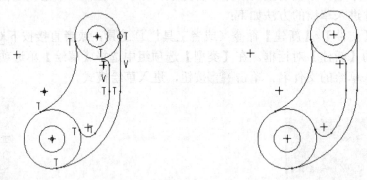

图 3-5　约束的显示和不显示比较

（3）▦（显示栅格）工具用以切换栅格显示的开/关，控制绘图区中是否显示栅格。图 3-6 是显示栅格和不显示栅格的对比。

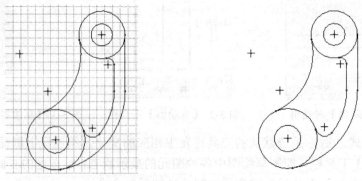

图 3-6　栅格的显示和不显示比较

（4）⊿（显示顶点）工具用以切换截面顶点显示的开/关，控制草绘图中顶点是否显示。图 3-7 是显示顶点和不显示顶点的对比。

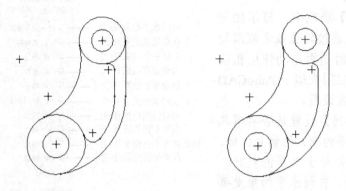

图 3-7　顶点的显示和不显示比较

3.2.2　草绘前的设置

为了提高草绘的效率，草绘之前要设置自动约束、优先显示和捕捉栅格。

单击菜单【草绘】/【选项】，显示如图 3-8 所示的【草绘器优先选项】对话框，上面有【杂项】、【约束】和【参数】三个选项卡，可以分别设置草绘图形的杂项、自动约束和栅格间距等选项。

1. 杂项

在【草绘器优先选项】对话框中选择【杂项】选项卡时，对话框中各复选项含义如图 3-8 所示。其中【栅格】、【顶点】、【约束】、【尺寸】选项和前面讲述的【草绘器】工具一样，不再赘述。

【捕捉到栅格】控制绘图时图形的顶点是否能够捕捉到栅格的交点，是精确绘制图形时使用的一个很重要的工具，栅格的间距可以通过【参数】选项卡设置。

【锁定已修改的尺寸】对于已经修改的图元进行锁定，勾选此项，被修改的尺寸前面加一个"L"符号，不能使用鼠标操控修改图元的大小。

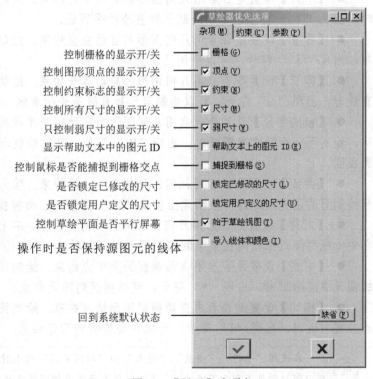

图 3-8　【显示】选项卡

【始于草绘视图】设置开始草绘时，绘图平面是否平行于屏幕，此功能在三维建模时可以看到效果。

2. 自动约束

单击【约束】选项卡，显示如图 3-9 所示对话框，通过勾选或者取消勾选可以控制绘图时是否自动使用相应的约束，约束的启用类似于 AutoCAD 中的自动对象捕捉设置。

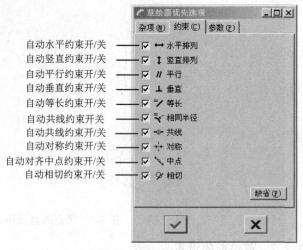

图 3-9　自动约束设置

- 【水平排列】设置是否启用几何图形的自动水平约束。绘制直线时，当直线两端点近似处于水平位置时，会出现"H"符号，自动水平约束发挥作用，可以绘制水平线。图元上的两端点处于水平位置时，出现"– –"符号，两端点自动水平对齐。

- 【竖直排列】设置是否启用几何图形的自动竖直约束。绘制直线时，当直线两端点近似处于竖直位置时，会出现"V"符号，自动竖直约束发挥作用，可以绘制竖直线。图元上的两端点处于竖直位置时，出现"¦"符号，两端点自动竖直对齐。

- 【平行】设置是否启用几何图形的自动平行约束。绘制好直线后，绘制下一条直线时，出现"$\parallel_n$"符号，可以绘制已知直线的平行线。

- 【垂直】设置是否启用几何图形的自动垂直约束。绘制好直线后，绘制下一条直线时，出现"$\perp_n$"符号，可以绘制已知直线的垂线。

- 【等长】设置是否启用几何图形的自动等长约束。绘制好一条直线后，绘制下一条直线时，出现"L_n"符号，可以绘制与已知直线等长的直线。

- 【相同半径】设置是否启用几何图形的自动相同半径约束。绘制好一个圆或者圆弧后，绘制下一个圆或者圆弧时，出现"R_n"符号，可以绘制与已知圆或者圆弧等半径的圆弧或圆。

- 【共线】设置是否启用几何图形的自动共线约束。输入图元顶点时，光标移动到已经绘制好的图元附近时，在图元上出现"– –"符号，自动捕捉到图元上的点。

- 【对称】设置是否启用几何图形的自动对称约束。在已经绘制了中心线的图形中，在中心线两侧近似相同位置绘制相同图元时，出现"→ ←"符号，所画两个图元自动对称。

- 【中点】设置是否启用自动捕捉图元中点约束。绘制图元时，光标移动到已绘制好的图元中点附近时，出现"*"符号，可以捕捉到图元中点。

- 【相切】设置是否启用自动捕捉图元切点约束。绘制图元时，光标移动到两图元切点位置附近时，出现"T"符号，可以自动捕捉到图元切点。

在使用"平行"、"垂直"、"等长"和"相同半径"约束时，会在相应的符号标志右下角出现以阿拉伯数字表示下标"n"，不同数值表示使用相同约束的对数。

---

3. 参数设置

如图 3-10 所示，打开【参数】选项卡，可以设置【栅格】、【栅格间距】和【精度】。

- 【栅格】选项组中，"原点"选项设置栅格原点的位置，单击 按钮，在绘图区拾取一点，设置为栅格原点。"角度"选项设置栅格线和水平线的夹角。"类型"单选区设置坐标系的类型是极坐标还是笛卡儿坐标。

● 【栅格间距】选项组设置栅格的间距。使用"自动"时，系统将栅格两个方向的间距设置为 1。使用"手动"时，【值】选项组可用，在文本框中输入两个方向的栅格间距即可；"等间距"复选框可以设置两个方向的栅格是否等距，如图 3-11 所示。

● 【精度】选项组设置尺寸数字的小数点位数和系统运算的相对精度。

图 3-10 【参数】选项卡

图 3-11 手动设置栅格间距

草绘截面图形时，尽量使用优先显示和自动约束工具，根据所绘草图的大小，确定栅格间距的大小，在【显示】选项卡中勾选"捕捉到栅格"，可以达到提高绘图效率的目的。

3.3 草绘截面

草绘截面的方式有两种，其一是使用【草绘】菜单或者快捷菜单操作，其二是使用图形区右侧工具栏操作。由于工具栏中命令图标简明快捷，推荐优先使用。

草绘截面的步骤一般是：

点取命令→屏幕上拾取点→结束草绘→标注尺寸→修改尺寸→截面图形

草绘截面时，用户通过单击鼠标左键在屏幕上拾取点，创建图元。在鼠标移动时，系统自动显示可用的约束并使用不同的符号显示。Pro/E 默认使用红色显示自动约束符号，创建图元时，系统自动捕捉显示的约束。

草绘完成后，可以使用"约束"命令用手动为图元添加约束，使图形符合设计意图。

草绘过程中，系统自动为图元标注尺寸，这样产生的尺寸是"弱尺寸"，以灰色显示。一般情况下，弱尺寸不完全符合标注习惯，用户可以根据要求手动标注尺寸，以深色显示，称为"强尺寸"。手动标注尺寸后，多余的弱尺寸将自动删除。

　　接下来的工作是修改图元的尺寸，以驱动图元的大小形状符合设计要求。

　　草绘环境中，鼠标上各键功能不同，熟练掌握可以大大提高绘图效率，各键功能介绍如下：

　　● 单击鼠标左键在屏幕上拾取点，单击鼠标中键结束草绘回到选择状态。

　　● 草绘时，按下鼠标右键禁用当前约束（红色符号加一斜杠），按下 Shift 键同时按下鼠标右键锁定约束（红色符号外加圆圈）按下 Tab 键在激活的约束间切换。

　　● 使用鼠标左键在选择状态下单击图元，可以选择图元，按住 Ctrl 键，配合在图元上单击鼠标左键可以选取多个图元。

　　● 单击鼠标右键显示草绘快捷菜单。

　　● 向上滚动鼠标中键缩小视图，向下滚动鼠标中键放大视图。

　　● 按住鼠标中键拖动鼠标可以平移视图。

3.3.1　草绘直线

　　草绘直线的方法有三种：

　　● 单击工具栏中直线图标╲。

　　● 单击菜单【草绘】/【线】/【线】命令。

　　● 在屏幕上图形区单击鼠标右键，在弹出的快捷菜单中选择【线（L）】命令。

　　【例3-1】 草绘直线，如图3-12所示。

　　（1）点取工具栏直线图标╲，使其处于按下状态。

　　（2）在绘图区单击鼠标左键拾取直线的起始点，这时一条橡皮筋附着在光标上。

　　（3）在绘图区单击鼠标左键拾取直线的终始点。

　　（4）如果继续草绘直线，使用鼠标左键在屏幕上拾取第3点，第4点……，否则执行步骤（5）。

　　（5）单击鼠标中键结束草绘线命令回到选取项目状态，工具栏图标╲处于按下状态。

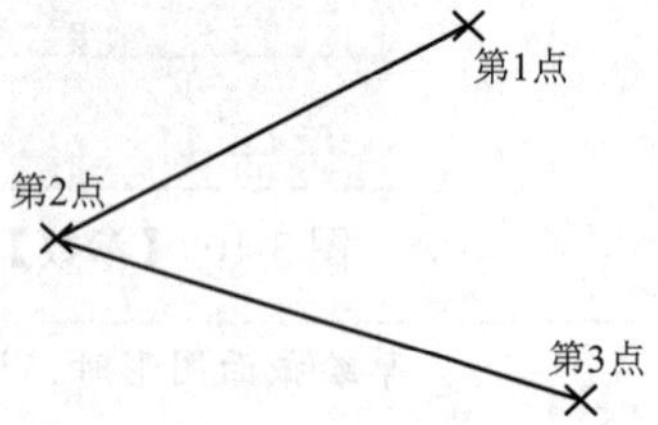

图3-12　草绘直线

3.3.2　草绘中心线

　　草绘中心线的方法有三种：

　　● 单击工具栏中直线图标╲后面的▸按钮，在出现的工具箱╲╲┊中选取中心线图标┊。

　　● 单击菜单【草绘】/【线】/【中心线】命令。

　　● 在屏幕上图形区单击鼠标右键，在弹出的快捷菜单中选择【中心线（C）】命令。

　　【例3-2】 草绘中心线，如图3-13所示。

　　（1）点取工具栏中心线图标┊，使其处于按下状态。

　　（2）在绘图区单击鼠标左键拾取中心线通过的第1点，这时一条中心线线型的橡皮筋附着在光标上。

　　（3）在绘图区单击鼠标左键拾取中心线通过的第2点。

图3-13　草绘中心线

（4）如果继续草绘另一条中心线，执行步骤（2）、（3），否则执行步骤（5）。

（5）单击鼠标中键结束草绘中心线命令回到选取项目状态，工具栏图标处于按下状态。

3.3.3 草绘矩形

草绘矩形的方法有三种：

- 单击工具栏中矩形图标□。
- 单击菜单【草绘】/【矩形】命令。
- 在屏幕上图形区单击鼠标右键，在弹出的快捷菜单中选择【矩形（E）】命令。

【例 3-3】 草绘矩形，如图 3-14 所示。

（1）点取工具栏图标□，使其处于按下状态。

（2）在绘图区单击鼠标左键拾取矩形的一个角点，这时矩形橡皮筋附着在光标上，在水平边和竖直边上分别出现"H"水平约束符号和"V"竖直约束符号。

（3）在绘图区单击鼠标左键拾取矩形的另一个角点。

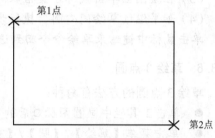

图 3-14 草绘矩形

（4）如果继续草绘矩形，执行步骤（2）、（3），否则执行步骤（5）。

（5）单击鼠标中键结束草绘矩形命令回到选取项目状态，工具栏图标处于按下状态。

3.3.4 草绘圆

草绘圆的方法有三种：

- 单击工具栏中画圆图标○。
- 单击菜单【草绘】/【圆】/【圆心和点】命令。
- 在屏幕上图形区单击鼠标右键，在弹出的快捷菜单中选择【圆】命令。

【例 3-4】 草绘圆，如图 3-15 所示。

（1）选取工具栏画圆图标○，使其处于按下状态。

（2）在绘图区单击鼠标左键拾取圆心点，这时圆形橡皮筋附着在光标上。

（3）在绘图区单击鼠标左键拾取圆上任一点。

（4）如果继续草绘圆，执行步骤（2）、（3），否则执行步骤（5）。

图 3-15 草绘圆

（5）单击鼠标中键结束草绘圆命令回到选取项目状态，工具栏图标处于按下状态。

3.3.5 草绘同心圆

草绘同心圆的方法有两种：

- 单击工具栏中画圆图标○后的▸按钮，在弹出工具栏◎◎○○○中选取同心圆图标◎。
- 单击菜单【草绘】/【圆】/【同心圆】命令。

【例 3-5】 草绘同心圆，如图 3-16 所示。

图 3-16　草绘同心圆

（1）点取工具栏同心圆图标◎，使其处于按下状态。

（2）在绘图区中用鼠标左键单击选取已经绘制的圆或圆弧。

（3）在绘图区单击鼠标左键拾取同心圆通过的点。

（4）如果继续草绘同心圆，执行步骤（2）、（3），否则执行步骤（5）。

单击鼠标中键结束草绘命令回到选取项目状态，工具栏图标↖处于按下状态。

3.3.6　草绘 3 点圆

草绘 3 点圆的方法有两种：

- 单击工具栏中画圆图标◯后的▸按钮，在弹出工具栏◎◎◯◯◯中选取 3 点圆图标◯。
- 单击菜单【草绘】/【圆】/【3 点】命令。

【例 3-6】　草绘 3 点圆，如图 3-17 所示。

（1）点取工具栏画圆图标◯，使其处于按下状态。

（2）在绘图区中单击鼠标左键拾取第 1 个圆上点。

（3）在绘图区中单击鼠标左键拾取第 2 个圆上点。

（4）在绘图区中单击鼠标左键拾取第 3 个圆上点。

（5）如果继续草绘 3 点圆，执行步骤（2）～（4），否

则执行步骤（6）。

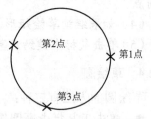

图 3-17　草绘 3 点圆

（6）单击鼠标中键结束草绘三点圆命令回到选取项目状态，工具栏图标↖处于按下状态。

3.3.7　草绘相切圆

草绘相切圆的方法有两种：

- 单击工具栏中画圆图标◯后的▸按钮，在弹出工具栏◎◎◯◯◯中选取相切圆图标◯。
- 单击菜单【草绘】/【圆】/【3 相切】命令。

【例 3-7】　草绘相切圆，如图 3-18 所示。

（1）点取工具栏相切圆图标◯，使其处于按下状态。

（2）在绘图区中鼠标左键单击第 1 个图元。

（3）在绘图区中鼠标左键单击第 2 个图元。

（4）在绘图区中鼠标左键单击第 3 个图元。

（5）如果继续草绘相切圆，执行步骤（2）～（4），

否则执行步骤（6）。

（6）单击鼠标中键结束草绘相切圆命令回到选取

项目状态，工具栏图标↖处于按下状态。

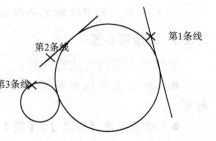

图 3-18　草绘相切圆

3.3.8　草绘椭圆

草绘椭圆的方法有两种：

- 单击工具栏中画圆图标〇后的 ᐟ 按钮，在弹出工具栏 〇◎〇〇〇〇 中选取椭圆图标〇。
- 单击菜单【草绘】/【圆】/【椭圆】命令。

【例 3-8】　草绘椭圆，如图 3-19 所示。

（1）点取工具栏椭圆图标〇，使其处于按下状态。

（2）在绘图区中单击鼠标左键拾取第 1 点作为椭圆圆心。

（3）在绘图区中单击鼠标左键拾取第 2 点作为椭圆上的点。

（4）如果继续草绘椭圆，执行步骤（2）、（3），否则执行步骤（5）。

（5）单击鼠标中键结束草绘椭圆命令回到选取项目状态，工具栏图标 ▸ 处于按下状态。

3.3.9　草绘相切直线

草绘相切直线的方法有两种：

- 单击工具栏中直线图标 ＼ 后的 ᐟ 按钮，在弹出工具栏 ＼＼⫶ 中选取切线图标 ＼。
- 单击菜单【草绘】/【线】/【直线相切】命令。

【例 3-9】　草绘相切直线，如图 3-20 所示。

（1）点取工具栏切线图标 ＼，使其处于按下状态。

（2）在绘图区中单击鼠标左键拾取第 1 个圆或者圆弧上的任一点。

（3）在绘图区中单击鼠标左键拾取第 2 个圆或者圆弧上的任一点。

（4）如果继续草绘切线，执行步骤（2）、（3），否则执行步骤（5）。

（5）单击鼠标中键结束草绘切线命令回到选取项目状态，工具栏图标 ▸ 处于按下状态。

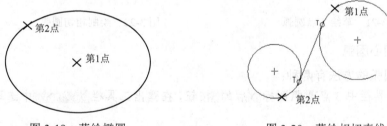

图 3-19　草绘椭圆　　　　　　　　图 3-20　草绘相切直线

3.3.10　草绘 3 点圆弧

草绘 3 点圆弧的方法有两种：

- 单击工具栏中 3 点圆弧图标 ⌒ 后的 ᐟ 按钮，在弹出工具栏 ⌒⌒⌒⫶⌒ 中选取 3 点圆弧图标 ⌒。
- 单击菜单【草绘】/【弧】/【3 点/相切端】命令。
- 在绘图区单击鼠标右键在弹出的快捷菜单中选取【3 点/相切端】命令。

【例 3-10】　草绘 3 点圆弧，如图 3-21 所示。

（1）点取工具栏 3 点圆弧图标 ⌒，使其处于按下状态。

（2）在绘图区中单击鼠标左键拾取圆弧端点。

（3）在绘图区中单击鼠标左键拾取圆弧另一端点。

（4）在绘图区中单击鼠标左键拾取圆弧上任意点。

（5）如果继续草绘 3 点圆弧，执行步骤（2）～（4），否则执行步骤（6）。

（6）单击鼠标中键结束草绘圆弧命令回到选取项目状态，工具栏图标↖处于按下状态。

3.3.11　草绘相切圆弧

草绘相切圆弧的方法有两种：

● 单击工具栏中 3 点圆弧图标⟍后的·按钮，在弹出工具栏⟍⟍⟍⟋⟍⟋中选取相切圆弧图标⟍。

● 单击菜单【草绘】/【弧】/【3 相切】命令。

【例 3-11】　草绘相切圆弧，如图 3-22 所示。

（1）点取工具栏相切圆弧图标⟍，使其处于按下状态。

（2）在绘图区中单击鼠标左键拾取第一条切线。

（3）在绘图区中单击鼠标左键拾取第三条切线。

（4）在绘图区中单击鼠标左键拾取第二条切线。

（5）如果继续草绘相切圆弧，执行步骤（2）～（4），否则执行步骤（6）。

（6）单击中键结束草绘相切圆弧命令回到选取项目状态，工具栏图标↖处于按下状态。

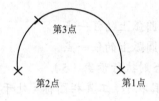

图 3-21　草绘 3 点圆弧　　　　　图 3-22　绘制相切圆弧

3.3.12　草绘同心圆弧

草绘同心圆弧的方法有两种：

● 单击工具栏中 3 点圆弧图标⟍后的·按钮，在弹出工具栏⟍⟍⟍⟋⟍⟋中选取同心圆弧图标⟍。

● 单击菜单【草绘】/【弧】/【同心】命令。

【例 3-12】　草绘同心圆弧，如图 3-23 所示。

图 3-23　草绘同心圆弧

（1）点取工具栏同心圆弧图标⟍，使其处于按下状态。

（2）在绘图区中用鼠标左键单击选取已经绘制的圆或圆弧，一个圆形中心线橡皮筋附着在光标上。

（3）在绘图区单击鼠标左键拾取同心圆弧的一个端点。

（4）在绘图区单击鼠标左键拾取同心圆弧的另一个端点。

（5）如果继续草绘同心圆弧，执行步骤（2）～（4），否则执行步骤（6）。

（6）单击鼠标中键结束草绘同心圆弧命令回到选取项目状态，工具栏图标处于按下状态。

3.3.13　草绘圆心端点弧

草绘圆心端点弧的方法有两种：

● 单击工具栏中 3 点圆弧图标后的按钮，在弹出工具栏中选取圆心端点弧图标。

● 单击菜单【草绘】/【弧】/【圆心和端点】命令。

【例 3-13】　草绘圆心端点弧，如图 3-24 所示。

（1）点取工具栏圆心端点弧图标，使其处于按下状态。

（2）在绘图区中用鼠标左键单击拾取圆弧圆心，一个圆形中心线橡皮筋附着在光标上。

（3）在绘图区单击鼠标左键拾取圆弧的一个端点。

（4）在绘图区单击鼠标左键拾取圆弧的另一个端点。

（5）如果继续草绘同心端点弧，执行步骤（2）～（4），否则执行步骤（6）。

（6）单击鼠标中键结束草绘圆心端点弧命令回到选取项目状态，工具栏图标处于按下状态。

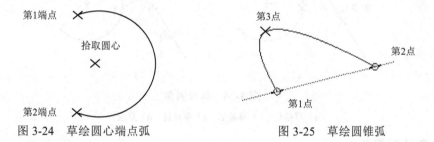

图 3-24　草绘圆心端点弧　　　　　　　图 3-25　草绘圆锥弧

3.3.14　草绘圆锥弧

草绘圆锥弧的方法有两种：

● 单击工具栏中 3 点圆弧图标后的按钮，在弹出工具栏中选取圆锥弧图标。

● 单击菜单【草绘】/【弧】/【圆锥】命令。

【例 3-14】　草绘圆锥弧，如图 3-25 所示。

（1）点取工具栏圆锥弧图标，使其处于按下状态。

（2）在绘图区单击鼠标左键拾取圆锥弧的一个端点。

（3）在绘图区单击鼠标左键拾取圆锥弧另一个端点，出现一条中心线的弦和圆锥曲线形状的橡皮筋。

（4）在绘图区单击鼠标左键拾取圆锥弧上的点。

（5）如果继续草绘圆锥弧，执行步骤（2）～（4），否则执行步骤（6）。

（6）单击鼠标中键结束草绘圆锥弧命令回到选取项目状态，工具栏图标 处于按下状态。

3.3.15 草绘圆角

草绘圆角的方法有两种：

- 单击工具栏中圆角图标 后的 按钮，在弹出工具栏 中选取圆角图标 。
- 单击菜单【草绘】/【圆角】/【圆形】命令。

【例 3-15】 草绘圆角，如图 3-26 所示。

（1）点取工具栏圆角图标 ，使其处于按下状态。

（2）在绘图区单击鼠标左键拾取第 1 条线，可以是直线，也可以是圆或者弧。

（3）在绘图区单击鼠标左键拾取第 2 条线，可以是直线，也可以是圆或者弧。

（4）如果继续草绘圆角，执行步骤（2）、（3），否则执行步骤（5）。

（5）单击鼠标中键结束草绘圆角命令回到选取项目状态，工具栏图标 处于按下状态。

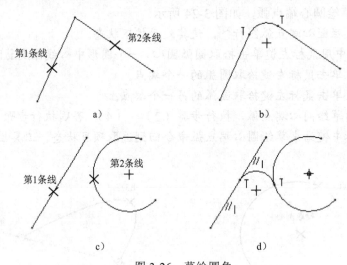

图 3-26 草绘圆角
a）草绘前 b）草绘后 c）草绘前 d）草绘后

3.3.16 草绘椭圆角

草绘椭圆角的方法有两种：

- 单击工具栏中圆角图标 后的 按钮，在弹出工具栏 中选取椭圆角图标 。
- 单击菜单【草绘】/【圆角】/【椭圆形】命令。

【例 3-16】 草绘椭圆角，如图 3-27 所示。

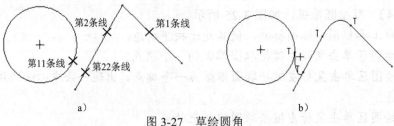

图 3-27 草绘圆角
a）草绘前 b）草绘后

（1）点取工具栏椭圆角图标，使其处于按下状态。

（2）在绘图区单击鼠标左键拾取第 1 条线，可以是直线，也可以是圆或者弧。

（3）在绘图区单击鼠标左键拾取第 2 条线，可以是直线，也可以是圆或者弧。

（4）如果继续草绘椭圆角，执行步骤（2）、（3），否则执行步骤（5）。

（5）单击鼠标中键结束草绘命令回到选取项目状态，工具栏图标处于按下状态。

3.3.17　草绘样条曲线

草绘样条曲线的方法有两种：

● 单击工具栏中样条曲线图标。

● 单击菜单【草绘】/【样条】命令。

【例 3-17】 草绘样条曲线，如图 3-28 所示。

（1）点取工具栏样条曲线图标，使其处于按下状态。

（2）在绘图区单击鼠标左键拾取第 1 点。

（3）在绘图区单击鼠标左键拾取第 2 点，出现样条曲线橡皮筋。

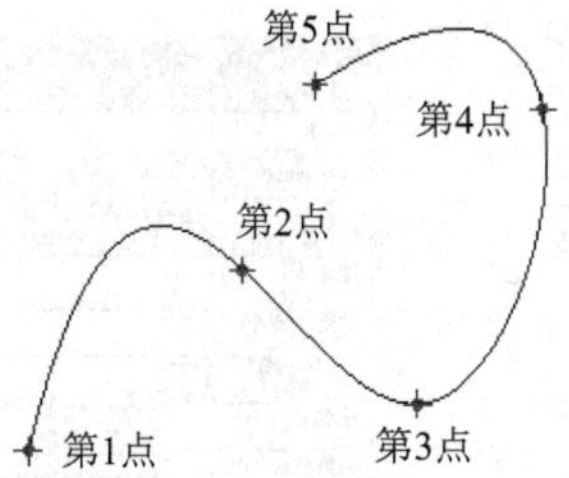

图 3-28　草绘样条曲线

（4）在绘图区单击鼠标左键拾取第 3 点，第 4 点……。

（5）单击鼠标中键结束草绘样条曲线命令回到选取项目状态，工具栏图标处于按下状态。

3.3.18　草绘点和坐标系

草绘点的方法有两种：

● 单击工具栏中草绘点图标后的按钮，在弹出工具栏中选取草绘点图标。

● 单击菜单【草绘】/【点】命令。

草绘坐标系的方法有一种：

● 单击工具栏中草绘点图标后的按钮，在弹出工具栏中选取坐标系图标。

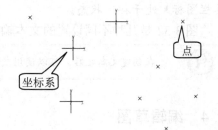

【例 3-18】 草绘点和坐标系，如图 3-29 所示。

（1）点取草绘点图标或者草绘坐标系命令。

（2）在绘图区单击鼠标左键绘制点或者坐标系。

（3）单击鼠标中键结束绘制点或坐标系。

图 3-29　草绘点和坐标系

3.3.19　草绘文本

草绘文本的方法有两种：

● 单击工具栏中草绘文本图标。

● 单击菜单【草绘】/【文本…】命令。

【例 3-19】 草绘文本。

（1）点取工具栏草绘文本图标，使其处于按下状态。

（2）在绘图区单击鼠标左键拾取行的起始点，确定文本的起点。

（3）在绘图区单击鼠标左键拾取行的第 2 点，确定文本的高度和方向。弹出如图 3-30 所示的【文本】对话框。

（4）在【文本行】编辑框内输入文本内容，如"ProE"。也可以单击 文本符号... 按钮打开如图 3-31 所示的【文本符号】对话框，从中选择所需要的符号。

（5）在【字体】列表框中选择合适的字体样式，在【位置】选项组设置字体在水平方向和竖直方向的对齐方式。

（6）在【长宽比】编辑框中输入文本的长宽比，或者拖动后面的滑块调整文本的长宽比。

图 3-30 【文本】对话框

图 3-31 【文本符号】对话框

（7）在【斜角】编辑框中输入文本和 Y 轴正方向的夹角大小，或者拖动后面的滑块进行调整。

（8）【沿曲线放置】编辑框可以设置文本沿已经绘制好的曲线放置。勾选该项后选取曲线可以使输入的文本沿曲线放置。 决定文本底部还是顶部对齐曲线。

单击 确定 按钮完成草绘文本。单击鼠标中键结束草绘文本命令回到选取项目状态，工具栏图标 处于按下状态。

图 3-32 是几种不同设置的文本输出效果的对比。

 在创建文本之后，可以使用鼠标左键拖动输入的两点调整文本的高度和斜角。

3.4 编辑草图

Pro/E 草绘图形只要求形似，在绘制完草图之后对草图进行编辑，使其尺寸大致与设计意图相同，然后精确修改尺寸。

当设计尺寸和草绘尺寸差别较大时，一旦修改尺寸驱动图形，会出现意想不到的麻烦，因此编辑草图是一项很重要的工作。

3.4.1 图元的选取和删除

图元的选取有 3 种方式，在选取之前，确认工具栏选取项目图标 处于按下状态。

- 鼠标左键在绘图区单击图元，可以选择图元。
- 按住 Ctrl 键使用鼠标左键单击图元可以向选择集中添加图元。
- 按住鼠标左键拖动出一个矩形框可以完全选择被框住的图元。

在被选中的情况下，图元以红色显示。

选取图元之后，执行如下 3 种操作之一可以删除图元。

- 直接按键盘的 Delete 键。
- 单击鼠标右键，在弹出的快捷菜单中，选择【删除】命令。
- 单击菜单【编辑】/【删除】命令。

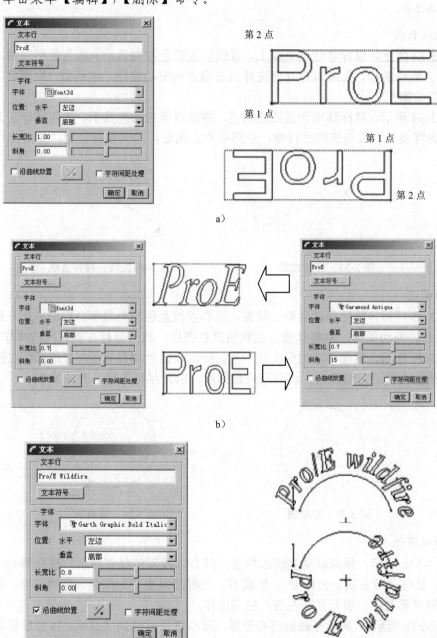

图 3-32 不同设置文本效果的对比

a) 两点输入顺序不同的比较　b) 不同参数设置对比　c) 沿曲线正向和反向放置对比

3.4.2　操纵图元

Pro/E 为用户提供了便捷的图元操纵技术，用户可以使用鼠标进行旋转、拉伸、缩放、移动图元，使草图符合设计意图。

　操纵图元时，必须确认工具栏选取项目图标 处于按下状态。当可以操纵图元时，光标以 状态显示。

1. 操纵直线

如图 3-33 所示，鼠标移动到直线上，直线以浅蓝色加亮显示，按住鼠标左键，光标变为 状态，拖动鼠标，直线以绕远离选择点的端点为中心旋转，达到用户意图后，放开鼠标左键，完成操作。

如图 3-34 所示，鼠标移动到直线的端点，端点浅蓝色加亮显示，按住鼠标左键并拖动鼠标，直线将绕另一端点旋转并拉伸，达到用户意图后，放开鼠标左键，完成操作。

图 3-33　旋转直线　　　　　　　图 3-34　旋转、拉伸直线

2. 操纵圆

如图 3-35 所示，鼠标移动到圆心位置，圆心以浅蓝色加亮显示，按住鼠标左键，光标变为 状态，拖动鼠标，将移动圆，达到用户意图后，放开鼠标左键，完成操作。

如图 3-36 所示，鼠标移动到圆上任一点，圆以浅蓝色加亮显示，按住鼠标左键拖动鼠标，将以圆心为固定点缩放圆，达到用户意图后，放开鼠标左键，完成操作。

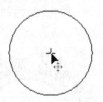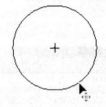

图 3-35　移动圆　　　　　　　　图 3-36　缩放圆

3. 操纵圆弧

如图 3-37a 所示，鼠标移动到圆心位置，圆心以浅蓝色加亮显示，选择圆心，圆心以红色显示，按住鼠标左键，光标变为 状态，此时圆弧也变为红色，拖动鼠标，将移动圆弧，达到用户意图后，放开鼠标左键，完成操作。

如图 3-37b 所示，，鼠标移动到圆心位置，圆心以浅蓝色加亮显示，按住鼠标左键拖动鼠标，圆弧以某一端点为固定点旋转，圆弧的半径，包角也随之变化，达到用户意图后，放开鼠标左键，完成操作。

如图 3-37c 所示，鼠标移动到圆弧上，圆弧以浅蓝色加亮显示，按住鼠标左键拖动鼠标，圆弧两个端点不变，圆弧的半径和包角发生变化，达到用户意图后，放开鼠标左键，完成操作。

如图 3-37d 所示，，鼠标移动到圆弧某一端点位置，端点以浅蓝色加亮显示，按住鼠标左键拖动鼠标，圆弧以另一端点为固定点旋转，圆弧的包角也随之变化，达到用户意图后，放开鼠标左键，完成操作。

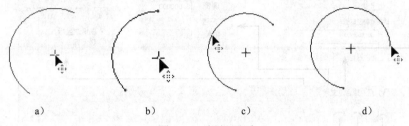

a)   b)   c)   d)

图 3-37　操纵圆弧

4. 操纵样条曲线

如图 3-38 所示，鼠标移动到样条曲线的某一端点位置，端点以浅蓝色加亮显示，按住鼠标左键，光标变为 状态，拖动鼠标，整个样条曲线以另一端点为固定点旋转和伸缩，达到用户意图后，放开鼠标左键，完成操作。

如图 3-39 所示，鼠标移动到样条曲线的某一节点位置，节点以浅蓝色加亮显示，按住鼠标左键，光标变为 状态，拖动鼠标，样条曲线的曲率不变，两端点位置不变，样条的形状发生改变，达到用户意图后，放开鼠标左键，完成操作。

除了通过鼠标操纵样条曲线以外，还可以使用样条曲线的高级编辑选项修改曲线的形状。

图 3-38　操控样条端点

图 3-39　操控样条节点

单击菜单【编辑】/【修改】命令，弹出如图 3-40 所示的【选取】对话框。选取样条曲线，样条曲线以如图 3-41 所示的形式显示，并在窗口底部弹出如图 3-42 所示的【样条修改】操控板。

图 3-40　【选取】对话框

图 3-41　样条显示内插点模式

该操控板中的按钮命令功能如下：

● 单击"点"，弹出【点】面板，从样条曲线上选择一点，其坐标显示在【选定点的坐标值】一栏，可以输入数值直接修改，图形发生相应的变化，有两种坐标系，草绘原点和局部坐标系。

● 单击"拟合"，弹出【拟合】面板，可以对曲线的拟合类型和精度进行设置。

● 单击"文件"，弹出【文件】面板，选取相关联的坐标系，可以是笛卡儿坐标系或极坐标系，并能够生成相应的数据文件，进行保存、打开等操作。

● 单击⏜按钮，样条曲线外面显示控制多边形，如图 3-42 所示。通过控制多边形顶点的位置，可以调整样条曲线的形状。再次单击⏜按钮，隐藏控制多边形的显示。

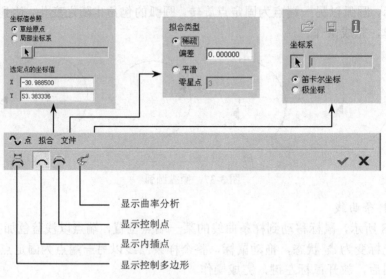

图 3-42 【样条修改】操控板

● 单击⌒按钮，样条曲线显示为内插点模式，如图 3-41 所示。通过控制内插点的位置，可以调整样条曲线的形状。

● 单击⌒按钮，显示如图 3-43 所示，操作方法和控制多边形的方法相同，可以调整样条曲线的形状。

● 单击✍按钮，样条曲线上显示曲率分析模式，如图 3-44 所示。操控面板如图 3-45 所示。【比例】旋钮可以调整曲率线的长度比例，【密度】旋钮可以调整曲率线的密度。

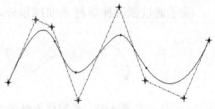

图 3-43 显示控制多边形

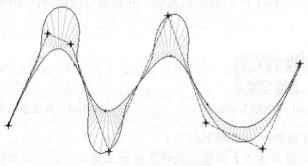

图 3-44 曲率分析模式

图 3-45 曲率线显示调整旋钮

想删除某个控制节点，可在要删除节点的位置单击鼠标右键选择【删除点】命令，想增加控制节点，可在要增加节点的位置单击鼠标右键选择【添加点】命令。

调整完成以后，左键单击 ✓ 按钮。

5. 操控点和坐标系

点和坐标系的调整比较简单，只需要按住鼠标左键拖动就可以移动点或者坐标系。

3.4.3　变换图元

【例 3-20】　对图元进行移动、缩放、旋转复制等变换操作。

（1）在绘图区选择要进行变换的图元，选中的图元以红色显示。

（2）单击工具栏 后的 按钮，在弹出的工具栏 中选择【缩放和旋转】工具，可以移动图元并对图元进行旋转或缩放。

（3）对如图 3-46 所示的外方内圆的图元进行变换操作，点取【缩放和旋转】工具 后弹出如图 3-47 所示的【缩放旋转】对话框，图形变为如图 3-48 所示的形式。

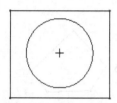
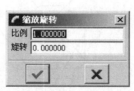

图 3-46　要变换的图元　　　图 3-47　【缩放旋转】对话框　　图 3-48　移动并缩放、旋转

● 可以使用手柄进行变换，调整移动的位置，缩放的比例和旋转的角度。

● 可以在【缩放旋转】对话框相应栏目后的编辑框输入数值，确定缩放的比例和旋转的角度。

● 屏幕上单击鼠标中键或者按下【缩放旋转】对话框中的 ✓ 按钮完成操作。

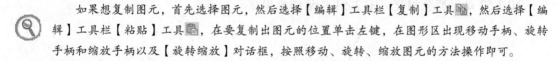

> 如果想复制图元，首先选择图元，然后选择【编辑】工具栏【复制】工具 ，然后选择【编辑】工具栏【粘贴】工具 ，在要复制出图元的位置单击左键，在图形区出现移动手柄、旋转手柄和缩放手柄以及【旋转缩放】对话框，按照移动、旋转、缩放图元的方法操作即可。

3.4.4　镜像图元

对于对称图形，需要使用镜像工具提高绘图效率，使用镜像工具必须首先绘制中心线。

【例 3-21】　镜像图元

（1）绘制中心线。

（2）选取需要镜像的图元，图元红色显示。

（3）单击工具栏 后的 按钮，在弹出的工具栏 中选择 工具。

（4）提示选取中心线，选取刚才绘制的中心线，完成操作。如图 3-49 所示。

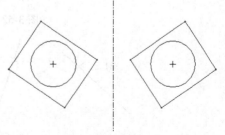

图 3-49　镜象操作

3.4.5 裁剪图元

用户使用 Pro/E 草绘截面时,要修剪多余的线条,延伸不够长度的线条,广泛应用到裁剪功能。Pro/E 的裁剪功能有三种模式:⧖ 动态修剪模式,┼ 修剪或延伸至相交模式和 ⊬ 打断模式。

1. 动态修剪模式

在工具栏中单击 ⧖ 后的 ▸ 按钮,在弹出的工具栏 ⧖ ┼ ⊬ 中选择 ⧖ 工具。有两种方法可以完成修剪。

● 鼠标连续单击要剪掉的图线,图线将以参照线或者与其他图线的交点为边界修剪掉选中的图元。

● 拖动鼠标左键,绘制曲线,曲线碰到的图线被剪掉,边界和上面相同。

图 3-50 是用第 1 种方法修剪后得到的五边形图解,需要单击 10 次鼠标才能修剪完成。图 3-51 是用第 2 种方法修剪得到的,只需拖动鼠标接触欲修剪的线即可。显然,使用第 2 种方法能够达到事半功倍的效果,建议读者使用第 2 种方法修剪。

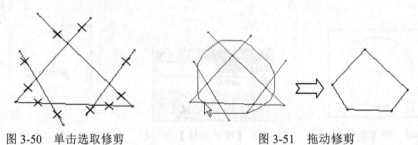

图 3-50　单击选取修剪　　　　　　　　图 3-51　拖动修剪

2. 修剪或延伸至相交

在工具栏中单击 ⧖ 后的 ▸ 按钮,在弹出的工具栏 ⧖ ┼ ⊬ 中选择 ┼ 工具,然后连续选择要修剪的两个图元,一定注意要在保留线段的一侧选取图元。可以将两相交图元的出头剪掉,也可以将两不相交的图元延伸至相交。

图 3-52 是修剪至相交,图 3-53 是延伸至相交。

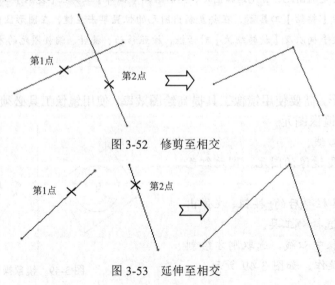

图 3-52　修剪至相交

图 3-53　延伸至相交

3. 分割图元

在工具栏中单击 后的 · 按钮,在弹出的工具栏 中选择 工具,选择图元上的点,以此点为界将图元分割为两个图元。如图 3-54 所示。

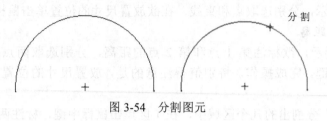

图 3-54　分割图元

3.5　标注草绘

进行截面草绘时,系统自动标注尺寸,以灰色弱尺寸的形式显示,标注的形式和 GB 的要求不完全一致,需要手动标注尺寸并把弱尺寸变为强尺寸。

进入尺寸标注模式的方法有 3 种:

● 单击工具栏标注尺寸 工具。

● 单击菜单【草绘】/【尺寸】/【垂直】命令。

● 绘图区单击鼠标右键,在弹出的快捷菜单中选择【尺寸】命令。

退出尺寸标注模式的方法有两种:

● 标完尺寸后,在绘图区单击鼠标中键,此时工具栏中选择项目 处于按下状态。

● 鼠标单击工具栏中选择项目 ,使其处于按下状态。

无论使用哪种方式标注尺寸时,要确认工具栏中 按钮处于按下状态。标注不同图元时,选取图元的方法不同,下面介绍不同图元尺寸标注的方法。

1. 标注直线长度

标注直线长度有两种方法:

● 如图 3-55 所示,左键单击直线上任一点,在欲放置尺寸的地方单击鼠标中键。

● 如图 3-56 所示,使用鼠标左键单击连续选取直线两端点,在欲放置尺寸的位置单击鼠标中键,完成标注。

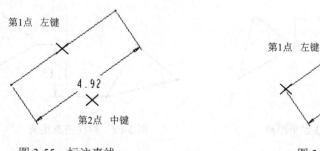

图 3-55　标注直线　　　　　　　　　　图 3-56　标注直线

 鼠标移动到可以选择的图元时,图元以浅蓝色加亮显示,单击鼠标左键即可选中图元。图中左键是指鼠标左键单击该点,中键指鼠标中键单击该点。

2. 标注两平行直线距离

如图 3-57 所示，分别选择两条直线，在欲放置尺寸的位置单击鼠标中键，完成操作。

3. 标注点和直线的距离

如图 3-58 所示，分别选取点和直线，在欲放置尺寸的位置单击鼠标中键，完成操作。

4. 标注两点距离

如图 3-59 所示，欲标注第 1 点和第 2 点的距离，分别选取两点，在欲放置尺寸的位置单击鼠标中键，完成操作。特别值得注意的是，放置尺寸的位置不同将标注不同的距离。

在"井字形"分割出的几个区域中，在 I 区单击鼠标中键，标注两点的平行距离，如图 3-60 所示。

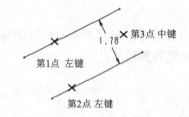

图 3-57 标注两直线距离

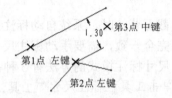

图 3-58 标注点到直线距离

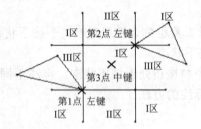

图 3-59 标注两点距离

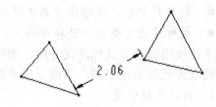

图 3-60 标注平行距离

在 II 区单击鼠标中键，标注两点的水平距离，如图 3-61；在 III 区单击鼠标中键，标注两点的竖直距离，如图 3-62。

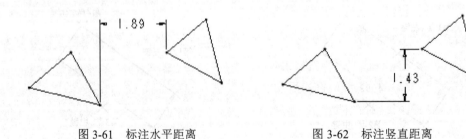

图 3-61 标注水平距离   图 3-62 标注竖直距离

5. 标注圆直径

如图 3-63 所示，鼠标左键在圆或者大于半径的圆弧上单击两次，在欲放置尺寸的位置单击鼠标中键，完成直径标注。

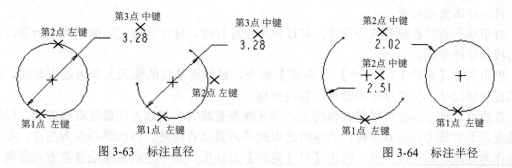

图 3-63 标注直径 　　　　　　　　　图 3-64 标注半径

6. 标注圆半径

如图 3-64 所示，鼠标左键在圆或者圆弧上单击，在欲放置尺寸的位置单击鼠标中键，完成半径标注。

7. 标注圆弧弧度

如图 3-65 所示，鼠标左键选取圆弧两端点，再在圆弧上左键单击一点，在欲放置尺寸的位置单击鼠标中键，完成弧度标注。

8. 标注椭圆或者椭圆弧

如图 3-66 所示，鼠标左键单击椭圆或者椭圆弧上一点，在椭圆外任意位置单击鼠标中键，在弹出的对话框中选择 X 半径或者 Y 半径，单击 接受 按钮，完成椭圆半径标注，重复上面步骤标注另一半径。

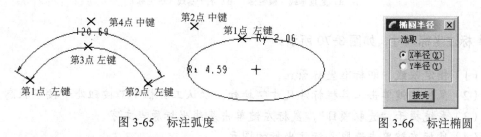

图 3-65 标注弧度 　　　　　　　　　图 3-66 标注椭圆

9. 标注两直线角度

如图 3-67 所示，鼠标左键连续单击两直线上的点选取两直线，在欲放置尺寸的位置单击鼠标中键，完成角度标注。

10. 标注对称尺寸

如图 3-68 所示，对称尺寸必须有中心线，鼠标左键单击第 1 点，鼠标左键单击中心线上第 2 点，接下来再次左键单击第 1 点，在欲放置尺寸的位置中键单击第 3 点，完成对称标注。

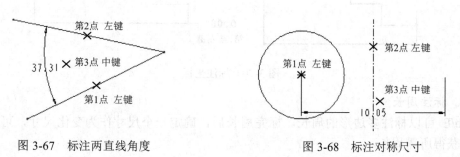

图 3-67 标注两直线角度 　　　　　　　图 3-68 标注对称尺寸

11. 标注坐标尺寸

对于基于公共参照的几个尺寸，可以使用坐标标注。标注坐标尺寸需要两个步骤：指定基线和标注坐标。

单击菜单【草绘】/【尺寸】/【基线】命令，在作为基线的图元上单击选取基线，在欲放置坐标尺寸的位置单击中键标注基线坐标。

基线可以是点、也可以是其他图元。当基线是直线时，基线方向就是直线方向，标注的是垂直于直线方向的 0 坐标；当基线选取的是圆弧或者圆时，将以圆心作为基点，和选取点作为基线时的情况一样，弹出【尺寸定向】对话框，从中选取基线是竖直方向还是水平方向后，单击 接受(A) 按钮，完成基线设置，如图 3-69 所示。

确定基线后，再选取标注尺寸命令进行坐标尺寸标注即可。

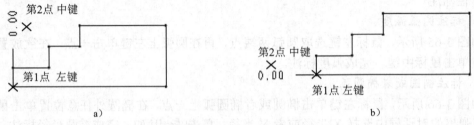

图 3-69   设置基线

a）竖直基线（横坐标） b）水平基线（纵坐标）

标注坐标尺寸，如图 3-70 所示。

（1）指定基线，即标准坐标原点。

（2）鼠标左键单击工具栏标注尺寸 按钮，确认工具栏中 按钮处于按下状态。

（3）系统提示"选取项目"，鼠标左键单击基线坐标原点文字。

（4）鼠标左键单击选取要标注坐标的图元。

（5）鼠标中键单击数字放置的位置。

（6）重复步骤（3）～（5）标注其他点的坐标。

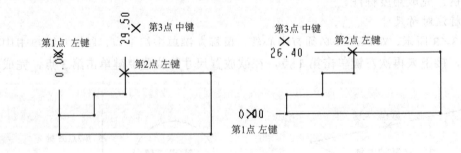

图 3-70   标注坐标

12. 标注周长

Pro/E 可以标注多边形的周长。标完周长后，确定一个尺寸作为变化尺寸，可以调整此尺寸获得所需周长。

标注周长尺寸，如图 3-71 所示。

（1）在绘图区框选多边形，整个多边形变为红色选中状态。
（2）单击菜单【编辑】/【转换到】/【周长】命令。
（3）根据提示选取一个由周长驱动的尺寸。

完成后在要驱动尺寸的图元上由引线标注周长尺寸，其后有"周长"字样，被驱动的尺寸后加"变量"字样。修改周长尺寸时被驱动尺寸根据周长驱动图元的长度使周长满足要求，其余尺寸不变。

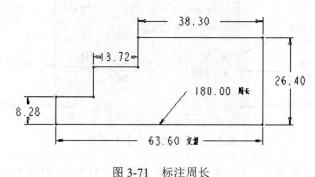

图 3-71   标注周长

3.6   编辑尺寸

Pro/E 是全参数化的设计软件，通过修改尺寸数值驱动图形，达到设计意图。

3.6.1   修改尺寸

修改尺寸有两种方式：
●   在需要修改的尺寸数字上双击鼠标左键，出现文本框，输入尺寸数值，单击鼠标中键或者键盘 Enter 键完成修改，如图 3-72 所示。这种方式每次只能修改一个尺寸。
●   使用【修改尺寸】对话框修改尺寸。这种方式可以一次修改一组尺寸。

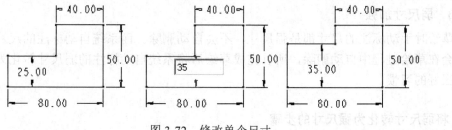

图 3-72   修改单个尺寸

使用【修改尺寸】对话框修改尺寸

（1）确认工具栏选取项目 ▶ 处于按下状态。
（2）单选或者框选一个尺寸或一组尺寸，选中的尺寸红色加亮显示。

（3）打开如图 3-73 所示的【修改尺寸】对话框，在对话框中修改尺寸。选中尺寸后，打开【修改尺寸】对话框的方法有 3 种：

● 单击菜单【编辑】/【修改】命令。
● 单击工具栏修改尺寸 ⊒ 工具。
● 单击鼠标右键，在弹出的快捷菜单中选取【修改】命令。

（4）单击 ☑ 完成修改。

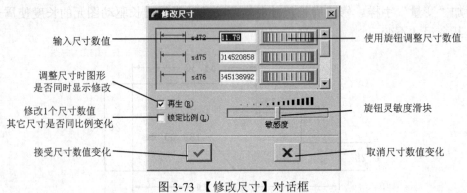

图 3-73　【修改尺寸】对话框

在修改尺寸数值时，可以输入负值，将使图元方向改变，而尺寸大小和输入值的绝对值相等。

3.6.2 移动尺寸

自动标注尺寸时，尺寸数字的位置往往不符合设计意图，需要移动尺寸数字和尺寸线的位置。

 移动尺寸的步骤

（1）确认工具栏选取项目 ↖ 处于按下状态。
（2）选择要移动的尺寸，选中的尺寸红色加亮显示。
（3）按住鼠标左键拖动尺寸数值到合适的位置。

3.6.3 弱尺寸加强

草绘时手动标注的尺寸都是强尺寸，不会自动删除。而系统自动标注的尺寸都是弱尺寸，会在草绘过程中自动删除，所以完成草绘后将系统自动标注的弱尺寸转化为强尺寸是一个很好的习惯。

 将弱尺寸转化为强尺寸的步骤

（1）确认工具栏选取项目 ↖ 处于按下状态。
（2）选择要加强的弱尺寸（可以选取一组弱尺寸），选中的尺寸红色加亮显示。
（3）将弱尺寸转化为强尺寸方法有 2 种：
● 选取菜单【编辑】/【转换到】/【加强】命令。

- 单击鼠标右键，在弹出的快捷菜单中选择【强】命令。

3.6.4 尺寸冲突的解决办法

所有尺寸加强之后，如果继续标注的尺寸是多余尺寸，和已经标注的尺寸有冲突的话，会弹出如图 3-74 所示的【解决草绘】对话框，用于解决尺寸或者约束冲突。

解决冲突的方法有 3 种：

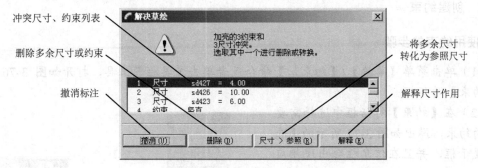

图 3-74 【解决草绘】对话框

- 撤消标注此尺寸。
- 将多余的尺寸保留，将其转化为参照尺寸，参照尺寸后出现 "REF" 字样。如图 3-75 所示。
- 删除一个不需要的尺寸。

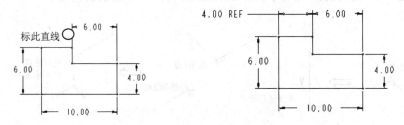

图 3-75 转化为参照

3.7 创建约束

在 Pro/E 中使用约束可以减少尺寸的标注，很容易实现设计者的意图。关于自动约束前面已经讲过，本节主要讲解手动约束。

3.7.1 约束的种类和作用

约束的种类和作用如下：

- ⏐：竖直约束，直线竖直或者两点在竖直方向对齐。
- ↔：水平约束，直线水平或者两点在水平方向对齐。
- ⊥：垂直约束，两图元垂直。
- 9：相切约束，两图元相切。

- ⬚ ：中点约束，把一点放在线的中点。
- ⬚ ：共点约束，把点放在图元上。
- ⬚ ：对称约束，两点相对于中心线对称。
- ⬚ ：相等约束，两图元相等。
- ⬚ ：平行约束。两图元平行。

3.7.2 创建约束

使用约束的步骤

（1）单击菜单【草绘】/【约束...】命令或者单击工具栏⬚工具，打开如图 3-76 所示的【约束】对话框。

（2）在【约束】对话框中选择需要使用的约束，弹出如图 3-77 所示的【选取】提示框，并且在信息栏会出现相应操作提示。

（3）按照提示选择使用约束的图元。

（4）创建其他约束，重复步骤 2、3，否则，执行步骤（5）。

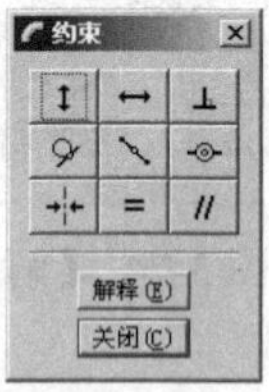

图 3-76 【约束】对话框　　图 3-77 【选取】提示框

（5）单击鼠标中键或者单击 关闭(C) 按钮关闭【约束】对话框。

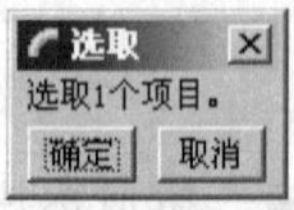

图 3-78 到图 3-86 使用图解说明了约束的创建过程和各种约束的符号。

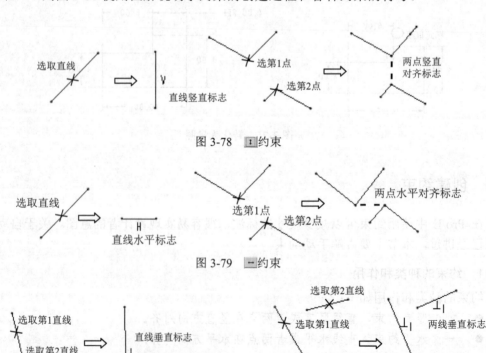

图 3-78 ⬚ 约束

图 3-79 ⬚ 约束

图 3-80 ⬚ 约束

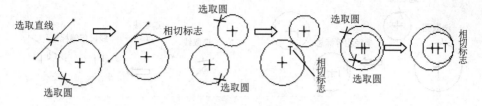

图 3-81　⊙约束

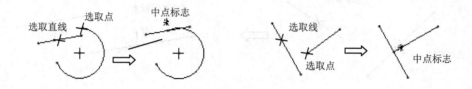

图 3-82　↘约束

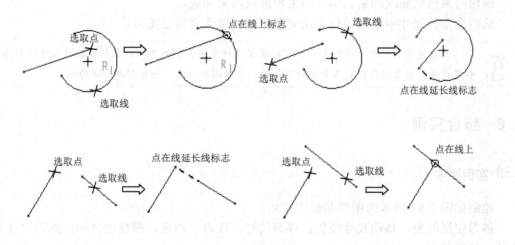

图 3-83　◈约束

当选取的点所在的线沿正向（由未选点指向选中点）延伸后能与选取的线相交时，创建点在线上约束，当选取的点所在的线沿正向延伸后不能与选取的线相交时，创建点在延伸线上约束。当选取两点时，两被选点重合，无标志出现。

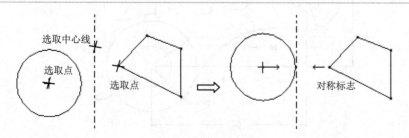

图 3-84　⊹约束

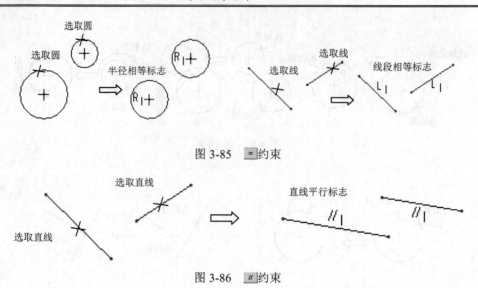

图 3-85　= 约束

图 3-86　// 约束

3.7.3　约束编辑

编辑约束包括删除约束、强化约束和解决约束冲突。

这些操作和尺寸中相应操作方法完全相同，请读者自己练习。

 优先使用自动约束草绘图形，可以根据设计意图，使用不同的鼠标和键盘操作禁用约束和锁定约束。当自动捕捉到不合适的约束后，可以删除约束，手动创建合适的约束。

3.8　综合实例

实例要求

绘制如图 3-87 所示的图形并标注尺寸。

练习使用约束、移动尺寸位置；练习尺寸、顶点、约束、栅格的显示；练习尺寸小数位数的设置等。

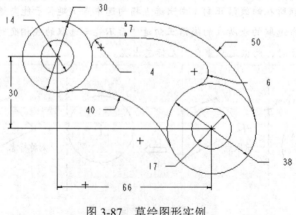

图 3-87　草绘图形实例

绘图步骤

（1）选择菜单【文件】/【新建】命令，打开【新建】对话框。

（2）在【类型】中选择 ⊙ 草绘，在【名称】后面的编辑框内输入文件名 "liti3-1"。

（3）单击 确定 按钮进入草绘窗口。

（4）选择工具栏草绘圆 ⊙ 工具，在绘图区绘制一圆，不必在意圆的大小和位置。

（5）双击自动标注的圆直径数值，输入直径 14，按中键回到草绘状态。

（6）选择工具栏草绘圆 ⊙ 后的 ▸ 按钮，在弹出工具栏 ⊙◎◐◑ 中选取同心圆图标 ◎。选取刚才草绘的圆，绘制其同心圆，直径大致等于 30。

（7）双击圆直径数值，输入直径 30，按中键回到选取状态。

（8）按照前面介绍过的步骤在适当位置绘制另外两个同心圆，并修改尺寸。

（9）为了看图方便，在工具栏选取项目 ▸ 处于按下状态时，选择尺寸，拖动鼠标左键移动尺寸位置到如图 3-88 所示的状态。

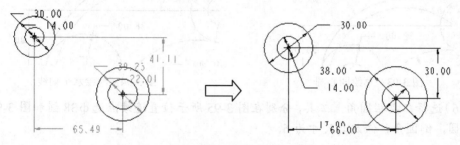

图 3-88　绘制同心圆并修改尺寸，改变尺寸位置

（10）选择工具栏圆角 ⌐ 工具，分别在 φ38 圆左下侧和 φ30 圆的右下侧选取两圆，为两圆倒圆角，修改其尺寸为 40，如图 3-89 所示。

（11）选择工具栏直线 ＼ 工具，移动光标到 φ30 圆大体最上点位置，自动约束起作用，光标变为 ⊗ 红色加亮显示时，按下鼠标左键捕捉该点，向正右方移动光标，直至在圆上点出现 "T" 标志，线上方出现 "H" 标志时，控制直线长度按下鼠标左键，绘出 φ38 圆的水平切线，如图 3-90 所示。

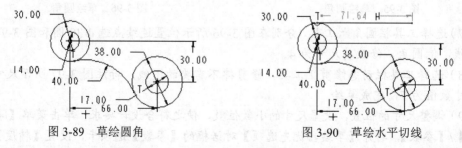

图 3-89　草绘圆角　　　　　　　　　　图 3-90　草绘水平切线

（12）选择工具栏圆角 ⌐ 工具，分别选取 φ38 圆右上侧和水平直线，为直线和 φ38 圆倒圆角，修改其尺寸为 50，如图 3-91 所示。

（13）选择工具栏动态修剪 ⌁ 工具，鼠标左键单击出头部分，修剪掉出头线。或者使用 ⌁ 后的 ▸ 按钮，在弹出的工具栏选取 ⊥ 工具，在直线和圆弧要保留的一侧靠近切点位置连续点选要修剪的图元，剪掉出头线，如图 3-92 所示。

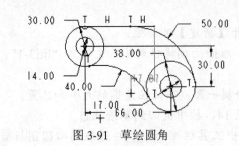 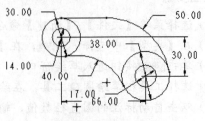

图 3-91　草绘圆角　　　　　　　　　　图 3-92　修剪出头线

（14）选择工具栏草绘圆 ○ 后的▪按钮，在弹出工具栏 ○◎○○○ 中选取同心圆图标 ◎。选取 R50 圆弧,，在圆弧内侧绘制其同心圆，如图 3-93 所示，注意不要使用任何自动约束。

（15）在如图 3-94 所示的位置草绘同心圆的水平切线。

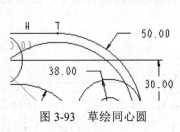 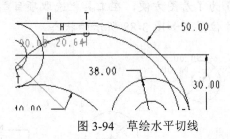

图 3-93　草绘同心圆　　　　　　　　　图 3-94　草绘水平切线

（16）选择工具栏圆角 ㇏ 工具，分别在图 3-95 所示位置连续点选 φ38 圆和图 3-93 中所绘同心圆，倒圆角，修改其尺寸为 6。

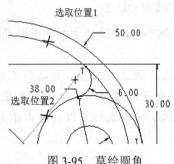

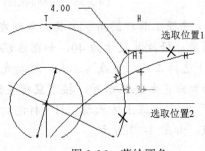

图 3-95　草绘圆角　　　　　　　　　　图 3-96　草绘圆角

（17）选择工具栏圆角 ㇏ 工具，分别在图 3-96 所示位置连续点选 φ30 圆和图 3-94 中所绘水平线，倒圆角，修改其尺寸为 4。

（18）选择工具栏动态修剪 ㇏ 工具，修剪掉不需要的图线。标注图 3-97 所示尺寸，并修改尺寸数值为 7，完成草绘。

（19）调整尺寸的位置，设置尺寸的小数位数，使之符合设计要求。单击菜单【草绘】/【选项】/【参数】，打开【草绘器优先选项】对话框的【参数】选项卡，设置【精度】选项组的【小数位数】为 0，完成图形绘制。

（20）分别按下工具栏四个按钮 ㇏ ㇏ ㇏ ㇏，并相互组合，看绘图区出现的效果。

（21）单击菜单【文件】/【保存】命令，弹出【保存】对话框，单击 确定 按钮保存草绘图形。

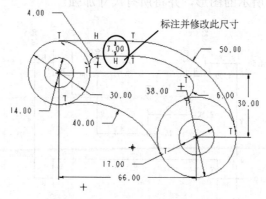

图 3-97 修剪图线，修改尺寸

3.9 本章小结

本章主要讲述草绘模块的应用。从草图的显示、草绘前的设置，再到草绘各种图元的方法，使用约束以及草图尺寸的标注和修改，都进行了详尽的讲述。本章是后面创建三维模型的基础，必须扎实掌握。

3.10 习题

1. 概念题

（1）草绘截面时，图元之间共有 9 种约束形式，它们之间有什么不同，分别用在何种图元之间的约束？

（2）草绘截面时，鼠标各键的功能有什么不同，如何使用鼠标和键盘切换约束、锁定约束和取消约束？

（3）修改尺寸的形式有哪几种，对于出现冲突的尺寸或者约束应该如何处理？

2. 操作题

（1）草绘如图 3-98 所示的图形，并将所有尺寸加强。

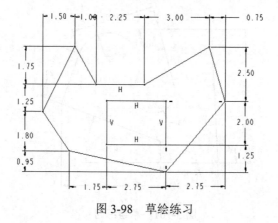

图 3-98 草绘练习

（2）草绘如图 3-99 所示的图形，并将所有尺寸加强。

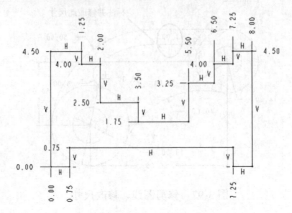

图 3-99　坐标标注

（3）草绘如图 3-100 所示的图形，并将所有尺寸加强。

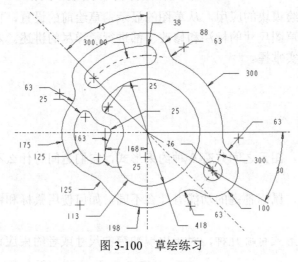

图 3-100　草绘练习

（4）草绘如图 3-101 所示的图形，并将所有尺寸加强。

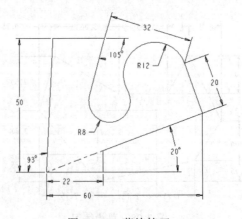

图 3-101　草绘练习

第 4 章　拉伸和旋转

工程实践中，在对零件进行形体分析的过程中，可以将零件分为叠加式、切割式和综合式三种类型。无论哪种类型的零件，总是由若干简单形体按照一定的相对位置和组合方式组合在一起形成的。所谓的简单形体，主要包括各种柱、锥、球、环。

Pro/E 作为一种基于三维建模的实体造型工具，其设计过程实际上和零件形体分析的过程相似，是将若干简单形体按照一定的相对位置进行堆积或挖切形成的。在实体形成过程当中，有些是在基本形体的基础上加材料，有些是减材料，最后形成符合要求的形体。拉伸和旋转是最基本的建模方式，通过这两种方法创建各种基本形体，在其基础上加、减材料完成实体建模。

【本章重点】

- 参考方向的选取；
- 参照的选取方法；
- 草绘截面时约束的使用；
- 特征编辑和重定义的方法。

4.1　Pro/E 的文件操作

为了有效管理文件，必须熟悉 Pro/E 的各种文件操作。

Pro/E 的文件操作主要有设置工作目录、新建文件、打开文件、保存文件、备份文件、保存副本、重命名文件、删除文件、拭除文件、关闭窗口，激活窗口等操作。

为了便于管理文件，每次启动 Pro/E 后都要首先设置工作目录，确认其文件操作的文件夹位置。设置工作目录的方法请参阅第 1 章。

4.1.1　新建文件

新建文件的方法有 3 种：

- 选择菜单【文件】/【新建】命令。
- 选择【文件】工具栏新建工具 。
- 按住键盘 Ctrl 键同时按下 N 键。

使用上述方法之一可以打开如图 4-1 所示的【新建】对话框。

在【类型】单选组中可以选择新建文件的类型。

- 创建实体模型时，选择 □ 零件 选项。
- 创建草绘截面时，选择 草绘 选项。

- 创建装配模型时，选择 ⊙ ▣ 组件 选项。
- 创建工程图时，选择 ⊙ ▣ 绘图 选项。

在【子类型】单选组中可以选择文件的子类型，普通零件选用 ⊙ 实体 项。

在【名称】标签后的编辑框内输入文件名。Pro/E 不支持中文文件名，可以使用英文字母、数字、下划线等符号组合成的名称。

☑ 使用默认模板 多选项控制是否使用系统默认的模板，一般不使用默认模板。

选择好类型、输入文件名后，单击 确定 按钮，进行下一步操作。

如果创建实体模型，将会进入如图 4-2 所示的【新文件选项】对话框，选择模板类型。也可以单击 浏览... 按钮，搜索可用的模板文件，一般使用"mmns_part_solid"模板。

最后单击 确定 按钮，进入设计窗口，开始设计。

图 4-1 【新建】对话框   图 4-2 【新文件选项】对话框

4.1.2 打开文件

打开文件的方法有 3 种。

- 选择菜单【文件】/【打开】命令。
- 选择工具栏打开工具 ▣。
- 按住键盘 Ctrl 键同时按下 O 键。

使用上述方法之一可以打开如图 4-3 所示的【文件打开】对话框，各项含义如下：

在【地址栏】组合框中可以设置文件目录，也可以在【公用文件夹】列表或者【文件夹树】中进行选择。

使用【地址栏】设置打开文件目录时，可以在地址栏中直接输入路径，也可单击 ▢ ∙ 按钮，在列表中选取。

使用【公用文件夹】列表设置文件目录时，在列表中有以下几个列表项，可以根据要求选择其一：

- 在会话中—— 显示当前电脑进程中的 Pro/E 文件。
- 桌面—— 显示保存在桌面上的 Pro/E 文件。
- 我的文档—— 显示当前电脑"我的文档"文件夹中的 Pro/E 文件。

- 工作目录——显示工作目录中的 Pro/E 文件。
- 网上邻居——显示其他联网用户电脑上的 Pro/E 文件。
- 系统格式——显示系统格式文件。
- 收藏夹——显示收藏夹中的 Pro/E 文件。

在【文件夹树】中选择文件目录，类似 Windows 的资源管理器操作，该区可以折叠。

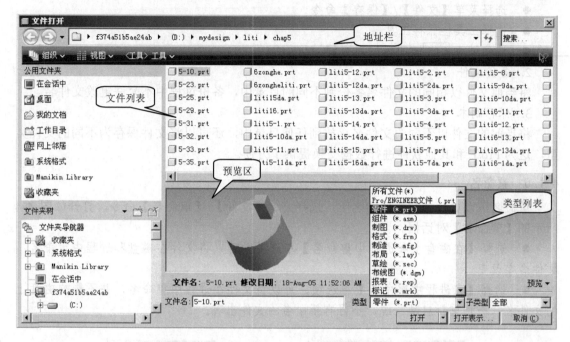

图 4-3 【文件打开】对话框

在【名称】编辑框内可以直接输入欲打开文件的名字。

在【类型】列表框中可以选择欲打开文件的类型。

单击【预览】按钮在【文件列表】下侧打开预览窗口，可以预览要打开的文件。在预览窗口中右键单击可以在弹出菜单中设置预览模型的显示样式，从着色、无隐藏线、隐藏线和线框中选择一种即可；也可在快捷菜单中设置预览模型时的投影模式为正交视图或是透视图。

在【文件列表】中选取要打开的文件后，单击　打开⑩　按钮可以打开文件进行编辑。

4.1.3 关闭窗口和激活窗口

Pro/E 打开多个文件时，只能有一个窗口处于活动状态，其余窗口处于休眠状态，当窗口处于休眠状态时，无法对其进行编辑操作，光标变为⊘。欲使休眠窗口转变为活动状态，必须将其激活。

激活窗口时，首先显示要激活的窗口，然后单击菜单【窗口】/【激活】即可。

当打开窗口过多时，有些窗口是无用的，要占用很大内存，要及时关闭，方法有两种。

- 选择菜单【文件】/【关闭窗口】。
- 选择菜单【窗口】/【关闭】。

4.1.4　保存文件

保存文件的方式有 3 种：保存文件、备份文件和保存副本。

1. 保存文件

将当前编辑工作使用默认的文件名进行保存。保存文件的方法有 3 种。

- 选择菜单【文件】/【保存】命令。
- 选择工具栏保存工具 ▢。
- 按住键盘 Ctrl 键同时按下 S 键。

2. 备份文件

将当前文件以相同的文件名备份到不同的目录中，备份过程中不允许更改文件名。

3. 保存副本

将当前的文件以不同的文件名存放到任何目录中，还可以将文件保存为不同的文件类型，这为 Pro/E 和其他软件进行数据交换提供了方便。

4.1.5　重命名

重命名可以更改当前文件的名字。选择菜单【文件】/【重命名】命令，打开如图 4-4 所示的【重命名】对话框。

- 选择【在磁盘上和进程中重命名】单选项，可以将文件在磁盘和进程中重命名，文件名字改变。
- 选择【在进程中重命名】单选项，可以将文件在进程中重命名，并不影响磁盘上的文件名，一旦重新启动系统，不再有新命名的文件出现。

图 4-4　【重命名】对话框　　　　图 4-5　【拭除未显示的】对话框

4.1.6　拭除文件

选择菜单【文件】/【拭除】/【当前】命令将拭除当前窗口中正在运行的文件。

选择菜单【文件】/【拭除】/【不显示】命令将拭除当前窗口不显示，但本次启动系统曾经打开过的文件，如图 4-5 所示。

在启动 Pro/E 系统后，虽然关闭的文件不显示在屏幕上，但仍然存在于电脑的进程中，占用很大的系统资源，所以经常拭除不显示的文件是很有必要的。

拭除文件对磁盘上的文件不产生影响。

4.1.7　删除文件

选择菜单【文件】/【删除】命令，有两个菜单项，【旧版本】和【所有版本】。

选择菜单【文件】/【删除/【旧版本】命令时，消息区提示，在其中输入要删除旧版本的文件名，单击✓按钮，将删除选定文件的最新版本以外的所有版本。

选择菜单【文件】/【删除/【所有版本】命令时，出现如图 4-9 所示的警告框，提醒是否确认删除。选择 是(Y) 将在磁盘和进程中删除所打开文件的所有版本，需要慎重使用。

![删除所有确认对话框]

图 4-6　【删除所有确认】对话框

"磨刀不误砍柴工"，熟练掌握 Pro/E 的文件操作，对于初学者是一项很重要的工作。希望读者能熟练掌握。

4.2　拉伸特征

拉伸特征是指将一个截面沿垂直于草绘平面的方向拉伸一定距离生成的特征。使用拉伸特征可以创建各种截面形状的柱体及其组合。创建拉伸特征的步骤如下：

选择拉伸特征命令→选择特征类型→定义截面放置属性→选取参照→草绘截面→选择拉伸深度和方向→确定添加/去除材料→完成拉伸。

选择拉伸命令的方法有两种：

- 选择菜单【插入】/【拉伸】命令。
- 选择【基础特征】工具栏中拉伸工具 。

选择拉伸命令后在消息区出现如图 4-7 所示的操控板。

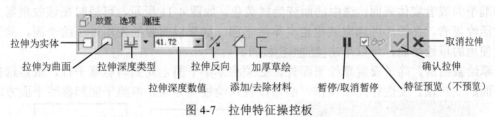

图 4-7　拉伸特征操控板

4.2.1　选择特征类型

拉伸特征有 3 种类型：实体、曲面和薄板。截面相同的不同类型的拉伸比较如图 4-8 所示。

- 拉伸为实体：将拉伸出实心模型，有一定的体积和重量。
- 拉伸为曲面：将拉伸出一没有厚度的柱面，没有体积和重量，通过相关操作可以转化为实体。
- 配合拉伸为实体和草绘加厚：能拉伸出一定厚度的壳体，这时操控板发生相应变化，可以控制壳体的厚度和产生厚度的方向。

图 4-8　不同拉伸特征类型的比较

4.2.2　定义截面放置属性

定义截面放置属性包括定义草绘平面和定义草绘平面放置方向。

草绘平面是绘制特征截面或者轨迹的平面，可以是基准平面，也可以是实体的平面型表面。

选择操控板【放置】命令，弹出如图 4-9 所示的【放置】上滑面板，可以在绘图区直接选取已经绘制的截面或者定义草绘截面。单击 定义… 按钮，打开如图 4-10 所示的【草绘】对话框，可以定义截面的放置属性。

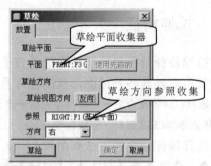

图 4-9　【放置】上滑面板　　　　　　　图 4-10　【草绘】对话框

单击【草绘平面】选项组中的【草绘平面】收集器，收集器变为淡黄色，在绘图区选择基准平面或者实体表面，选中的面变为橘黄色，如图 4-11 所示。可随时在该收集器上单击激活收集器，在图形区选取或重定义草绘平面。如果以前曾经使用过草绘平面，欲选取上次使用的草绘平面，可以单击 使用先前的 按钮。

草绘截面前，除了设置草绘平面外，必须将草绘平面定向到与屏幕平行，就是选择草绘平面的法向轴。要进行此项操作，必须设置草绘视图方向、参照平面和参照平面方向。

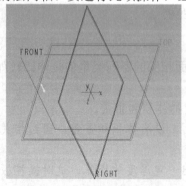

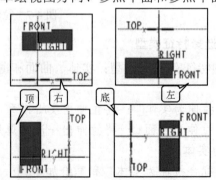

图 4-11　基准面和草绘方向　　　　　图 4-12　参照平面方向不同的草绘平面放置情况

当移动鼠标到绘图区被选面的标签或者边框时，平面和标签变为浅蓝色加亮显示，单击鼠标左键即可选中该平面。

草绘视图方向是草绘时的看图方向，它垂直于草绘平面指向其一侧。草绘视图方向在绘图区以黄色的箭头显示，当草绘平面平行于屏幕时，显示为◎（垂直于屏幕指向屏幕外）或者⊗（垂直于屏幕指向屏幕内），可以通过以下 3 种方式在草绘平面的两侧之间切换草绘视图方向：

- 在【草绘】对话框中单击【草绘视图方向】标签后的 反向 按钮。
- 在图形区将鼠标移至黄色箭头标志，黄色箭头浅蓝色加亮显示，单击鼠标左键。
- 在图形区将鼠标移至黄色箭头标志，黄色箭头浅蓝色加亮显示，单击鼠标右键，在弹出的快捷菜单中选择【反向】命令。

参照平面是一个垂直于草绘平面的平面，用于定向草绘平面的视图放置。可随时使用【参照】收集器 参照 RIGHT:F1(基准平面) 收集，当收集参照平面时，首先在【参照】收集器后面的框内单击，然后在绘图区选择基准平面或者模型表面平面，以选取或重定义参照平面。参照平面在绘图区红色加亮显示。

参照平面方向确定草绘平面旋转到与屏幕平行状态时参照平面的放置方向，可以在【方向】列表中选取。参照平面方向有四种，可根据操作情况选择，使参照平面朝向"右"、"左"、"顶"或"底"。图 4-12 是选择"FRONT"作为草绘平面，"RIGHT"作为参照平面，草绘视图方向默认时，参照平面方向不同的草绘平面的放置情况。

完成【草绘】对话框的所有设置后，单击 草绘 按钮，弹出【参照】对话框，选取参照。

4.2.3　选取参照

在草绘环境中，Pro/E 系统对用户绘制的图形自动进行尺寸标注和几何约束。自动标注和自动约束时，必须参考一些点、线、面，这些作为参考的点、线、面称为参照。一般情况下，系统会为用户提供两个参照，这两个参照一般是垂直于草绘平面的两个平面，大多数情况下能满足设计要求，不必自定义参照。

在下面两种情况下，需要用户自己选取参照。

- 创建新特征时，设置好草绘平面的放置属性之后，如果系统不能自动选择足够的参照，弹出【参照】对话框，在其中可以定义参照。
- 当系统自动选取的参照不满足设计要求时，选择菜单【草绘】/【参照】命令，出现【参照】对话框，在其中可以定义参照。

【参照】对话框如图 4-13 所示，如果用户想增加参照，单击 按钮，使其处于按下状态，直接在绘图区鼠标左键单击选取欲作为参照的点、线、面即可。当光标移动到可选取的参照时，可作为参照的点、线、面浅蓝色加亮显示。

选取参照时有两种方式可用：

- 选取 ，使用这一选项时，首先单击 按钮，然后选取可作为参照的对象。
- 选取 剖面(X)，使用这一选项，可以选取草绘平面与某个曲面的交线作为参照，要创建这类参照，首先单击 剖面(X) 按钮，然后选取目标曲面。

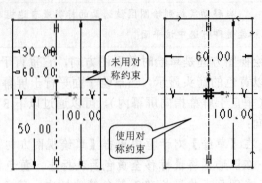

图 4-13　【参照】对话框　　　　　图 4-14　使用约束

有时在草绘过程之中发现参照选取的不当，可以选择菜单【草绘】/【参照】命令，打开【参照】对话框，重新选取参照。对于误选的参照，可以在【参照】对话框的参照列表中选择，然后单击 删除(D) 按钮，删除多余参照。

完成参照设置后，单击 关闭(C) 按钮，系统接受所选参照并关闭对话框。

> 草绘截面时，参照必须完整，至少选取一个水平参照和一个竖直参照，否则将出现错误提示。选择的参照也不宜过多，否则在修改特征时容易出错。

4.2.4　草绘截面

接受参照后，进入草绘环境，使用草绘工具草绘截面。草绘时，尽量使用约束确定截面的形状，而不是全靠标注尺寸确定截面的形状，否则在生成工程图的时候会出现不合理尺寸。如图 4-14 所示为使用对称约束和不用对称约束时的尺寸标注对比。

完成草绘后，单击【草绘器工具】工具栏 ✓ 按钮，接受草绘，进入拉伸界面。如果草绘有问题或者想重新草绘，单击 ✗ 按钮，拒绝接受草绘，重新草绘截面。

当拉伸实体特征时，截面必须是多边形或者含有闭合区域的多边形集合，多边形的边必须首尾相连，不能交叉出头，图 4-15 是拉伸实体时各种情况的对比。其中 a、b 是可行的情况，c、d、e 是不可行的情况。c 是由于多边形有出头，d 是由于多边形不闭合，e 是由于多边形之间相交，还有一种不能拉伸出实体的情况是，重复草绘了多边形的某一条边或几条边。

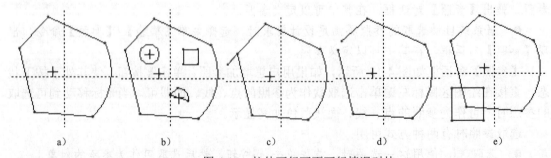

图 4-15　拉伸可行不可行情况对比

a）可行　b）可行　c）不可行　d）不可行　e）不可行

Pro/E 4.0 增加了可以自动检测截面的【草绘器诊断工具】工具栏，如图 4-16 所示，　该工具栏有四个诊断工具。

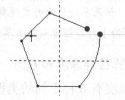

图 4-16　【草绘器诊断工具】工具栏

● ▥：着色的封闭环工具，选择此工具，系统自
动检测草绘是否形成封闭环，如果形成封闭环，用预定
义颜色填充由草绘形成的封闭环，表示该区域可以拉伸。如图 4-17 所示。

● ▦：加亮开放端点工具，选择该工具，检测并加亮与其他图元的端点重合的图元
端点，用户可以参照修改截面，如图 4-18 所示。

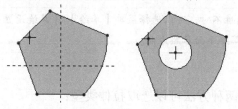

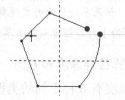

图 4-17　着色的封闭环

图 4-18　加亮开放端

● ▨：重叠几何检测工具，选择该工具，系统加亮位于其他几何顶部的图元或彼此
重叠的图元，如图 4-19 所示。

● ▤：特征要求工具，选择该工具，系统列出当前特征的要求并指明每项要求的状
态是否满足要求，此时出现对话框，如图 4-20 所示，对话框中出现以下标志，当至少有一
个要求未满足时，该草绘是不合适的。

✔：满足要求。

⚠：满足要求，但不稳定。

🚫：不满足要求。

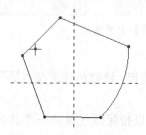

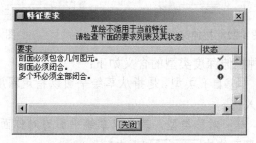

图 4-19　重叠几何检测

图 4-20　特征要求对话框

　　如果没有使用草绘器诊断工具，当不能拉伸实体时，系统出现【不完整截面】警告框
（见图 4-21a），图形区内出错截面部分红色加亮显示（见图 4-21b），并在消息区提示相应
错误信息（见图 4-21c）。

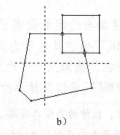

⚠在截面中遇到的相交图元。

🔲此特征的截面必须闭合。

a)　　　　　　　　　　　　　b)　　　　　　　　　　　c)

图 4-21　【不完整截面】警告框和提示信息

a)【不完整截面】警告框　b)错误部分红色加亮　c)消息区提示

单击 是(Y) 按纽，回到【草绘】对话框重新设置截面的放置属性并绘制截面，或者单击 否(N) 按钮回到草绘截面编辑错误截面。

草绘过程和第 3 章所述草绘工具基本相同，只是在【草绘器】工具栏多出 工具，单击该工具将定向草绘平面使其与屏幕平行，便于二维绘图。

对于不熟悉鼠标控制视图方向的初学者，在草绘环境中，很容易由于误操作出现草绘平面不平行于屏幕的情况，工具非常有用。

> 如果草绘截面时发现截面放置属性不对，可以选择菜单【草绘】/【草绘设置】命令，打开【草绘】对话框重新定义草绘平面及草绘平面参照方向。

4.2.5　选择拉伸深度和方向

拉伸深度有 6 种不同的类型，使用两种方法可以选取拉伸类型：

● 单击 后的 按钮弹出拉伸深度工具栏，从中选取拉伸深度类型，如图 4-22 所示。

● 选择【选项】命令弹出【选项】上滑面板，从中选取拉伸深度类型。可以设置相对于草绘平面两侧的拉伸深度类型和深度值。拉伸深度类型从【第 1 侧】列表框和【第 2 侧】列表框中选取，如图 4-23 所示。

图 4-22　拉伸深度类型

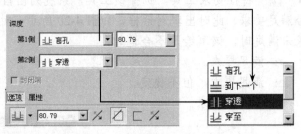

图 4-23　【选项】上滑面板

6 种拉伸深度类型的含义如下：

● ：盲孔类型，是指从草绘平面以指定深度值拉伸截面，拉伸的深度值在 216.51 框中输入。

● ：对称类型，是指以草绘平面为对称面，每一侧以指定深度值的一半拉伸截面，拉伸的深度值在 216.51 框中输入。

● ：到下一曲面类型，是指拉伸截面直至下一曲面。使用此选项，在特征到达第一个曲面时将其终止，伸出项不能中止于基准面。

● ：穿透类型，是指拉伸截面使之与所有曲面相交。使用此选项，在特征到达最后一个曲面时将其终止。

● ：穿至，是指截面拉伸使其与选定曲面或平面相交，使用此项，伸出项不能中止于基准面，单击其后收集器 1个项目 确信其显示为淡黄色，可以选取或者重新选取面。

● ：拉伸到选定类型，是指拉伸截面至一个选定点、曲线、平面或曲面，伸出项可以中止于基准，单击其后收集器 1个项目 确信其显示为淡黄色，可以选取或者重新选取面。

> 创建第 1 个拉伸特征选项时，拉伸的类型只有 、 、 三种。【选项】上滑面板中【第 1 侧】、【第 2 侧】的含义是指草绘平面的正向拉伸方向和反向拉伸方向。其中第 2 侧是可选的，第 2 侧选择【无】时，反向侧不拉伸。

如图 4-24 所示为 6 种拉伸类型的对比说明。

拉伸深度的控制方式有 3 种：

● 在 组合框中输入或选取。

● 从绘图区中选中白色控制块，按下鼠标左键拖动，此时光标变为 ，白色控制块变为黑色，可以控制拉伸的深度，如图 4-25 所示。

● 在绘图区双击尺寸文字，在弹出的编辑框输入深度数值。输入正值沿正向拉伸，负值向反方向拉伸，如图 4-25 所示。

拉伸方向垂直于草绘平面，以黄色箭头形式显示，如图 4-25 所示。调整拉伸方向的方法有 5 种：

● 在操控板工具栏上单击 按钮，绘图区黄色箭头反向。

● 在绘图区鼠标左键单击黄色箭头，黄色箭头反向。

● 在绘图区鼠标右键单击黄色箭头，在弹出的快捷菜单中选择【反向】命令，黄色箭头反向。

● 从绘图区中选中白色控制块，按下鼠标左键向草绘平面的另一侧拖动，此时光标变为 ，白色控制块变为黑色，如图 4-25 所示。

● 在拉伸深度数值编辑框中输入负值。

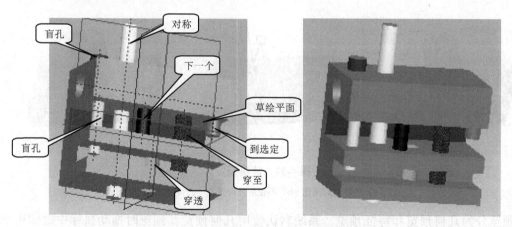

图 4-24　不同拉伸类型比较

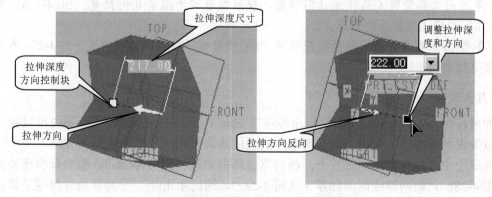

图 4-25　拉伸的深度和方向控制

4.2.6　确定添加/去除材料

Pro/E 创建模型有添加材料和去除材料两种方式。在创建第 1 个特征时，只有添加材料可用，创建第 1 个特征后，两种方式都可用。这两种方式类似于组合体组合方式中的叠加和挖切。图 4-26 是在长方体基础上添加和去除圆柱比较。

单击操控板工具栏去除材料 按钮，按下状态为去除材料状态，弹起状态为添加材料状态。

图 4-26　添加/去除材料对比

4.2.7　完成拉伸

完成以上步骤后，可以对生成的特征进行预览，如果符合设计要求，单击 按钮完成特征创建，否则单击 按钮取消操作。

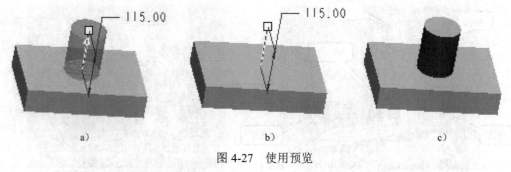

图 4-27　使用预览

a）使用几何预览　b）不使用几何预览　c）特征预览

预览分为几何预览和特征预览，系统默认使用几何预览。预览时拖动鼠标中键即可调整观察角度，滚动滚轮可以缩放模型。

● 单击 工具设置是否使用几何预览，取消勾选即为取消几何预览。图 4-27a、图 4-27b 为几何预览使用前后的对比。

● 单击 工具设置是否使用特征预览， 按钮按下时使用特征预览。图 4-27c 为使用特征预览时的情况。

4.2.8　其余说明

拉伸薄板时，在加厚草绘工具 后出现 工具，在组合框 内可以输入或者选取薄板的厚度值，方向工具 可以控制生成的薄板相对于草绘图形的方向。

加厚草绘生成薄板的方向有三个，朝向草绘环内加厚（见图 4-28a），朝向草绘环外加厚（见图 4-28b），朝向草绘两侧加厚（见图 4-28c），通过单击 后的方向 工具在三种加厚方向之间跳转。

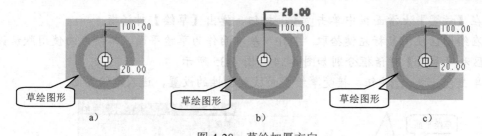

图 4-28　草绘加厚方向

a）向内加厚　b）向外加厚　c）两侧加厚

本章所有实例操作的默认目录都是"……\liti\chap04"。每次启动 Pro/E，首先选择菜单【文件】/【设置工作目录】，将工作目录设置为"……\liti\chap04"。

【例 4-1】　绘制高度为 100，外接圆直径为 100 的正三棱柱，如图 4-29 所示。

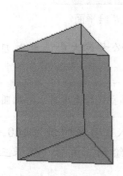

图 4-29　正三棱柱模型

图 4-30　新建文件

图 4-31　选择模板

设计步骤

（1）选择菜单【文件】/【新建】命令，打开【新建】对话框。

（2）在【新建】对话框中，【类型】选择 ◉ □ 零件，子类型选择 ◉ 实体，在【名称】编辑框输入"liti4-1"作为文件名，取消【使用默认模板】勾选，不使用默认模板，如图 4-30 所示。

（3）单击 确定 按钮，打开【新文件选项】对话框。

（4）在【新文件选项】对话框中，从模板列表中选择【mmns_part_solid】，如图 4-31 所示。

（5）单击 确定 按钮，进入设计窗口，如图 4-32 所示。

（6）选择工具栏 工具，出现【拉伸】操控板，在操控面板中选择【放置】命令，弹出上滑面板，如图 4-33 所示。

图 4-32　图形区

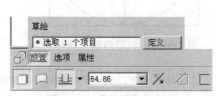

图 4-33　【拉伸】操控板

（7）在【放置】上滑面板中单击 定义... 按钮，弹出【草绘】对话框。

（8）在绘图区使用鼠标左键拾取"TOP"基准面作为草绘平面，草绘方向使用默认设置，图形区和【草绘】对话框分别如图 4-34 和图 4-35 所示。

（9）单击 草绘 按钮，接受草绘平面放置属性的设置，进入草绘界面。

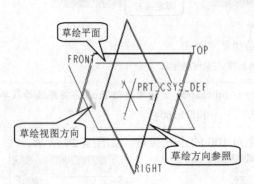

图 4-34　定义草绘截面放置属性

图 4-35　定义草绘平面

（10）选择工具栏 O 工具，以两参照交点为圆心绘制圆，不必考虑大小，此时自动约束"点在线上"起作用，圆心位置出现自动约束符号✦。

　移动鼠标时，在圆上出现"点在线上"自动约束符号点时，单击鼠标左键可以拾取圆上点。

（11）鼠标左键双击绘图区圆直径尺寸，在弹出的编辑框输入圆直径的值为 100。

（12）选择工具栏 ＼ 工具，以竖直参照线和圆的交点为顶点绘制三角形，确保三角形三个顶点都在圆上。

（13）单击工具栏 ＼ 后的·按钮，选择中心线 ┊ 工具绘制竖直中心线，使用自动约束使中心线和竖直参照重合，如图 4-36 所示。

（14）选择工具栏 ⊡ 工具，打开【约束】对话框，选择 ＝ 约束，根据提示两两选取三角形的三条边，每条边上出现长度相等标志"L1"。

（15）在【约束】对话框中单击 关闭(C) 按钮接受约束。图形如图 4-37 所示。

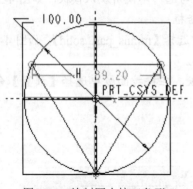

图 4-36　绘制圆内接三角形

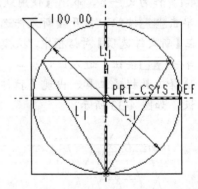

图 4-37　定义等长约束

　在草绘过程中，滚动鼠标滚轮可以放缩视图，拖动鼠标中键可以平移视图。

（16）选择工具栏 工具，确认 处于按下状态，在绘图区选择圆，单击鼠标右键，在弹出的快捷菜单中选择【构建】命令，将圆转化为构造线，如图 4-38 所示。

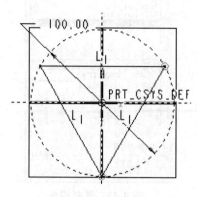

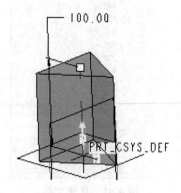

图 4-38　圆转化为构造线　　　　　　　　　图 4-39　预览模型

　构造线是绘图时使用的辅助线，类似于参照线，在创建实体中不参加生成实体的操作。

（17）选择工具栏 工具，接受草绘图形，进入特征几何预览模式。

（18）按住鼠标中键拖动旋转观察视角，滚动鼠标中键放缩视图，按下 Shift 键同时按住鼠标中键拖动平移视图，以最好的方式预览模型，如图 4-39 所示。

在建模过程中，滚动鼠标滚轮可以放缩视图，按住 Shift 键拖动鼠标中键可以平移视图，按住鼠标中键拖动鼠标可以旋转视图。

（19）在操控板工具栏盲孔 后的组合框 216.51 内输入三棱柱的高度值 100。单击确认 按钮完成模型绘制。

（20）选择菜单【文件】/【保存】命令，保存模型。

（21）选择菜单【文件】/【关闭窗口】命令，关闭窗口。

（22）选择菜单【文件】/【拭除】/【不显示】命令，拭除不显示的模型。

【例 4-2】　创建如图 4-40 所示的高度为 150，外接圆直径为 160 的正六棱柱，名称为"liti4-2.prt"。

设计步骤

（1）选择工具栏 工具，打开【新建】对话框。

（2）设置【新建】对话框如图 4-41 所示。

（3）单击 确定 按钮，打开【新文件选项】对话框，设置【新文件选项】对话框如图 4-42 所示。

（4）单击 确定 按钮，进入设计窗口。

（5）选择菜单【插入】/【拉伸】命令，在操控面板中选择【放置】命令，弹出上滑面板，在其中单击 定义... 按钮，弹出【草绘】对话框。

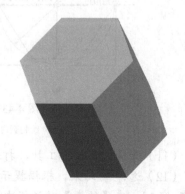

图 4-40　正六棱柱

图 4-41   新建文件

图 4-42   选择模板

（6）在绘图区选取"TOP"基准面作为草绘平面，草绘方向使用默认设置，单击 草绘 按钮，接受草绘平面放置属性的设置，进入草绘环境。

（7）选择工具栏○工具，以两参照交点为圆心绘制圆，不必考虑大小，此时自动约束"点在线上"起作用，圆心位置出现自动约束符号⊕。

（8）鼠标左键双击绘图区圆直径尺寸，在弹出的编辑框中输入圆直径的值为160。

（9）选择工具栏＼工具，以水平参照线和圆的两个交点为六边形的两个顶点绘制六边形，确保六边形六个顶点都在圆上，上下两边使用"图元水平"自动约束。

（10）单击工具栏＼后的▼按钮，选择中心线⋮工具绘制竖直中心线，使用自动约束使中心线和竖直参照重合，如图 4-43a 所示。

    绘制图形，移动鼠标时，可用约束的标志在绘图区红色加亮显示，此时拾取点可以使用自动约束，绘制好图形后会在图元上或在图元附近出现相应约束标志。

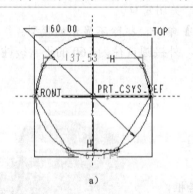

a）

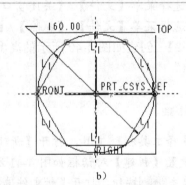

b）

图 4-43   绘制圆的内接正六边形

a）绘制圆内接六边形　b）使用长度相等约束

（11）选择工具栏▣工具，打开【约束】对话框。

（12）选择＝约束，根据提示两两选取六边形的六条边，直至每条边上出现长度相等标志"L1"，在【约束】对话框中单击 关闭(C) 按钮接受约束。图形如图 4-43b 所示。

（13）选择工具栏↖工具，确认↖处于按下状态，在绘图区选择圆，单击鼠标右键，在弹出的快捷菜单中选择【构建】命令，将圆转化为构造线，如图 4-44 所示。

（14）选择工具栏✔工具，接受草绘图形，进入模型几何预览模式。

（15）按住鼠标中键拖动旋转观察视角，滚动鼠标中键缩放，按下 $\boxed{\text{Shift}}$ 键同时按住鼠标中键拖动平移视图，以最好的方式预览模型，如图 4-45 所示。

（16）在绘图区鼠标左键双击尺寸数字，在弹出的编辑框中输入正六棱柱的高度"150"。单击鼠标中键接受输入的高度值。再次单击鼠标中键完成模型绘制。

（17）按键盘 $\boxed{\text{Ctrl}}$+D 键，回到默认观察角度，如图 4-46 所示。

（18）选择菜单【文件】/【保存】命令，保存模型。

（19）关闭窗口，拭除不显示。

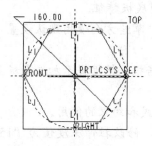

图 4-44　圆转化为构造线

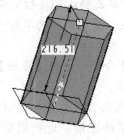

图 4-45　预览模型

图 4-46　生成模型

从以上 2 个例题中可以看出，创建拉伸特征的关键是设置草绘平面的放置属性、选择参照和草绘截面图形。在草绘截面图形时，要合理标注尺寸并使用约束。

【例 4-3】　按照尺寸要求创建如图 4-47 所示立体模型。

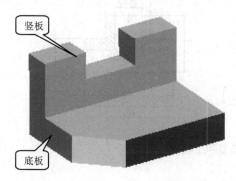

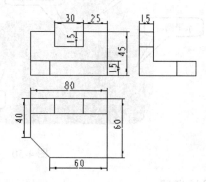

图 4-47　立体模型和工程图

设计步骤

（1）按照上面例题的步骤，新建名为"liti4-3.prt"的实体模型文件，不使用默认模板，使用"mmns_solid_part"模板进入设计窗口。

（2）选择工具栏工具，选取"TOP"基准面作为草绘平面，草绘方向使用默认设置，使用默认参照，进入草绘环境。

（3）草绘如图 4-48 所示的底板截面，注意尺寸的标注样式和约束的使用，尽量以参照为基准标注尺寸，这将为生成工程图的尺寸标注提供方便。

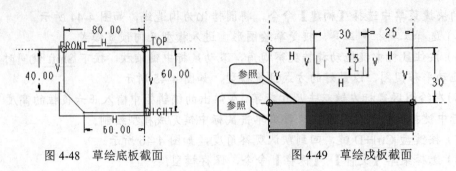

图 4-48 草绘底板截面   图 4-49 草绘戎板截面

（4）选择工具栏☑工具，接受草绘图形，进行模型预览，在操控板拉伸深度组合框中 `150.00` ▼输入拉伸深度值为"15"，单击确认☑按钮完成模型底板特征。

（5）选择工具栏⧉工具，选取底板最后面作为草绘平面，草绘方向使用默认设置，使用默认参照，进入草绘环境。

（6）选择菜单【草绘】/【参照】命令，出现【参照】对话框，根据提示加选底板上表面和左表面作为参照，如图 4-49 所示。

（7）草绘如图 4-49 所示的竖板截面，注意尺寸的标注样式和约束的使用。

（8）选择工具栏☑工具，接受草绘图形，进行模型预览，修改拉伸深度值为"15"，注意拉伸方向由后向前。单击确认☑按钮完成模型竖板特征。

（9）保存文件并关闭窗口，拭除不显示。

【例 4-4】 按照尺寸要求创建如图 4-50 所示立体模型。

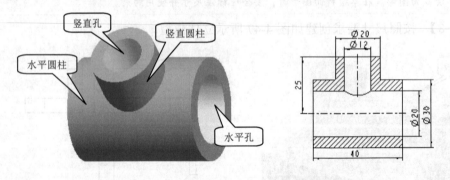

图 4-50 立体模型和工程图

🔳 设计步骤

（1）新建名为"liti4-4.prt"的实体模型文件，不使用默认模板，使用"mmns_solid_part"模板进入设计窗口。

（2）选择工具栏⧉工具，选取"RIGHT"基准面作为草绘平面，选取"TOP"面作为草绘方向参照，设置方向为"顶"，进入草绘环境。

（3）选择工具栏○工具，以两参照交点为圆心草绘圆，修改直径为 30，如图 4-51 所示。

（4）选择工具栏☑工具，接受草绘图形，回到设计窗口。

（5）在操控板上单击拉伸深度类型工具⊥后的▾，在弹出的工具栏选择拉伸深度为对称⊟模式，在其后的组合框中输入拉伸深度值为 40，预览模型如图 4-52 所示。

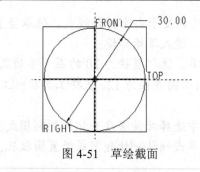

图 4-51　草绘截面

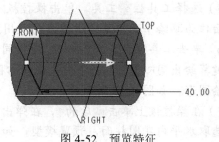

图 4-52　预览特征

（6）单击确认☑按钮完成水平圆柱。

（7）选择工具栏🗗工具，选取 "TOP" 基准面作为草绘平面，草绘方向使用默认设置，进入草绘环境。

（8）选择工具栏〇工具，以两参照交点为圆心草绘圆，修改直径为 20，如图 4-53 所示。

（9）选择工具栏☑工具，接受草绘图形，回到设计窗口。

（10）选择拉伸深度为盲孔⊔模式，在其后的编辑框中输入拉伸深度值为 25，预览模型如图 4-54 所示，单击确认☑按钮完成竖直圆柱。

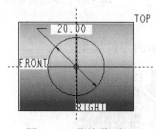

图 4-53　草绘截面

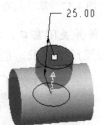

图 4-54　预览特征

（11）选择工具栏🗗工具，选取 "RIGHT" 基准面作为草绘平面，选取 "TOP" 面作为草绘方向参照，方向为 "顶"，其余使用默认设置，进入草绘环境。

（12）单击工具栏〇后的˙按钮，选择同心圆◎工具。选取直径为 30 的圆，移动鼠标，按下左键草绘出同心圆，单击中键完成同心圆。修改同心圆直径为 20，选择工具栏☑工具，接受草绘图形，如图 4-55 所示。

（13）在操控板上单击【选项】打开上滑面板，在【第 1 侧】列表中选择拉伸深度类型为⬓穿透，【第 2 侧】列表中也选择拉伸深度类型为⬓穿透。

（14）单击操控板⬦按钮，确认处于去除材料模式，预览模型，如图 4-56 所示。单击确认☑按钮完成水平圆柱孔。

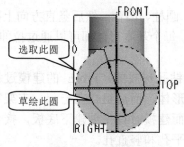

图 4-55　草绘同心圆

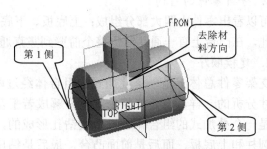

图 4-56　预览水平孔

（15）选择工具栏 🗗 工具，单击操控板 ⬜ 按钮，确认处于去除材料模式，选取竖直圆柱上底面作为草绘平面，草绘视图方向使用默认设置，进入草绘环境。

（16）单击工具栏 ◯ 后的 · 按钮，选择同心圆 ◎ 工具。选取直径为 20 的圆，移动鼠标，按下左键草绘出同心圆，单击中键完成同心圆。修改同心圆直径为 12，选择工具栏 ✔ 工具，接受草绘图形，如图 4-57 所示。

（17）在操控板上单击 ⬛ 后的 ·，在弹出的工具栏中选择拉伸深度为拉伸到 ⬛ 模式。在绘图区选取水平内孔圆柱面，预览模型，如图 4-58。单击确认 ✔ 按钮完成竖直圆柱孔。

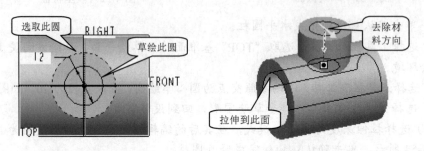

图 4-57　草绘同心圆　　　　　　　　图 4-58　预览竖直孔

（18）保存文件并关闭窗口，拭除不显示。

【例 4-5】　按照尺寸要求，创建如图 4-59 所示的零件模型。

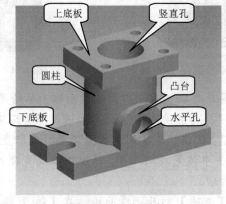

图 4-59　支架零件

设计思路

1. 分析零件的结构

可以看出零件由四大部分组成：上底板、下底板、圆柱、凸台。然后竖直方向上有一圆柱通孔，在凸台上有一通孔钻透整个前壁到竖直通孔。每个基本形体都可以通过拉伸创建。

2. 建模顺序

支架零件总体上是一个叠加式的组合体经过两次钻孔形成的。Pro/E 的建模过程和我们刚才分析的一样，也是将整个支架分解成若干基本形体，而后组合在一起。支架零件总体上是一个叠加式的组合体经过两次钻孔形成的，故而建模时首先创建下底板，接着创建中间圆柱和上底板，而后是前面凸台，最后是钻出水平孔和竖直孔。

📳 创建下底板

（1）新建名为"liti4-5.prt"的实体模型文件，不使用默认模板，使用"mmns_solid_part"模板进入设计窗口。

（2）选择工具栏上的拉伸🗗工具，在操控板中选择【放置】，弹出【放置】上滑面板。

（3）点击其中的 定义... 按钮，在弹出的【草绘】对话框中定义草绘视图的放置属性。选取"TOP"面作为草绘平面，草绘视图方向使用默认，单击 草绘 按钮，进入草绘界面。

（4）草绘截面，标注并修改尺寸，使用各种约束如图 4-60 所示。

> 🔍 使用对称约束前分别草绘与水平参照和竖直参照重合的水平中心线和竖直中心线。

（5）点取✓工具完成草图绘制，在操控板中⊥后面的组合框中输入拉神深度值为 10，按住鼠标中键在绘图区拖动调整观看模型的角度，预览模型。符合要求以后选择操控面板上的✓完成底板模型，如图 4-61 所示。

> 🔍 如果不能完全显示，可以用左键单击工具行🔍工具，在绘图区显示整个模型，也可以使用键盘 Ctrl+D 组合键使观察角度回到默认状态。

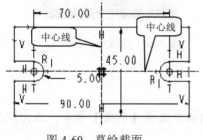

图 4-60 草绘截面

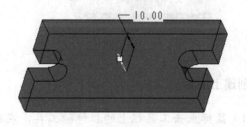

图 4-61 预览下底板

（6）在左侧导航栏为特征命名，选取"拉伸 1"，再次单击"拉伸 1"，在文本框中输入名字"下底板"，回车结束，完成操作，如图 4-62 所示。

📳 创建中间圆柱

（1）选择工具栏上拉伸🗗工具，在操控板中选择【放置】命令，在出现的上滑面板中单击 定义... 按钮，弹出【草绘】对话框。

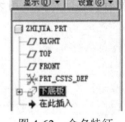

图 4-62 命名特征

（2）在绘图区选取下底板的上底面作为草绘平面，该平面变为橘黄色，"RIGHT"面变为红色，作为看图方向参照，如图 4-63 所示。

（3）单击 草绘 按钮，进入草绘界面，开始草绘截面。

（4）选择◯工具以参照线的交点为圆心绘制圆形，修改直径尺寸为 40，如图 4-64 所示。

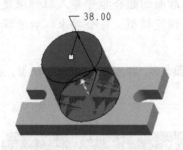

图 4-63　选择草绘平面

图 4-64　草绘圆

（5）选择✓工具完成草图绘制，在操控板▣后面的文本框中输入拉神的深度值为 38，按住鼠标中键在工作区拖动，预览模型。如图 4-65 所示。

（6）符合要求后选择操控板的✓完成中间圆柱特征，如图 4-66 所示。

（7）修改特征名称为"中间圆柱"。

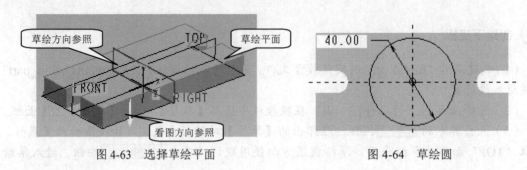

图 4-65　预览圆柱

图 4-66　生成中间圆柱

创建上底板

（1）鼠标点击工具栏上的拉伸▣工具，在操控板中选择【放置】命令，在出现的上滑面板中单击 定义... 按钮，弹出【草绘】对话框。

（2）在绘图区选取中间圆柱的上底面作为草绘平面，该平面变为橘黄色，"RIGHT"面成为红色，作为看图方向参照，如图 4-67 所示。

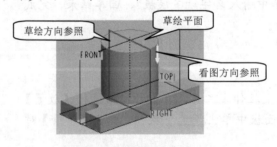

图 4-67　选择草绘平面

（3）单击 草绘 按钮进入草绘界面，开始草绘截面。

（4）单击╲后的▪按钮，选择┆工具，和水平参照重合，草绘水平中心线，和竖直参照重合，草绘竖直中心线。

（5）选择▢工具以中心线的交点为对称中心绘制矩形，选择○工具绘制四个角上的圆。

（6）选择 ▣，使用相等约束，约束四个小圆半径相等，使用对称约束，约束四圆圆心相对中心线对称，约束矩形相对中心线对称，修改各尺寸，如图 4-68 所示。

（7）单击 ✓ 工具完成草绘，在操控板 ⬚ 后面的文本框中输入拉神深度值为 10，按住鼠标中键在绘图区拖动，预览特征。

（8）满足要求后单击操控板的 ✓ 按钮完成底板特征，如图 4-69 所示。

（9）修改特征名称为"上底板"。

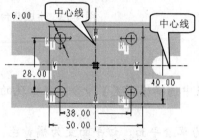

图 4-68　绘制上底板截面

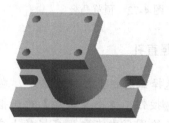

图 4-69　生成上底板

🗐 创建凸台

（1）鼠标点击工具栏上的拉伸 ⬚ 工具，在操控板中选择【放置】命令，在出现的上滑面板中单击 定义... 按钮，弹出【草绘】对话框。

（2）在绘图区中点取下底板的前表面作为草绘平面，其余草绘选项使用默认设置，如图 4-70 所示。单击 草绘 ，进入草绘界面。

（3）选择菜单【草绘】/【参照】命令，打开【参照】对话框。选取下底板的上底面作为参照，其余使用默认参照，点击 关闭(C) ，开始草绘截面。

（4）选择 ○ 工具在竖直参照线上取一点为圆心，绘制一任意圆，点取 ▭ 绘制矩形，使矩形的上底边两端和圆的最左最右点重合，下底边和刚才选取的参照重合，使用 ✂ 工具动态修剪多余线段，修改各个尺寸，完成图形如图 4-71 所示。

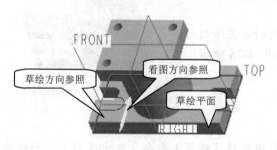

图 4-70　选择草绘平面

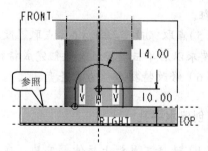

图 4-71　选取参照

（5）点取 ✓ 工具完成草图绘制，单击操控板 ⬚ 后面的 · 按钮，选择拉伸深度类型为拉伸至 ⬚，在绘图区选择下底板前表面作为拉伸目标平面，在图形区单击黄色箭头，使拉伸方向指向中间圆柱，按住鼠标中键在绘图区拖动，预览特征，如图 4-72 所示。

（6）满足设计要求后单击操控板 ✓ 按钮完成底板特征，如图 4-73 所示。修改特征名称为"凸台"。

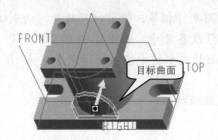

图 4-72　预览凸台

图 4-73　生成凸台

创建竖直孔

（1）选择工具栏上拉伸 工具，在操控板中选择【放置】命令，在出现的上滑面板中单击 定义... 按钮，弹出【草绘】对话框。

（2）在绘图区中点取上底板的上底面作为草绘平面，该平面变为橘黄色，"RIGHT"面变为红色，作为看图方向参照，如图 4-74 所示。

（3）单击 草绘 按钮进入草绘界面，开始草绘截面，选择 工具以参照线交点为圆心，绘制一任意圆，修改直径尺寸为 28，如图 4-75 所示。

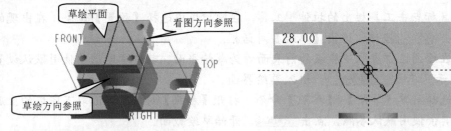

图 4-74　选择草绘平面

图 4-75　草绘截面

（4）单击 工具完成草图绘制。在操控板 后面的 ，修改拉伸深度类型为穿透 ，按住鼠标中键在工作区拖动，预览特征。

（5）点取 改变拉伸方向，点取 改添加材料为去除材料，符合要求以后单击操控板 按钮完成特征，如图 4-76 所示。

（6）修改特征名称为"竖直孔"。

图 4-76　生成竖直孔

创建水平孔

（1）选择工具栏上拉伸 工具，在操控板中选择【放置】命令，在出现的上滑面板中单击 定义... 按钮，弹出【草绘】对话框。

（2）在绘图区中点取凸台前面作为草绘平面，该平面变为橘黄色，其余使用默认设置，如图 4-77 所示。

（3）单击 草绘 按钮，进入草绘界面，开始草绘截面。

（4）单击 工具后 按钮，选择 工具，在绘图区选择凸台上面半圆边，移动鼠标草绘圆，修改直径尺寸为 16，如图 4-78 所示。

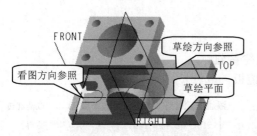

图 4-77 草绘截面设置

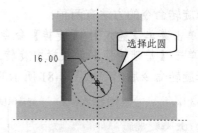

图 4-78 绘制草图

（5）单击☑工具完成草图绘制。单击操控板⬛后面·按钮，修改拉伸深度类型为拉伸至⬛，在绘图区选择竖直孔表面为拉伸目标面。

（6）按住鼠标中键在工作区拖动，预览特征。

（7）点取✕改变拉伸方向，点取⬚改添加材料为去除材料，如图 4-79 所示。符合要求以后单击操控板☑按钮完成特征。

（8）修改特征名称为"水平孔"。

（9）保存文件并关闭窗口，拭除不显示。

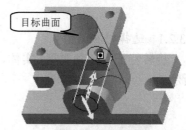

图 4-79 预览水平孔

4.3 旋转特征

旋转特征是又一重要的建模特征，使用旋转建模工具可以方便地创建各种回转实体和回转曲面。

4.3.1 旋转特征的要素

旋转特征是由一定的截面形状绕轴线旋转形成的特征，也就是指平常意义上的回转体，回转体生成过程中必须用到以下两个要素：旋转轴线和截面。如图 4-80 所示。

创建旋转特征一定要首先定义其轴线和截面。使用旋转特征可以创建各种回转体的组合。

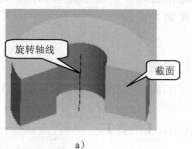

a）

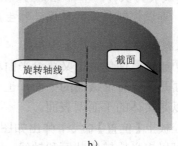

b）

图 4-80 旋转特征要素

a）旋转实体 b）旋转曲面

4.3.2 创建旋转特征的步骤

创建旋转特征的步骤如下。

选择旋转特征命令→选择特征类型→定义截面放置属性→选取参照→草绘截面和轴线→选择旋转角度和方向→确定添加/去除材料→完成旋转。

选择旋转命令的方法有两种：
- 单击菜单【插入】/【旋转】命令。
- 单击【基础特征】工具栏中旋转工具 按钮。

选择旋转命令后出现如图 4-81 所示的操控板。

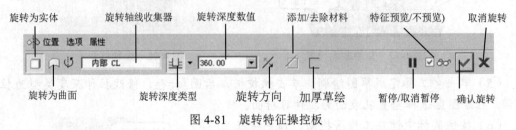

图 4-81　旋转特征操控板

4.3.2.1　选择特征类型

旋转特征有 3 种类型：实体、曲面和薄板。使用截面生成的不同类型旋转特征如图 4-82 所示。

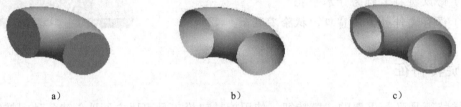

a)　　　　　　　　　b)　　　　　　　　　c)

图 4-82　不同类型旋转特征的比较

a）旋转为实体　b）旋转为曲面　c）旋转为薄板

- 旋转为实体 ——将旋转生成实心特征，有一定的体积和重量。
- 旋转为曲面 ——将旋转生成一回转曲面，没有体积、厚度和重量，通过相关操作可以转化为实体。
- 配合旋转为实体 和草绘加厚 ——旋转生成有一定厚度的壳体，这时操控板发生相应变化，可以控制壳体的厚度，和生成厚度的方向。

4.3.2.2　定义截面放置属性并选择参照

定义截面放置属性包括定义草绘平面和草绘方向。

草绘平面是草绘特征截面的平面，也可以在上面草绘回转体的旋转轴。它可以是基准平面，也可以是实体的平面型表面。

单击操控板上【位置】命令，弹出如图 4-83 所示【位置】上滑面板，可以定义旋转的截面和轴线。

轴线可以草绘也可以选择，方法如下：

- 在草绘截面时，草绘中心线，则旋转特征以此中心线为轴线创建特征。

- 未草绘中心线，可以使用特征的直线边界或者基准轴作为旋转特征的轴线。

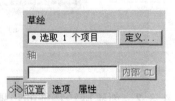

图 4-83　【位置】上滑面板

定义截面放置属性和选择参照的方法和创建拉伸特征时完全一样，不再赘述。

4.3.2.3 草绘截面

接受参照后，进入草绘截面窗口。在其中使用草绘工具绘制截面。草绘时，尽量使用约束确定截面的形状，而不是全靠标注尺寸确定截面的形状，否则在生成工程图的时候会出现多余尺寸。草绘截面时，一般需要草绘中心线作为旋转特征的轴线，尤其没有可选直线作为旋转轴线时。

完成草绘后，单击工具栏 ✓ 按钮，接受草绘，进入旋转建模界面。如果草绘有问题或者想重新草绘，单击 ✕ 按钮，拒绝接受草绘，重新草绘截面。

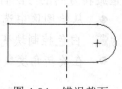

图 4-84　错误截面

当创建旋转实体特征时，截面必须是多边形或者含有闭合区域的多边形集合，多边形的边必须首尾相连，不能交叉出头，并且截面不能处于旋转轴线的两侧。图 4-84 是截面出现在轴线两侧的错误情况。

4.3.2.4 选择旋转角度和方向

旋转角度有三种不同的类型，使用两种方法可以选取旋转角度类型：

● 单击 ⊥ 后的 · 按钮弹出旋转角度工具栏，从中选取旋转角度类型，如图 4-85 所示。

● 单击【选项】按钮弹出【选项】上滑面板，从中选取旋转角度类型。可以设置相对于草绘平面两侧的旋转角度类型和角度值。旋转角度类型从【第 1 侧】列表框和【第 2 侧】列表框中选取，如图 4-86 所示。

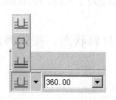

图 4-85　旋转角度类型

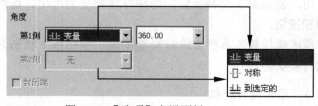

图 4-86　【选项】上滑面板

3 种旋转度类型的含义如下：

● ⊥：盲孔类型，是指从草绘平面以指定角度值绕轴线旋转截面，旋转的角度值在其后的组合框中 360.00 输入。

● 吕：对称类型，是指以草绘平面为对称面，每一侧以指定角度值的一半绕轴线旋转截面，旋转的角度值在其后的组合框中 360.00 输入。

● ⊥：旋转到选定类型，是指绕轴线旋转截面至一个选定点、曲线、平面或曲面，旋转伸出项可以中止于基准，单击其后收集器 ·选取 1 个项 确信其处于淡黄色，可以选取或者重新选取面。

图 4-87 是 3 种旋转角度类型的对比说明。

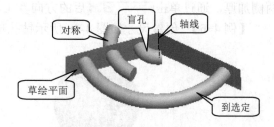

图 4-87　不同旋转类型比较

旋转角度的控制方式有 3 种：

● 从 ⊥ · 360.00 组合框中输入或选取。

● 从绘图区中选中白色控制块，按下鼠标左键拖动，此时光标变为 ，白色控制块变为黑色，可以旋转角度，如图 4-88 所示。

● 在绘图区双击尺寸文字，在弹出的编辑框中输入角度数值。输入正值沿正向旋转，输入负值向反方向旋转，如图 4-88 所示。

旋转方向垂直于草绘平面，沿垂直于旋转轴线的圆周方向，该圆圆心在旋转轴线上。调整旋转方向的方法有 2 种：

● 从绘图区中选中白色控制块，按下鼠标左键向草绘平面的另一侧拖动，此时光标变为 ，白色控制块变为黑色，如图 4-88 所示。

● 在旋转角度数值编辑框中输入负值。

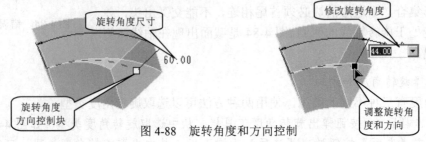

图 4-88　旋转角度和方向控制

4.3.2.5　确定添加/去除材料

创建旋转特征也有添加材料和去除材料两种方式。在创建第 1 个特征时，只有添加材料可用，创建第 1 个特征后，两种方式都变为可用。这两种方式类于组合体组成方式中的叠加和挖切。

单击操控板工具栏去除材料 ⬚ 按钮，按钮按下状态为去除材料状态，按钮弹起状态为添加材料状态。

4.3.2.6　完成旋转特征

完成以上步骤后，可以对生成的特征进行预览，如果符合设计要求，单击 ✓ 按钮完成特征创建，否则单击 ✕ 标准取消操作。

4.3.2.7　其余说明

旋转生成薄板时，在加厚草绘 ⬚ 后出现 0.31 ▾ ⁄ 工具，在组合框 0.31 ▾ 内可以输入或者选取薄板的厚度值，方向 ⁄ 工具可以控制生成的薄板相对于草绘图形的方向。

加厚草绘生成薄板的方向有三个，朝向草绘环内加厚，朝向草绘环外加厚，朝向草绘两侧加厚，通过单击 0.31 ▾ ⁄ 后的方向 ⁄ 工具在三种加厚方向之间跳转。

【例 4-6】　创建尺寸如图 4-89 所示钻孔球体。

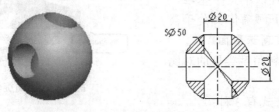

图 4-89　钻孔球体

设计步骤

（1）新建名为"liti4-6.prt"的实体模型文件，不使用默认模板，使用"mmns_solid_part"模板，进入设计窗口。

（2）选择基础特征工具栏旋转 工具，在操控板中单击【位置】命令，出现【位置】上滑面板，单击【草绘】收集器后面的 定义… 按钮，弹出【草绘】对话框。

（3）在绘图区选取"FRONT"基准面作为草绘平面，草绘方向使用默认设置，单击 草绘 按钮，进入草绘环境。

（4）单击工具栏 ＼ 后的 · 按钮，选择中心线 ┊ 工具绘制水平中心线，使用自动约束使中心线和水平参照重合，该中心线将作为旋转轴线。

（5）选择直线 ＼ 工具和圆弧 ＼ 工具草绘尺寸和约束如图 4-90 所示的截面图形。

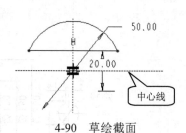

4-90　草绘截面

> 草绘截面时，刚开始草绘的截面只求形似，不要求具体尺寸和设计要求完全相同，通过使用约束和标注尺寸及修改尺寸，最终截面达到设计要求。但修改尺寸前尽量使草绘的尺寸和设计尺寸接近。

（6）选择工具栏 ✓ 工具，接受草绘图形，进入实体模型预览模式，按住鼠标中键拖动旋转观察视角，滚动鼠标中键放缩，按下 Shift 键同时按住鼠标中键拖动平移视图，以最好的方式预览模型。

（7）在操控板工具栏盲孔 ⬛· 后的编辑框 216.51 ▾ 内输入旋转角度为 360°。单击确认 ✓ 按钮完成模型。

（8）再次选择基础特征工具栏旋转 ✳ 工具，在操控板中单击【位置】命令，出现【位置】上滑面板，单击【草绘】收集器后面的 定义… 按钮，弹出【草绘】对话框。

（9）在绘图区选取"FRONT"基准面作为草绘平面，草绘方向使用默认设置，单击 草绘 按钮，进入草绘环境。

（10）单击工具栏 ＼ 后的 · 按钮，选择中心线 ┊ 工具绘制竖直中心线，使用自动约束使中心线和竖直参照重合，该中心线将作为旋转轴线。

（11）选择直线 ＼ 工具草绘尺寸和约束如图 4-91 所示的截面图形。

（12）在操控板工具栏盲孔 ⬛· 后的编辑框 216.51 ▾ 内输入旋转角度为 360°。单击 ⬜ 工具变为去除材料方式，单击确认 ✓ 按钮完成模型。

（13）保存模型并关闭窗口，拭除不显示。

【例 4-7】利用拉伸和旋转创建如图 4-92 所示的带轮模型，工程图如图 4-93 所示。

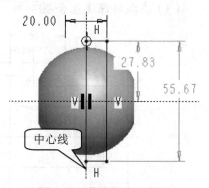

图 4-91　草绘竖直孔截面

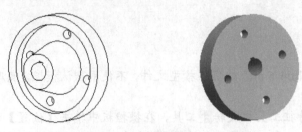

图 4-92　带轮模型

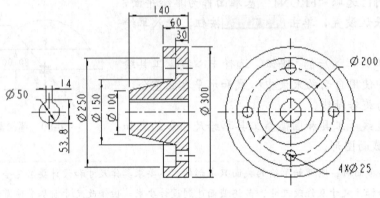

图 4-93　带轮工程图

🔍 设计思路

使用旋转工具创建主体模型，使用拉伸工具创建各孔和键槽，最后生成带轮模型。

📋 设计步骤

（1）新建名为"liti4-7.prt"的实体模型文件，不使用默认模板，使用"mmns_solid_part"模板，进入设计窗口。

（2）创建旋转实体，选择"FRONT"基准面作为草绘平面，其他各项和参照使用默认值，草绘如图 4-94 所示的截面。

（3）在旋转深度组合框 360.00 内输入旋转角度为 360，生成特征如图 4-95 所示。

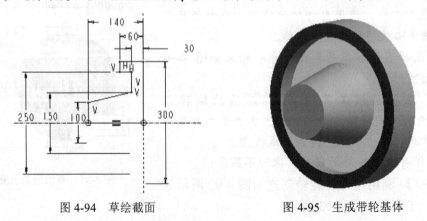

图 4-94　草绘截面　　　　　图 4-95　生成带轮基体

（4）选择拉伸 工具，定义草绘截面的属性，选择"RIGHT"基准面为草绘平面，"TOP"基准面为看图方向参照，方向选择"顶"，使用默认参照，进入草绘界面。草绘截面放置属性如图 4-96 所示。

（5）首先绘制直径为 200 的圆，右键单击在弹出的快捷菜单中选择【构建】命令，将该圆转化为构造圆。

（6）草绘竖直中心线和竖直参照重合，草绘四个小圆及中间带键槽的图形、修改尺寸并使用约束如图 4-97 所示。

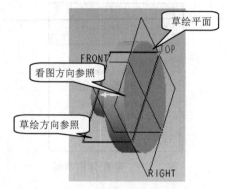

图 4-96　定义孔的草绘平面

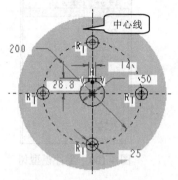

图 4-97　定义孔的草绘平面

（7）在操控板修改拉伸深度为穿透 方式，按下去除材料 按钮，变添加材料方式为去除材料方式，注意拉伸的方向是否和图 4-98 相同，如不相同，单击操控板反向 按钮，预览模型。

（8）完成模型，如图 4-99 所示

（9）保存文件并关闭窗口，拭除不显示。

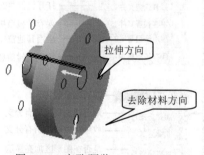

图 4-98　穿孔预览

图 4-99　完成带轮模型

去除材料方向有两个，指向草绘内部和指向草绘外部，可以通过鼠标左键单击去除材料方向箭头实现。

4.4　模型树操作

当新建或者打开一个文件后，在屏幕左侧的导航器栏内出现模型树。模型树以"树"的形式显示当前激活模型文件中所有的特征或零件。对于有截面和轨迹的特征，还可以显示特征的截面和轨迹。在树的顶部显示根对象，从属对象置于根对象之下。当选中模型树 选项卡时，显示模型树。

在零件模型中，模型树列表顶部是零件名称，零件名称下方按照创建特征的顺序排列各特征名称，如图 4-100 所示。在装配模型中，模型树列表顶部是总装配名称，总装配名称下方按照装配顺序排列各子装配和零件，每个子装配下方是该子装配中的每个零件的名称，零件名称下面是组成每个零件的特征名称，如图 4-101 所示。

图 4-100　零件模型树

图 4-101　装配体模型树

在模型树中，只列出零件或者组件的特征级对象，不列出组成特征的几何图元，如点、线、面的名称。

4.4.1　模型树简介

模型树的操作界面及其菜单命令如图 4-102 所示。

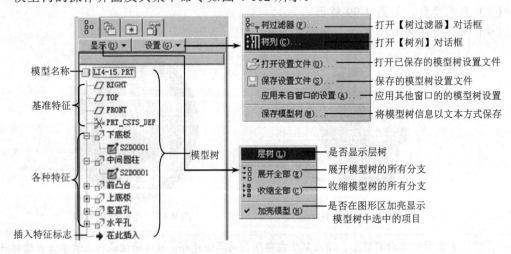

图 4-102　模型树界面

选择【显示】/【展开全部】命令，将把模型树所有项目显示。

选择【显示】/【收缩全部】命令，将只显示零件名称或者总装配体名称。

模型树每个特征由特征图标和特征名称组成，可以形象直观地看到模型的特征组成和建模顺序。单击特征名称前面的"+"号，可以展开每个特征的子项目，单击特征名称前面的"-"号，可以收缩每个特征，不显示特征的子项目。

4.4.2 模型树操作

选择模型树【设置】/【树过滤器】命令，弹出如图 4-103 所示的【模型树项目】对话框。

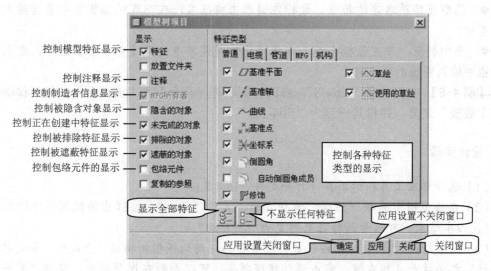

图 4-103 【模型树项目】对话框

使用【模型树项目】对话框可以控制模型树显示项目，从中设置模型中各种特征是否显示在模型树中，勾选的选项将显示在模型树中，否则将不显示在模型树中。

使用模型树，可以完成选择特征，调整建模顺序，隐含特征，隐藏特征，命名特征，编辑特征等操作。这里主要介绍选择特征和调整建模顺序，其他功能在特征编辑一节中讲述。

1. 选择特征

可以利用模型树选择要编辑的特征或者零件，当要选取的特征或零件不可见时，这项功能尤为有用。在模型树中使用鼠标左键单击要选择的特征，绘图区选中该特征，红色加亮显示，可以对其进行编辑。

2. 调整建模顺序

在模型树中选择某一特征，按住鼠标左键将其拖动到模型树中另一特征之前或之后，可以调整特征的创建顺序。

调整建模顺序时要特别注意各特征之间的关联，如果后创建的特征使用了先建立的特征作为参照，调整顺序时就会出错，建议不要轻易使用这一命令。

4.5 编辑特征

简单的编辑特征包括删除特征，重命名特征，隐含特征、隐藏特征、编辑定义等。

4.5.1 重命名特征

每次创建特征，根据使用工具的不同和建模的先后，系统自动给其命名，如"拉伸 1"、"旋转 1"、"扫描 3"等，这些名称不够形象直观，在设计复杂零件时，不易选择和修改，最好给每个特征重新命名。命名要简单明白，能让设计者通过名称知道特征在模型中的位置和形状。

特征重命名的方法有两种：

● 选取要修改名字的特征，鼠标左键单击特征名，在出现的编辑框中直接输入特征的新名称。

● 选中特征，单击鼠标右键，在弹出的快捷菜单中选择【重命名】命令，在出现的编辑框中输入特征的新名称。

【例 4-8】 打开文件"liti4-8"，修改特征名称"凸台"为"前凸台"并将其移动到特征"上底板"之前，并将其保存为"liti4-8da"。

🖽 设计步骤

（1）选择标准工具栏🖼工具，打开文件"liti4-8.prt"。

（2）在模型树中选择"凸台"特征，单击名称"凸台"，在弹出的编辑框中输入"前凸台"，回车结束。可以看到特征名称变为"前凸台"。

（3）选中特征"前凸台"，按住鼠标左键将其拖动到模型树特征"上底板"和特征"中间圆柱"之间放开鼠标左键，完成调整建模顺序，可以看到在模型树中，特征"前凸台"移动到特征"上底板"和特征"中间圆柱"之间。

（4）选择菜单【文件】/【保存副本】命令，打开【保存副本】对话框，在【新名称】编辑框中输入"liti4-8da"，单击 确定 按钮完成操作。

（5）关闭窗口。

4.5.2　删除特征

在绘图区或者模型树中选择特征，按键盘 Delete 键或者单击右键，在出现的快捷菜单中选择【删除】命令，都可删除特征。

无论使用哪种方法删除特征，都会弹出如图 4-104 所示的【删除】对话框，被删除的特征和它的所有子特征在图形区和模型树中都会加亮显示，在 liti4-8 中如果要删除上底板，模型树会如图 4-105 所示。如果确认要删除特征及其子特征，单击 确定 按钮完成删除操作。

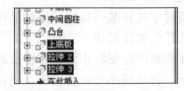

图 4-104　【删除】对话框　　　　　　图 4-105　子特征加亮显示

 　如果特征之间有关联，则后创建的特征称为与其关联的前面特征的子特征。

4.5.3　隐含对象

隐含对象是指将特征从再生中暂时删除，图形区不再显示隐含的特征。如果要隐含的特征有子特征，则子特征会被一起隐含。在装配体中，隐含子装配将隐含子装配中的所有元件。使用隐含特征有以下作用：

● 隐含某些不相关的特征，可以使用户更加专注于当前的工作。

● 对于大型零件或者复杂的装配体，隐含特征或零件可以简化零件和装配模型，减少再生时间，加快操作速度。

选取要隐含的特征，单击鼠标右键在弹出的快捷菜单中选择【隐含】命令，即可隐含特征。默认情况下，对象被隐含后，模型树中不再显示对象名称。如果想在模型树中显示隐含的对象名称，选择模型树【设置】/【树过滤器】命令，在弹出的【模型树项目】对话框的【显示】选项组中勾选 ☑隐含的对象 选项即可。这时，在模型树窗口中显示隐含的对象，在隐含的对象名称之前出现一黑色矩形标记。

欲恢复被隐含对象，在模型树中选择被隐含的对象，单击鼠标右键，在弹出的快捷菜单中选择【恢复】命令，在模型树和图形区将显示被隐含的对象。

4.5.4　隐藏对象

隐藏特征是指将特征暂时屏蔽掉，从而减少系统的处理时间，加快操作速度。

选择要隐藏的对象，单击鼠标右键在弹出的快捷菜单中选择【隐藏】命令，即可隐藏特征。系统默认情况下，被隐藏的对象图标黑色显示，被隐藏的基准不显示在图形区。

欲恢复被隐藏对象，在模型树中选择被隐藏的对象，单击鼠标右键，在弹出的快捷菜单中选择【取消隐藏】命令，在模型树和图形区将显示被隐藏的对象。

4.5.5　编辑特征

设计过程中，会出现尺寸不能满足设计要求的情况。对于已经创建的零件模型，没有必要全部重建，可以通过编辑特征通过修改尺寸等简单操作使零件满足设计要求，编辑特征只能修改零件尺寸。

进入特征编辑状态的方法有 2 种：

● 选择特征，单击鼠标右键，在弹出的快捷菜单中选择【编辑】命令。

● 在图形区欲编辑的特征上双击鼠标左键。

进入特征编辑状态后，图形区显示该特征的所有尺寸，鼠标左键双击欲修改的尺寸，弹出编辑框，在其中输入正确的尺寸数值，回车或者单击鼠标中键完成尺寸修改。此时，图形中该特征并没有发生改变，需要再生模型才能看到编辑的结果。

零件再生的方法有两种：

● 选择菜单【编辑】/【再生】命令。

● 选择【编辑】工具栏再生 工具。

【例 4-9】　打开 "liti4-9.prt" 文件，修改水平孔直径为 30，竖直孔直径为 25，并保存文件 "liti4-9da.prt"。

设计步骤

（1）选择标准工具栏 工具，打开文件 "liti4-9.prt"。

（2）在模型树中选择特征 "旋转 1"，右键单击，在弹出快捷菜单中选择【编辑】命令，图形区显示 "旋转 1" 特征的所有尺寸。鼠标左键单击尺寸 "φ20"，在弹出的编辑框中输入数值 "30"，按回车键接受该数值如图 4-106 所示。

（3）选择菜单【编辑】/【再生】命令，完成编辑，零件如图 4-107 所示。

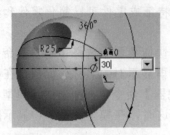

图 4-106　编辑水平孔直径

图 4-107　编辑水平孔结果

（4）在图形区鼠标左键双击竖直孔，竖直孔的所有尺寸出现，模型树中特征"旋转 2"处于选中状态，鼠标左键单击尺寸"φ20"，在弹出的编辑框输入数值"25"，在图形区单击鼠标中键接受该数值如图 4-108 所示。

（5）选择标准工具栏再生工具，完成竖直孔编辑，零件如图 4-109 所示。

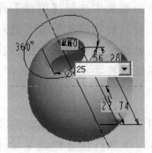

图 4-108　编辑竖直孔直径

图 4-109　编辑竖直孔结果

（6）选择菜单【文件】/【保存副本】命令，打开【保存副本】对话框，在【新名称】编辑框输入"liti4-9da"，单击 确定 按钮完成操作。

（7）关闭窗口，拭除不显示。

4.5.6　编辑定义

编辑特征只能修改特征的尺寸，而不能修改特征的结构，如果设计过程中结构有误，需要编辑特征的定义。编辑定义包括编辑特征属性、草绘平面的放置属性和截面的形状等。

进入编辑定义状态的方法有 2 种：

● 选择特征，单击鼠标右键，在弹出的快捷菜单中选择【编辑定义】命令。

● 选中特征，选择菜单【编辑】/【定义】命令。

进入编辑定义状态后，重新弹出特征创建时的操控板，如图 4-110 所示，按照前面创建特征的方法可以重新定义特征的所有元素。

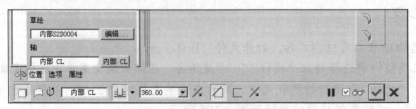

图 4-110　编辑特征操控板

1．重新定义特征属性

在操控板中重新定义选定特征的类型、深度类型、深度数值、深度方向以及添加/去除材料等属性。

2．重新定义草绘平面的放置属性和截面形状

重新定义草绘平面的放置属性和截面形状的方法有两种：

● 进入特征编辑定义状态之后，在操控板上单击【放置】，弹出放置上滑面板，草绘截面收集器后面的按钮变为 编辑... ，单击此按钮，开始编辑。

● 未进入特征编辑定义状态之前，在模型树中单击特征名前面的"+"号，在其下一级树中选择截面，如"s2d0001"，单击鼠标右键，在弹出的快捷菜单中选择【编辑定义】命令，直接编辑截面的定义。

使用上述两种方法都可进入草绘界面，选择菜单【草绘】/【草绘设置】命令，弹出【草绘】对话框，在其中重新定义草绘平面的放置属性。在【草绘】对话框中，重新选择草绘平面和草绘方向参照时，需要首先用鼠标左键单击其标签后的平面收集器，使之变为淡黄色，方能在图形区选择平面替换原来的平面。完成草绘平面放置属性的设置后，单击 确定 按钮进入【参照】对话框，添加或者删除参照，编辑完成后进入草绘环境。

在草绘环境中，使用草绘器工具栏编辑截面形状和大小以及约束关系等。编辑完成后，选择工具栏 ✓ 工具，接受草绘图形，预览模型。满足设计要求后，单击确认 ✓ 按钮完成特征重定义。

【例 4-10】 对"liti4-10.prt"进行编辑，修改后其模型如图 4-111 所示，将文件另存为"liti4-10da.prt"。

设计步骤

（1）选择标准工具栏 ⊟ 工具，打开文件"liti4-10.prt"。

（2）在模型树中点击特征"下底板"前面的"+"号，选择特征"S2D0001"，单击鼠标右键，在弹出的快捷菜单中选择【编辑定义】命令，出现【草绘】对话框，此处只改变截面形状，直接单击 草绘 按钮，进入草绘环境。

图 4-111　实体模型

（3）选择工具栏动态修剪 ⻏ 工具，将除最上水平线和最下水平线之外的所有图元删除，动态修剪过程如图 4-112 所示。

（4）选择工具栏 ＼ 工具和 ○ 工具，草绘截面图形，修改尺寸和约束如图 4-113 所示。

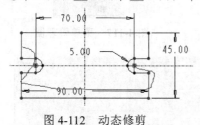

图 4-112　动态修剪

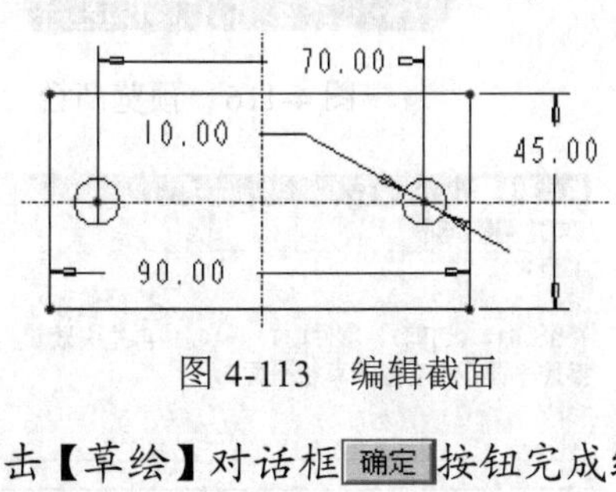

图 4-113　编辑截面

（5）单击工具栏 ✓ 工具，接受草绘图形，单击【草绘】对话框 确定 按钮完成编辑定义。模型如图 4-114 所示。

（6）在模型树中选择特征"凸台"，单击鼠标右键，在弹出的快捷菜单中选择【编辑定义】命令，图形区下方出现操控板。选择【放置】弹出上滑面板，单击草绘截面收集器后面的 编辑... 按钮，重新进入草绘界面。

（7）选择菜单【草绘】/【草绘设置】命令，打开【草绘】对话框。

（8）在【草绘】对话框中，单击草绘平面收集器，草绘平面收集器变为淡黄色，在图形区选择"RIGHT"基准面作为草绘平面。

（9）单击草绘方向参照收集器，草绘方向参照收集器变为淡黄色，在图形区选择"FRONT"基准面作为草绘方向参照平面，在【方向】列表中选择【左】，如图 4-115 所示，单击 草绘 按钮，进入【参照】对话框。

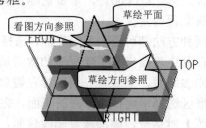

图 4-114 完成下底板编辑　　　　　图 4-115 重定义草绘平面放置属性

（10）在【参照】对话框的参照列表中出现失效参照，其后括号内出现"失败"字样。选择过期参照，单击 删除① 按钮，删除过期参照。单击选取参照 ▶ 按钮，在图形区选择"FRONT"作为新参照，单击 关闭ⓒ 按钮完成参照编辑。进入草绘环境。

（11）将圆弧圆心约束在竖直参照上，直接单击工具栏 ✔ 工具，接受草绘图形。在操控板中修改拉伸深度类型为盲孔 ⊥，在其后的组合框中输入深度值为"23"，预览模型，如图 4-116 所示，符合设计要求后单击确认 ✔ 按钮完成特征重定义。

（12）由于水平孔是原来凸台的子特征，和凸台有关联，此时弹出【求解特征】菜单，如图 4-117 所示，并出现错误信息，如图 4-118 所示。

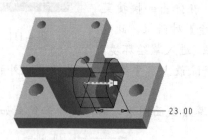

图 4-116 预览凸台　　　　　图 4-117 菜单管理器

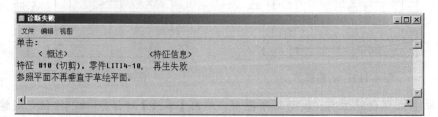

图 4-118 错误信息

（13）选择菜单管理器【快速修复】/【重定义】/【确认】命令，图形区下方出现操控板，重定义水平孔的各属性。

（14）选择【放置】命令，弹出上滑面板，单击草绘截面收集器后面的 编辑... 按钮，进入草绘环境，并出现【参照】对话框。

（15）选择菜单【草绘】/【草绘设置】命令，出现【缺少参照】对话框，单击 确定 按钮，打开【草绘】对话框。

（16）在【草绘】对话框中，单击草绘平面收集器，草绘平面收集器变为淡黄色，在图形区选择"凸台"的右表面作为草绘平面。

（17）单击草绘方向参照收集器，草绘方向参照收集器变为淡黄色，在图形区选择"FRONT"基准面作为草绘方向参照平面，在【方向】列表中选择【左】，如图 4-119 所示，单击 草绘 按钮，进入草绘环境。

（18）重新绘制圆形截面，如图 4-120 所示，单击工具栏 ✓ 工具，接受草绘图形。预览模型，单击确认 ✓ 按钮，在弹出的菜单管理器中选择【YES】命令，完成特征重定义，如图 4-111 所示。

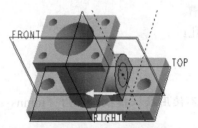

图 4-119　重新设置草绘截面属性

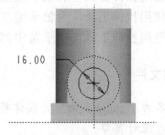

图 4-120　编辑截面

（19）选择菜单【文件】/【保存副本】命令，打开【保存副本】对话框，在【新名称】编辑框内输入"liti4-10da"，单击 确定 按钮完成操作。

（20）关闭窗口，拭除不显示。

4.6　综合实例

设计要求

创建如图 4-121 所示的轴承盖模型，其工程图如图 4-122 所示。

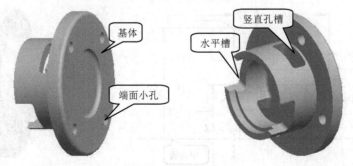

图 4-121　轴承盖模型

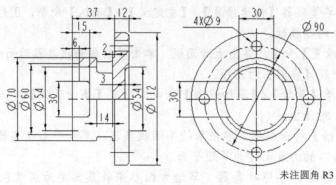

图 4-122 轴承盖工程图

设计思路

（1）由旋转工具生成轴承盖基体。
（2）使用拉伸工具生成轴承盖上的四个孔。
（3）使用拉伸工具，为轴承盖左端开水平槽。
（4）使用拉伸工具在轴承盖中部开竖直通孔。

创建文件

新建名为"zonghe.prt"的实体模型文件，不使用默认模板，使用"mmns_solid_part"模板，进入设计窗口。

创建轴承盖基体

（1）选择【基础特征】工具栏旋转工具 ，出现【旋转】操控板。
（2）在操控板选择【位置】命令，出现【位置】上滑面板。
（3）单击 定义... 按钮，出现【草绘】对话框，在图形区选取"FRONT"面作为草绘平面，使用默认的草绘方向参照。
（4）单击 草绘 按钮，进入草绘环境，草绘截面，约束和尺寸如图 4-123 所示。
（5）选择【草绘器工具】工具栏确认工具 ，回到设计界面。
（6）选择操控板建造特征工具 ，完成轴承盖基体如图 4-124 所示。

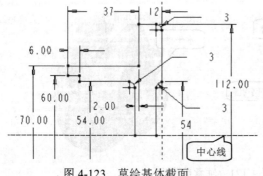

图 4-123 草绘基体截面

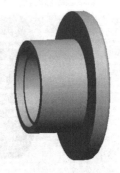

图 4-124 完成基体

创建端面小孔

（1）选择【基础特征】工具栏拉伸工具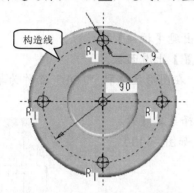，出现【拉伸】操控板。

（2）在操控板选择【放置】命令，出现【放置】上滑面板。

（3）单击 定义… 按钮，出现【草绘】对话框，在图形区选取基体右端面作为草绘平面，使用默认的草绘方向参照。

（4）单击 草绘 按钮，进入草绘环境。草绘截面，约束和尺寸如图 4-125 所示。

（5）选择【草绘器工具】工具栏确认工具✓，回到设计界面。

（6）在操控板中选择拉伸深度类型为，选择拉伸方向反向工具，选择去除材料工具，选择建造特征工具✓，完成轴承盖端面小孔如图 4-126 所示。

图 4-125 草绘端面小孔截面

图 4-126 完成端面小孔

创建水平槽

（1）选择【基础特征】工具栏拉伸工具，出现【拉伸】操控板。

（2）在操控板选择【放置】命令，出现【放置】上滑面板。

（3）单击 定义… 按钮，出现【草绘】对话框，在图形区选取 "FRONT" 面作为草绘平面，使用默认的草绘方向参照。

（4）单击 草绘 按钮，进入草绘环境。选择菜单【草绘】/【参照】命令，出现【参照】对话框，加选如图 4-127 所示的参照，单击 关闭(C) 按钮。

（5）草绘截面，约束和尺寸如图 4-127 所示。

（6）选择【草绘器工具】工具栏确认工具✓，回到设计界面。

（7）在操控板选择去除材料工具，选择【选项】命令，出现【选项】上滑面板，设置深度如图 4-128 所示。

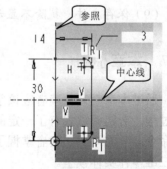

图 4-127 草绘左端水平槽截面

（8）使用鼠标控制观察视角，预览模型，符合设计要求后，选择建造特征工具✓，完成轴承盖左端水平槽的创建，如图 4-129 所示。

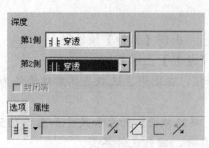

图 4-128 设置拉伸深度

图 4-129 完成水平槽

创建竖直孔

（1）选择【基础特征】工具栏拉伸工具 ，出现【拉伸】操控板。

（2）在操控板选择【放置】命令，出现【放置】上滑面板。

（3）单击 定义... 按钮，出现【草绘】对话框，在图形区选取"TOP"面作为草绘平面，使用默认的草绘方向参照。

（4）单击 草绘 按钮，进入草绘环境。选择菜单【草绘】/【参照】命令，出现【参照】对话框，加选如图 4-130 所示的参照，单击 关闭(C) 按钮。

（5）草绘截面，约束和尺寸如图 4-130 所示。

（6）选择【草绘器工具】工具栏确认工具 ，回到设计界面。

（7）在操控板选择去除材料工具 ，选择【选项】命令，出现【选项】上滑面板，设置两侧拉伸深度都为 盲孔 方式。

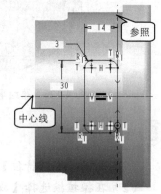

图 4-130 草绘竖直孔截面

（8）使用鼠标控制观察视角，预览模型，符合设计要求后，选择建造特征工具 ，完成轴承盖模型创建，如图 4-121 所示。

（9）保存文件，拭除不显示。

4.7 本章小结

通过本章学习，读者应该掌握使用拉伸工具和旋转工具创建零件模型的步骤和基本操作过程，对建模方式有了一定的了解和认识，了解了零件设计的基本流程和简单的实体建模命令。学完本章，读者掌握了建模的基本知识和技巧，可以快速准确设计一些形状规则的三维零件实体模型。

本章还讲述了模型树操作和特征的编辑和重定义，这对于设计尤为重要。特征的编辑和定义体现了 Pro/E 建模的优势，使得设计变的更加简单易行。

本章之中重点掌握的内容还有鼠标操作，拖动鼠标中键可以旋转模型观察角度，按住 Shift 键拖动鼠标中键可平移模型观察位置，滚动滚轮可以缩放模型观察其大小。

4.8 习题

1. 概念题

（1）什么是草绘平面，如何定义草绘平面及其放置属性？

（2）何谓参照，如何添加删除参照，建模过程中如何重定义参照？

（3）简述拉伸建模的一般过程。

（4）简述旋转建模的一般过程。

（5）特征的编辑和编辑定义有何不同。

（6）使用模型树可以完成哪些操作？

2. 操作题

（1）新建文件夹"\xili\chap04"，启动 Pro/E 后，设置工作目录为"\xili\chap04"。本章习题全部保存在该文件夹中。

（2）创建如图 4-131 所示的立体模型，文件名为"xiti4-2-2.prt"。

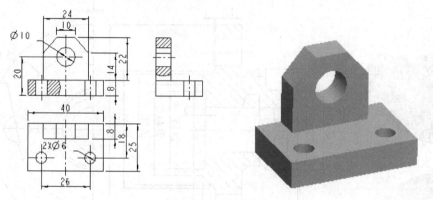

图 4-131　支架零件

（3）创建如图 4-132 所示的立体模型，文件名为"xiti4-2-3.prt"。

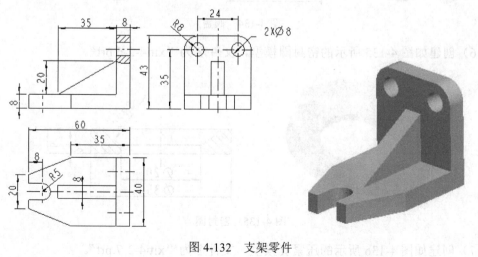

图 4-132　支架零件

（4）创建如图 4-133 所示的立体模型，文件名为"xiti4-2-4.prt"。

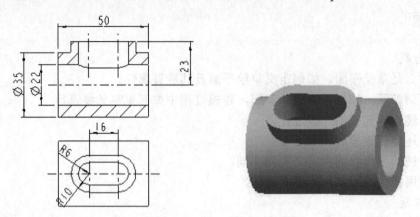

图 4-133　立体模型和尺寸

（5）创建如图 4-134 所示的阀盖模型，文件名为"xiti4-2-5.prt"。

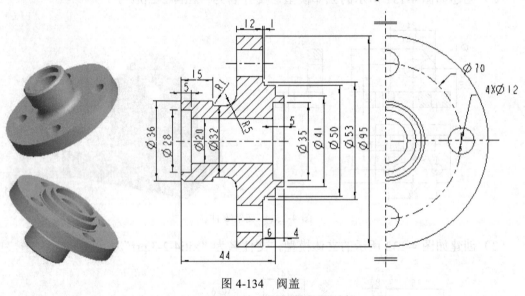

图 4-134　阀盖

（6）创建如图 4-135 所示的密封圈模型，文件名为"xiti4-2-6.prt"。

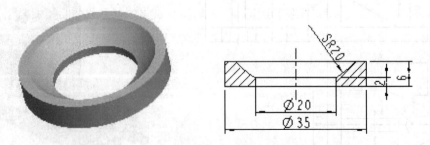

图 4-135　密封圈

（7）创建如图 4-136 所示的压紧套模型，文件名为"xiti4-2-7.prt"。

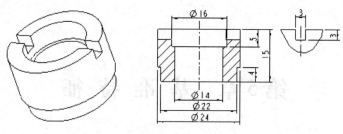

图 4-136 压紧套

（8）创建如图 4-137 所示的阀芯模型，文件名为 "xiti4-2-8.prt"。

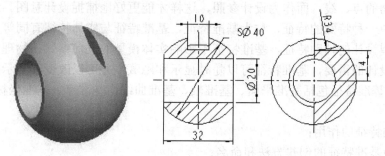

图 4-137 阀芯

（9）创建如图 4-138 所示的轴承座模型，文件名为 "xiti4-2-9.prt"。

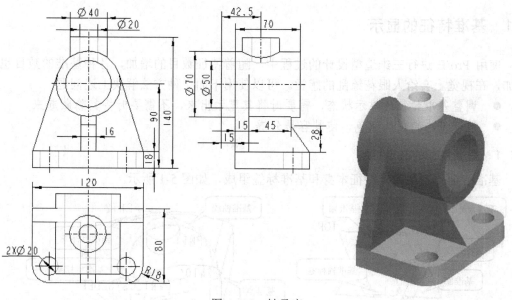

图 4-138 轴承座

第5章 基准特征

Pro/E 是基于实体特征造型的三维设计软件,但在实体造型的过程中,很多情况下要使用一些辅助的点、线、面作为设计参照,这样才能更好地捕捉设计意图。这些点、线、面是 Pro/E 中一种特殊的特征,称为基准特征,基准特征与实体特征有同等重要的地位。作为实体造型设计的辅助特征,基准特征不影响实体模型的几何参数、物理参数和质量属性等。根据设计的需要,基准特征可以随时显示和隐藏,并可以改变其显示颜色。

Pro/E 的基准特征包括基准平面、基准轴、基准曲线、基准点、基准坐标系等。

【本章重点】

- 基准特征的作用;
- 各种基准特征的创建方法和命名;
- 各种基准特征的显示控制;
- 各种基准特征之间的关系。

5.1 基准特征的显示

使用 Pro/E 进行三维造型设计的过程中,随着特征数目的增加,各种基准的数目也会增加,在视觉上会给人眼花缭乱的感觉。可以使用下面 2 种方法解决上述问题:

- 调整基准特征的显示状态,需要时将其显示出来,不需要时将其隐藏起来。
- 改变基准特征的颜色,使其容易分辨。

5.1.1 基准特征的显示控制

基准特征一般由基准特征本身和基准标签组成,如图 5-1 所示。

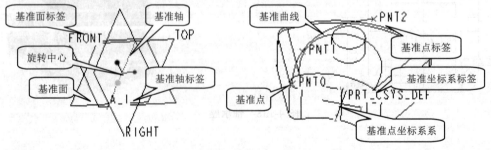

图 5-1 基准特征

可以单独控制基准特征标签的显示,也可以控制整个基准特征的显示。控制基准显示的方法有 3 种:

● 选择菜单【视图】/【显示设置】/【基准显示】命令，出现如图 5-2 所示的【基准显示】对话框，通过勾选各基准特征前面的复选框显示相应基准特征，取消勾选则隐藏相应特征。从【点符号】列表中可以选择基准点的显示样式，基准点可以显示为十字型（×）、点（·）、圆（○）、三角（△）和正方形（□）五种样式。

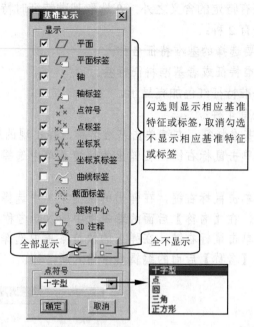

图 5-2 【基准显示】对话框

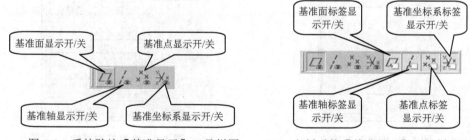

图 5-3 系统默认【基准显示】工具栏图   5-4 定制后的【基准显示】工具栏

● 使用【基准显示】工具栏控制各种基准特征及标签的显示。系统默认情况下，【基准显示】工具栏如图 5-3 所示，不提供控制各种基准标签显示的工具，通过定制屏幕可以为【基准显示】工具栏添加标签显示控制工具，如图 5-4 所示。当工具按钮按下时，显示相应基准特征，工具按钮浮起时，不显示相应基准特征。

● 在模型树或图形区选中某基准特征，单击鼠标右键，在弹出的快捷菜单中选择【隐藏】命令，图形区不显示该基准特征，模型树中该基准特征图标黑色显示。在模型树中选中已经隐藏的基准特征，单击鼠标右键，在弹出的快捷菜单中选择【取消隐藏】命令，图形区重新显示该基准特征。

前两种方法将模型中所有同类基准特征同时显示或者隐藏，后一种方法只显示或者隐藏选中的基准特征，在建模时一般将第 2 种方法和第 3 种方法结合使用。

5.1.2　基准特征的命名

系统自动给新建的基准特征起名。不过，为了方便起见，应给某些基准特征更名，这样除了使得各个基准特征有特定的含义之外，在选取基准特征时特别有用。

选择基准特征的方法有 2 种：

● 　在模型树中单击要选择的基准特征名称。

● 　在图形区单击基准特征或者基准特征标签。

选中基准特征后，基准特征红色加亮显示。

基准特征更名的方法有 4 种：

● 　在模型树中选择基准特征，左键单击基准名称，在出现的编辑框中输入新名称。

● 　选择基准特征，单击鼠标右键，在弹出的快捷菜单中选择【重命名】命令，在出现的编辑框中输入新名称。

● 　选取基准特征，单击鼠标右键，在弹出的快捷菜单中选择【编辑定义】命令，出现如图 5-5 所示的对话框，在【名称】后面的编辑框中输入新名称。

● 　选取基准特征，单击鼠标右键，在弹出的快捷菜单中选择【属性】命令，出现如图 5-6 所示的对话框，在【名称】后面的编辑框中输入新名称。

图 5-5　编辑基准定义

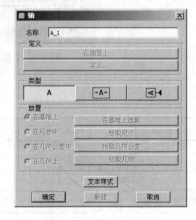

图 5-6　编辑基准属性

5.1.3　基准特征的颜色

如果用户在设计过程中不满意基准特征的默认颜色，可以修改各种基准特征的颜色。选择菜单【视图】/【显示设置】/【系统颜色】命令，打开【系统颜色】对话框，在其中选择【基准】选项卡，可以定制基准颜色，如图 5-7 所示。

在对话框中单击要修改的基准特征前面的颜色块，弹出快捷菜单，从中选择颜色，Pro/E提供了 13 种颜色可供选择，但用户不能自己调配颜色。如图 5-8 所示。欲回到系统默认配色方案，在对话框菜单中选择【布置】/【默认值】命令即可。

图 5-7　基准颜色对话框

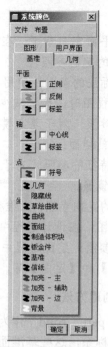

图 5-8　选择基准颜色

5.2 【基准】工具栏

创建基准特征需要通过【基准】工具栏完成，【基准】工具栏位于图形区的右侧，包括创建基准面、创建基准轴、创建基准点、创建基准曲线、创建基准坐标系、创建草绘曲线、创建分析特征等工具，创建基准特征时，首先选择【基准】工具栏相应的基准特征工具，而后按步骤操作。【基准】特征工具栏如图 5-9 所示。

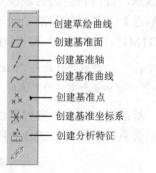

图 5-9　【基准】工具栏

5.3 基准面

基准面是一个无穷大的平面，没有体积和质量，始终根据模型的大小调整，以方框显示，并在方框附近出现基准平面的名称标签。基准平面是二维平面，系统为其定义了方向，正、反两个方向以不同的颜色表示。在系统默认状态下，基准平面的正法线方向以棕褐色显示，负法线方向以灰色显示。

5.3.1 基准面的作用

Pro/E 中基准面主要用于以下几个方面：

● 作为基础特征：任何三维模型都是以基准面为基准创建的，故基准面是一种基础特征，系统模板已为用户创建了"FRONT"、"TOP"和"RIGHT"三个基准面。

● 作为 2D 草绘平面：创建实体过程中，往往要草绘截面或者轨迹，基准面在创建模型时作为草绘平面。

● 作为草绘平面定向参照：在草绘截面时，草绘平面定向到与屏幕平行时，选择基准面作为草绘平面的定向参照。

● 作为尺寸标注的参照：使用基准面作为标注尺寸的参照，可以减少特征之间的父/子关系，在生成工程图时，大大减少尺寸修改工作量。

● 作为剖面参照：对于复杂模型，需要使用阶梯剖、旋转剖或者复合剖的模型要首先创建基准面作为剖切面。

● 作为镜像特征的参照：对于对称特征，可以只创建一侧特征，使用镜像工具以基准面为对称面完成镜像。

● 作为模型的定向参照：三维模型的视图方向一般要用两个相互垂直的基准面定义，然后保存各方向视图，在设计过程中随时调用。

● 作为装配参照：装配过程中，许多元件需要使用平面定义它们之间的约束关系，如【匹配】、【对齐】和【定向】等，也可以使用基准面作为参照。

5.3.2 基准面的创建方法

使用 "mmns_ part _ solid" 作为默认模板时，系统本身已经创建了 3 个相互垂直的基准面和一个基准坐标系，这些基准面和基准坐标系作为特征出现在模型树中。三个基准面分别并被命名为 "FRONT"、"TOP" 和 "RIGHT"，坐标系名为 "PRT_CSYS_DEF"，作为创建模型的基准。

如果不使用模板，建模之前必须首先创建三个相互垂直的基准面作为初始特征和基准坐标系，否则将会因为缺少草绘平面和参考平面无法创建其余特征。进入建模窗口，选择【基准】工具栏的基准平面工具 ⊘，在屏幕上会出现 3 个相互垂直的基准面，名称分别为 "DTM1"、"DTM2" 和 "DTM3"，可以按照上节所讲方法为基准面重命名。

 建议用户使用 "mmns_ part _ solid" 作为建模的模板，其中设置好了 3 个基准面、1 个基准坐标系和零件的单位制。本书所讲的零件都是以此模板为基础的。

基准的创建需要参照和约束两个要素。用户可以通过使用对参照的约束创建和参照有一定关系的基准面。表 5-1 所示为创建基准面时可用的参照和约束。

表 5-1　创建基准面时可用的约束和参照

约　　束	参　　考
穿过：基准面穿过参照	轴、边、曲线、点、平面、坐标系、回转面
偏移：基准面相对于参照平移一定的距离或者旋转一定的角度	平面、坐标系
平行：基准面平行于参照	平面
法向：基准面垂直于参照	坐标系、平面、轴
相切：基准平面与参照相切	曲面

一般情况下，创建基准面要使用多个参照和约束来完成，并且每一项约束使用的参照都不同。如使用 "穿过" 约束，可以使用的参照有轴、边、曲线、点、平面、坐标系、回转曲面等，而 "相切" 约束的参照只有曲面一种。

🔲 **创建基准面的过程**

（1）选择【基准】工具栏的基准平面工具 ▱，弹出【基准平面】对话框，其中有【放置】、【显示】和【属性】3 个选项卡。使用【放置】选项卡创建基准特征，如图 5-10a 所示。

（2）在图形区选择参照，此时在【基准平面】对话框中的【参照】收集器中出现已选择的参照列表，并在参照名称后面出现约束列表，从中选择符合要求的约束。如图 5-10a 所示。

（3）如果使用的约束是"偏移"，在【参照】收集器下面会出现不同的项目和编辑框，根据选择参考的情况，可以选择偏移的方向，也可以输入平移的距离或旋转的角度。

● 参照选择平面或者基准面，约束选择【偏移】时，出现【平移】组合框，在其中可以选择或者输入基准面相对于参照的距离，如图 5-10a 所示。

● 一参照选择为穿过直线或者轴线，另一参照选择为平面或者基准面，约束选择为【偏移】时，出现【旋转】组合框，在其中可以选择或者输入基准面相对于参照面的旋转角度，如图 5-10b 所示。

● 参照选择为坐标系，约束选择为偏移时，出现【平移】列表框，选择平移的方向，组合框选择或者输入基准面相对于基准坐标系平移的距离，如图 5-10c 所示。

● 选择其他约束时，【参照】收集器下的【偏移】选项组变为不可用状态，显示为灰色。

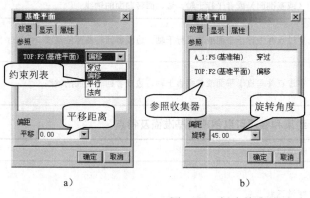

a)　　　　　　　　　　　b)　　　　　　　　　　　c)

图 5-10　创建基准面

（4）如果已有足够的参照和约束确定基准面的位置，确定 按钮处于可用状态，单击 确定 按钮，完成基准面的创建。否则，确定 按钮显示灰色，为不可用状态。

🔍　如果正在创建的基准面不符合设计要求，单击 取消 按钮，弹出【确认取消】对话框，单击 是(Y) 确认取消创建基准面操作。

有时创建基准面只需要一个参照和约束，有时需要两个甚至 3 个参照和约束配合使用才能创建基准面，操作过程中要根据实际情况确定。表 5-2 所示为只需一个约束和参照就可以创建的基准面。表 5-3 是需要两个约束和参照才能创建的基准面。表 5-4 是需要 3 个约束和参照才能创建的基准面。

表 5-2　一个约束和参照可以创建的基准面及其特点

约束和参照	基准面特点
穿过+平面（基准面）	穿过参照平面或者基准面与其重合
偏移+平面（基准面）	平行于参照平面或者基准面且有一定距离
穿过+坐标系	穿过直角坐标系原点和某一坐标面重合
偏移+坐标系	正交于坐标系的某一坐标轴（x、y、z）且与原点有一定距离

表 5-3　两个约束和参照可以创建的基准面及特点

约束和参照	基准面特点
穿过+轴（边或回转曲面） 偏移+平面（基准面）	穿过轴、边或者回转曲面的轴线并与参照平面成一定夹角
穿过+轴（边或回转曲面） 法向+平面（基准面）	穿过轴、边或者回转曲面的轴线并垂直于参照平面
穿过+轴（边或回转曲面） 相切+曲面	穿过轴、边或者回转曲面的轴线并与参照曲面相切
穿过+轴（边或回转曲面） 穿过+轴（边或回转曲面或点）	穿过轴、边或者回转曲面的轴线并通过另一同类参照 或穿过点（两参照平行或相交）
穿过+轴（边或回转曲面） 平行+平面（轴、边、曲面）	穿过轴、边或者回转曲面的轴线并且平行于参照平面 （或基准面）或者平行于轴、边、回转曲面的轴线
穿过+点 平行+平面（轴、边、曲面）	穿过点并平行于平面或者平行于轴、边或者回转曲面的轴线
穿过+点 法向+平面（轴、边、曲面）	穿过点并垂直于平面或者垂直于轴、边或者回转曲面的轴线

表 5-4　3 个约束和参照可以创建的基准面及特点

约束和参照	基准面特点
穿过+点	
穿过+点	穿过三点
穿过+点	

 创建基准面时，选择两个参照和约束的次序有时可以颠倒。

5.3.3　基准面的重定义

　　已经创建完成的基准面不符合要求，可以对其重定义，不需要删除基准面重新创建。在图形区或者模型树中选择基准面，单击鼠标右键，在弹出的快捷菜单中选择【编辑定义】命令，显示【基准平面】对话框。选择【放置】选项卡，单击【参照】收集器使其变为淡黄色，表示激活收集器。在【参照】收集器列表中选择某一参照，单击鼠标右键，在弹出的快捷菜单中选择【移除】命令可以移除已选的参照，按 Ctrl 键在图形区选择参照，可以添加参照。也可以在约束列表中使用其他可用约束，在偏移选项组修改距离或角度数值。完成重定义后，单击 确定 按钮，结束重定义操作。

5.3.4 基准面的类型

基准面有两种类型：特征型基准面和实时型基准面。

1. 特征型基准面

这种基准面显示在模型树列表中，可以利用并且能够控制其显示状态，并且可以随时编辑。

2. 实时型基准面

这种基准面在创建特征的过程中根据实际需要创建，在特征创建结束后，该基准面隐藏，作为特征的子特征存在。创建其余特征时不能重复使用。

两种基准面的创建方法完全相同，只是特性不同而已。在创建复杂的模型时，由于基准过多会使图形复杂难辩，这时可以大量使用实时型基准面，以随时隐藏基准面，减少操作步骤，提高显示速度，并使图形清楚明了。

【例 5-1】 打开文件"liti5-1"，创建如图 5-11 所示的六个基准面。

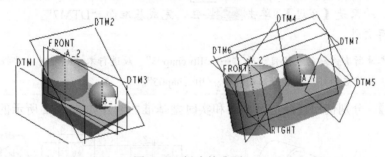

图 5-11 创建基准面

- DTM1：平行于"FRONT"，距离"FRONT"为 100，且在"FRONT"之前。
- DTM2：通过锥顶点和底板的两个右上角点。
- DTM3：通过圆锥的轴线和圆球的轴线。
- DTM4：通过圆锥的轴线并与"RIGHT"成 45°角。
- DTM5：通过底板右侧斜面。
- DTM6：与圆锥面相切且与"RIGHT"垂直。
- DTM7：平行于底扳上表面且过圆锥顶点。

设计步骤

（1）打开文件"liti5-1"。

（2）选择【基准】工具栏基准平面工具 ⟋，弹出【基准平面】对话框，在图形区选择"FRONT"基准面，在对话框约束列表中选择【偏移】。在【参照】收集器下方的【平移】编辑框中输入 100，单击 确定 按钮，完成基准面"DTM1"。

（3）选择【基准】工具栏基准平面工具 ⟋，弹出【基准平面】对话框，在图形区选择左侧圆锥顶点，按住键盘 Ctrl 键，在图形区分别选择底板特征的右上角 2 个顶点，将其添加到【参照】收集器，所有约束都是【穿过】。单击 确定 按钮，完成基准面 "DTM2"。

（4）选择【基准】工具栏基准平面工具 ▱ ，弹出【基准平面】对话框，在图形区选择圆锥轴线，按住键盘 Ctrl 键，在图形区选择圆球轴线，将其添加到【参照】收集器，所有约束都是【穿过】。单击 确定 按钮，完成基准面 "DTM3"。

（5）选择【基准】工具栏基准平面工具 ▱ ，弹出【基准平面】对话框，在图形区选择圆锥轴线，约束为【穿过】，按住键盘 Ctrl 键，在图形区选择 "RIGHT"，将其添加到【参照】收集器，约束是【偏移】，在【参照】收集器下方的【旋转】编辑框中输入 45，单击 确定 按钮，完成基准面 "DTM4"。

（6）选择【基准】工具栏基准平面工具 ▱ ，弹出【基准平面】对话框，在图形区选择底板右侧斜面，约束为【穿过】，单击 确定 按钮，完成基准面 "DTM5"。

（7）选择【基准】工具栏基准平面工具 ▱ ，弹出【基准平面】对话框，在图形区选择圆锥面，约束为【相切】，按住键盘 Ctrl 键，在图形区选择 "RIGHT"，将其添加到【参照】收集器，约束是【法向】，单击 确定 按钮，完成基准面 "DTM6"。

（8）选择【基准】工具栏基准平面工具 ▱ ，弹出【基准平面】对话框，在图形区选择底板上表面，约束为【平行】，按住键盘 Ctrl 键，在图形区选择圆锥顶点，将其添加到【参照】收集器，约束是【穿过】，单击 确定 按钮，完成基准面 "DTM7"。

（9）保存文件。

> 本章所有例题的默认目录为 "……\liti\chap05"，故进行本章练习时，需将各文件拷贝到硬盘上，并将启动目录设置为启动 "……\liti\chap05"。

【例 5-2】 分别使用特征型基准面和实时型基准面创建如图 5-12 所示的模型。

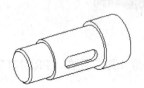
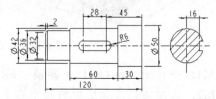

图 5-12　轴模型

使用特征型基准面

（1）打开文件 "liti5-2.prt"。

（2）选择基准平面工具 ▱ ，出现【基准面】对话框。

（3）选择 "FRONT" 为参照，使用【偏移】约束，在【平移】编辑框中输入 16，模型树中和图形区出现基准面 "DTM1"，如图 5-13 所示。

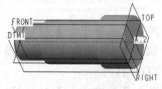
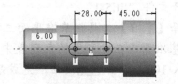

图 5-13　原零件　　　　　　　　图 5-14　草绘键槽截面

（4）创建拉伸特征，以"DTM1"作为草绘平面，草绘方向参照选择"RIGHT"基准面，方向选择【右】，默认参照，草绘如图 5-14 所示的键槽截面。

（5）完成截面后，选择拉伸深度类型为拉伸至⊥类型，选择直径为 42 的圆柱面作为目标对象，单击⊘按钮修改添加材料为去除材料方式，完成特征创建。最后结果如图 5-12 所示的立体模型，图形区和模型树中出现"DTM1"基准面。

使用实时型基准面

（1）打开文件"liti5-2.prt"。

（2）创建拉伸特征，选择【放置】上滑面板，单击 定义... 按钮，打开【草绘】对话框。

（3）选择【基准】工具栏基准平面工具▱，创建基准面，选择"FRONT"为参照，使用【偏移】约束，在【平移】编辑框中输入 16，完成基准面创建，模型树中和图形区出现基准面"DTM1"。

（4）【草绘】对话框中自动选择"DTM1"作为草绘平面，草绘方向参照选择"RIGHT"基准面，方向选择【右】，默认参照，草绘如图 5-14 所示的键槽截面。

（5）完成截面后，选择拉伸深度类型为拉伸至⊥类型，选择直径为 42 的圆柱面作为目标对象，单击⊘按钮修改添加材料为去除材料方式，完成特征创建。最后结果如图 5-12 所示的立体模型，图形区不显示"DTM1"基准面，模型树中出现"组拉伸 1"，"DTM1"作为其子特征，并以隐藏模式出现。

5.4　基准轴

基准轴和基准面类似，也可作为建立特征的参照。它可以帮助建立基准点和基准面、放置同轴项目、作为径向阵列的轴线以及标注尺寸的参考等。

两种情况下可以产生基准轴：

● 作为特征利用【基准】工具栏基准轴工具／创建，在模型树中出现该基准轴特征。

● 创建旋转特征或者使用拉伸工具创建圆柱或圆柱面特征时，系统自动产生基准轴。此时基准轴特征不显示在模型树中。

创建基准轴后，系统自动根据创建顺序给基准轴命名编号，如 A_1、A_2 、A_3 等。

选取一个基准轴，可以在图形区选择基准轴或者在模型树中选择基准轴名称。

创建基准轴的步骤和创建基准面的步骤基本相同，也需要选择参照和约束确定基准轴的位置。

创建基准轴

（1）选择【基准】工具栏基准轴工具／，弹出【基准轴】对话框，如图 5-15a 所示。

（2）在图形区选择参照，在【基准轴】对话框约束列表中选择约束类型。

（3）需要更多约束和参照，按住键盘 Ctrl 键执行第 2 步。

（4）需要偏移参照时，首先在【偏移参照】收集器中单击鼠标左键，使其变为淡黄色，然后在图形区选择参照，在【偏移距离】编辑框中输入偏移距离值。选择多个偏移参照，按住键盘 Ctrl 键加选参照，如图 5-15b 所示。

（5）如果已有足够的参照和约束确定基准轴的位置，|确定|按钮处于可用状态，单击|确定|按钮，完成基准面的创建。否则，|确定|按钮显示灰色，处于不可用状态。

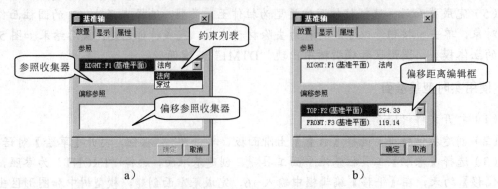

a）　　　　　　　　　　　　　　b）

图 5-15 【基准轴】对话框

创建基准轴的约束和参照使用方法如表 5-5 所示。创建基准轴时，有时使用一个参照和约束即可，有时使用两种参照和约束才能创建，还有些时候使用 3 种参照和约束才能完全确定基准轴的位置。

表 5-5　创建基准轴的约束和参照及基准轴特点

约束和参照	基准轴特点
穿过+边	穿过模型上的直线边
穿过+曲面	穿过圆柱面或者其他回转曲面的轴线
穿过+平面	穿过两相交平面的交线
穿过+平面	
穿过+点	穿过两参照点的连线
穿过+点	
穿过+点	穿过某点垂直与平面
法向+平面	
穿过+点（在曲面上）	穿过曲面上点并与该曲面垂直
法向+曲面	
穿过+点（在曲线上）	穿过曲线上点并曲线相切
相切+曲线	
法向+平面	垂直于平面与两参照固定距离
偏移+参照	
偏移+参照	

【例 5-3】　创建如图 5-16 所示的基准轴。

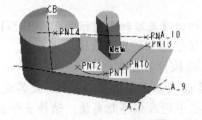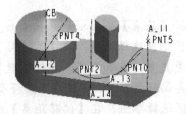

图 5-16　创建基准轴

- A_7: 通过底板右前棱。
- A_8: 通过圆柱面的轴线，命名为"圆柱轴"。
- A_9: 通过底板上表面和前表面交线，调整其长度为"300"。
- A_10: 通过基准点"PNT4"和"PNT5"，调整其长度为"200"。
- A_11: 通过"PNT5"垂直于底板上底面。
- A_12: 通过"PNT4"垂直于圆锥面。
- A_13: 通过"PNT0"与基准曲线相切。
- A_14: 垂直于底板上底面，和其前表面距离为30，与"RIGHT"面距离为80。

设计步骤

（1）打开文件"liti5-3"。

（2）选择【基准】工具栏基准轴工具 ⁄，弹出【基准轴】对话框，在图形区选择底板右前棱，约束为【穿过】，单击 确定 按钮，完成基准轴"A_7"。

（3）选择【基准】工具栏基准轴工具 ⁄，弹出【基准轴】对话框，在图形区选择底板上面的小圆柱面，约束为【穿过】，选择【属性】选项卡，在【名称】编辑框中输入"圆柱轴"，单击 确定 按钮，完成基准轴"圆柱轴"。

（4）选择【基准】工具栏基准轴工具 ⁄，弹出【基准轴】对话框，在图形区选择底板上表面和前表面交线，约束为【穿过】，选择【显示】选项卡，勾选【调整轮廓】选项，在【长度】编辑框中输入"300"，单击 确定 按钮，完成基准轴"A_9"。

（5）选择【基准】工具栏基准轴工具 ⁄，弹出【基准轴】对话框，在图形区选择基准点"PNT4"，按住键盘 Ctrl 键，在图形区选择基准点"PNT5"，将其添加到【参照】收集器，注意约束都是【穿过】。选择【显示】选项卡，勾选【调整轮廓】选项，在【长度】编辑框中输入"200"，单击 确定 按钮，完成基准轴"A_10"。

（6）选择【基准】工具栏基准轴工具 ⁄，弹出【基准轴】对话框，在图形区选择基准点"PNT5"，按住键盘 Ctrl 键，在图形区选择底板上底面，将其添加到【参照】收集器。注意约束分别为【穿过】和【法向】，单击 确定 按钮，完成基准轴"A_11"。

（7）（选择【基准】工具栏基准轴工具 ⁄，弹出【基准轴】对话框，在图形区选择基准点"PNT4"，约束为【穿过】，按住键盘 Ctrl 键，在图形区选择圆锥面，将其添加到【参照】收集器，约束为【法向】，单击 确定 按钮，完成基准轴"A_12"。

（8）选择【基准】工具栏基准轴工具 ⁄，弹出【基准轴】对话框，在图形区选择基准点"PNT0"，约束为【穿过】，按住键盘 Ctrl 键，在图形区选择蓝色基准线，将其添加到【参照】收集器，约束为【相切】，单击 确定 按钮，完成基准轴"A_13"。

（9）选择【基准】工具栏基准轴工具 ⁄，弹出【基准轴】对话框，在图形区选择底板上底面，约束为【法向】。鼠标单击【偏移参照】收集器，收集器变为淡黄色，在图形区选择底板前表面，修改后面编辑框数值为"30"，按住键盘 Ctrl 键，在图形区选择基准面"RIGHT"，将其添加到【偏移参照】收集器，修改后面编辑框数值为"80"。单击 确定 按钮，完成基准轴"A_14"。

（10）保存文件。

5.5   基准点

基准点可以作为基准面、基准轴和基准曲线建立时的参照，也可以作为坐标系或者管道特征的参照。

基准点的各种显示设置、命名及选择等参见前面章节，本节主要介绍基准点的创建方法。

创建各种基准点的方法不尽相同，创建不同类型的基准点的工具如图 5-17 所示。

图 5-17   各种基准点工具

5.5.1   在线上

这种基准点利用点在线上相对于线端点的相对距离或者绝对距离决定其空间方位。如图 5-18 所示的基准点"PNT0"、"PNT1"分别在模型的不同边线上。

创建基准点

（1）选择【基准】工具栏基准点工具 ，弹出【基准点】对话框，如图 5-19 所示。

图 5-18   线上基准点   图 5-19   【基准点】对话框

● 点列表：列出已经创建或者正在创建的基准点。

● 【参照】收集器：列出主放置参照。例如，如果要在三个曲面相交处创建点，则这三个选定曲面出现在此列表中。可移除或添加参照，向【参照】收集器添加参照时按 Ctrl 键在图形区选择参照。要移除参照，可右键单击该参照，然后单击【移除】命令，或者从图形窗口中取消选取该参照。

● 约束列表：在参照后面可能具有所列出的特定放置约束。如【在……上】和【偏移】，或者【在……上】和【在中心】。

● 【偏移】编辑框：输入基准点放置位置相对于边线端点的偏移尺寸。

● 偏移类型列表：可以选择偏移尺寸的类型是长度单位（实数）还是总长度的百分比（比率）。

● 曲线末端：从曲线或边的选定端点测量距离。要使用另一端点，可单击 下一端点 按钮，对于曲线或边，会默认选取曲线端点选项。

● 参照：从选定图元测量距离。选取参照图元，在其后的收集器内出现该图元名称。要删除该参照，右键单击该参照，然后选择【移除】命令，或者从图形窗口中取消选取该参照。

（2）在图形区选择基准线、曲线或者立体的边线，点列表中会出现点的名称，【参照】收集器中出现选定的图元名称，其后是使用的约束为【在……上】。

（3）此时图形区会出现曲线末端标志和偏移尺寸，如图 5-20 所示。在【偏移类型列表】中选择偏移类型，在【偏移】编辑框输入偏移的距离数值，也可以在图形区双击偏移距离数字，在弹出的编辑框输入尺寸值，或者按住左键拖动偏移距离控制块控制偏移距离。

（4）符合设计要求后，单击 确定 按钮，完成基准点创建。

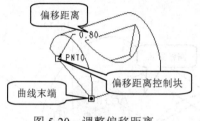

图 5-20　调整偏移距离

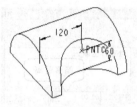

图 5-21　面上点

5.5.2　在面上

在平面或者曲面上创建一个基准点，由两个平面或者两条边到该点的距离确定基准点的位置。如图 5-21 所示，"PNT0" 点在竖直圆柱面上，距离左端面距离为 "120"，距离底面距离为 "60"，即是这种类型的点。

创建基准点

（1）选择要创建基准点的面，选择【基准】工具栏基准点工具 ，弹出【基准点】对话框，在【参照】收集器中选定参照，在后面的【约束列表】中选择【在其上】，如图 5-22 所示。

（2）鼠标左键单击【偏移参照】收集器，变为淡黄色，在图形区选择参照开始添加偏移参照，【偏移参照】收集器中列出所选参照，在其后的尺寸编辑框中输入偏移距离。要添加另一参照，在选取下一参照时按 Ctrl 键。要移除参照，右键单击该参照，然后选择【移除】命令或者从图形窗口中取消选取该参照。

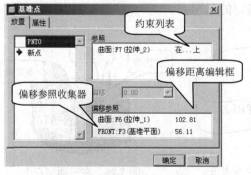

图 5-22　【基准点】对话框

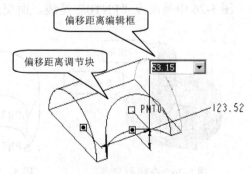

图 5-23　调节偏移距离

修改尺寸也可以从图形区进行，在图形区双击偏移距离尺寸，在弹出的编辑框输入尺寸值，回车或者单击鼠标中键即可，如图 5-23 所示。

（3）符合设计要求后，单击 确定 按钮，完成基准点创建。

5.5.3 在偏距曲面上

这种基准点在某一参照曲面的偏距面上，由两个平面或者两条边到该点的距离确定基准点的位置。其创建方法和在曲面上基准点的创建方法基本相同，只不过在【约束列表】中选择【偏移】选项，在【参照】收集器下面的【偏移】编辑框输入偏距面到参照曲面的距离。此时【基准点】对话框如图 5-24 所示。图 5-25 所示的为距离打阴影曲面为 60，距离半圆柱左底面为 108.64，距离半圆柱下底面为 70.79 的点的位置的基准点。

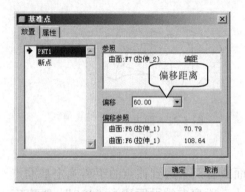

图 5-24　偏距【基准点】对话框

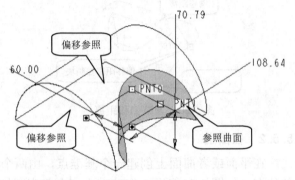

图 5-25　偏距基准点

调整偏距方向的方法有两种：
- 在【偏移】编辑框中输入负值。
- 在图形区拖动偏移距离调节块到相反的方向。

5.5.4 在线、面的交点上

这种基准点在线和面的交点上，创建步骤如下：

（1）选择【基准】工具栏基准点工具 ，弹出【基准点】对话框。

（2）在图形区选取曲线，按 Ctrl 键选取曲面。选取的顺序可以颠倒。

（3）单击 确定 按钮，完成基准点创建。

图 5-26 中基准点"PNT0"是线、面交点确定的基准点。

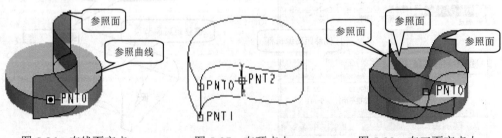

图 5-26　在线面交点　　　　图 5-27　在顶点上　　　　图 5-28　在三面交点上

5.5.5 在顶点上或在坐标系原点上

这种基准点在模型的某个顶点上。选取基准点工具后，在图形区选择顶点，便可在顶点处得到基准点。如图 5-27 所示，"PNT0"、"PNT1"在顶点上，"PNT2"在坐标系原点上。

5.5.6 在三个面的交点上

这种基准点在三个面的交点上，选取基准点工具后，按 Ctrl 键选取曲面依次选取 3 个面，便可得到基准点。如图 5-28 所示。

5.5.7 草绘基准点

这种基准点，利用草绘功能完成，创建步骤如下：

（1）单击【基准】工具栏 ⬚ 工具后的 ▸ 按钮，在弹出的工具栏选择草绘基准点工具 ⬚，弹出【草绘】对话框。

（2）按照草绘截面的方法定义草绘截面的放置属性及参照，在图形区草绘点并标注尺寸，确定基准点的位置。

（3）单击【草绘器】工具栏 ✓ 工具，完成基准点创建。

5.5.8 偏距坐标系基准点

这种基准点可以使用相对于坐标系的绝对坐标值确定基准点位置，创建步骤如下：

（1）单击【基准】工具栏 ⬚ 工具后的 ▸ 按钮，在弹出的工具栏选择偏距坐标系基准点工具 ⬚，弹出【偏移坐标系基准点】对话框，如图 5-29 所示。

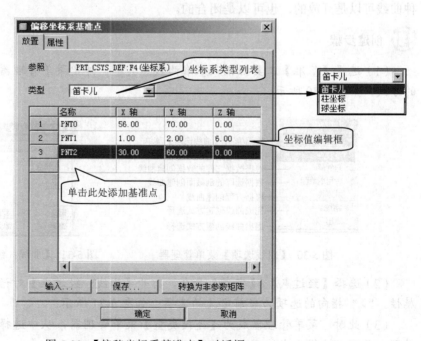

图 5-29 【偏移坐标系基准点】对话框

（2）选择某一坐标系，在【参照】收集器出现坐标系名称。

（3）在【类型】列表中选择坐标系的类型，可以是笛卡儿坐标系、柱坐标系或者球坐标系。

（4）单击名称下面的方格，系统自动给创建的基准点命名，按照顺序依次为"PNT0"、"PNT1"、"PNT2"等。这时可以在"X轴"、"Y轴"、"Z轴"下面对应的编辑框输入相应坐标。

（5）单击 确定 按钮，完成基准点系列创建。

5.6 基准曲线

基准曲线简称曲线，广泛应用于 Pro/E 建模。基准曲线可以作为轨迹路径，也可以作为创建其他基准的参考，还可以作为倒圆特征的辅助曲线和边界混合特征的边界。曲线不显示名称。

基准曲线的建立方式很多，下面分别介绍。

5.6.1 草绘曲线

选择【基准】工具栏 工具，可以创建草绘曲线。草绘曲线的创建方法和草绘截面的创建方法完全相同，不再赘述。草绘的曲线是平面曲线。

5.6.2 经过点

首先创建基准点或者利用模型顶点或曲线上的点，然后通过这些点创建基准曲线。这种曲线可以是开放的，也可以是闭合的。

创建步骤

（1）选择【基准】工具栏插入基准曲线工具 ，弹出菜单管理器，从中选择创建曲线的方式，如图 5-30 所示。

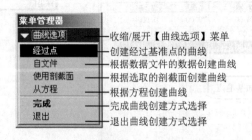

图 5-30 【曲线选项】菜单管理器　　图 5-31 【曲线：经过点】对话框

（2）选择【经过点】/【完成】命令，打开【曲线：经过点】对话框，定义曲线的各个属性。">"指向的选项为当前定义的选项。如图 5-31 所示。

（3）此时，菜单管理器成为【连接类型】菜单管理器，从中选择通过点时曲线的顶点类型，并可以编辑曲线的顶点，如图 5-32 所示。

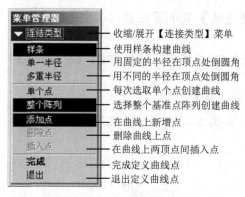

图 5-32 【连接类型】菜单管理器

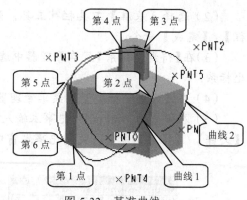

图 5-33 基准曲线

（4）在图形区选择点或者点阵列，并且添加点或者删除点，进行编辑顶点的操作。

（5）符合设计要求后，在【曲线：经过点】对话框中单击 确定 按钮，完成基准曲线的创建。

【例 5-4】 创建基准曲线 1 和基准曲线 2。其中基准曲线 1 使用样条曲线连接各点，基准曲线 2 使用固定半径在顶点处倒角，大小为 30。"PNT0，PNT1，PNT2，PNT3，PNT4 是使用偏移坐标系创建的基准点阵列，如图 5-33 所示。

设计步骤

（1）打开文件 "liti5-4.prt"。

（2）选择【基准】工具栏插入基准曲线工具 ～，弹出【曲线选项】菜单管理器，从中选择【经过点】/【完成】命令。

（3）在【连接类型】菜单管理器中选择【样条】/【单个点】/【增加点】命令，在图形区依次选择"第 1 点"、"第 2 点"、"第 3 点"、"第 4 点"、"第 5 点"、"第 6 点"，选择【完成】命令。

（4）在【曲线：经过点】对话框中单击 确定 按钮，完成基准曲线 1 的创建。

（5）选择【基准】工具栏插入基准曲线工具 ～，弹出【曲线选项】菜单管理器，从中选择【经过点】/【完成】命令。

（6）在【连接类型】菜单管理器中选择【单一半径】/【整个阵列】/【增加点】命令，在图形区选择基准点阵列中的任一点，消息区提示输入折弯半径，输入 "30"，单击 √ 按钮，在【连接类型】菜单管理器中选择【完成】命令。

（7）在【曲线：经过点】对话框中单击 确定 按钮，完成基准曲线 2 的创建。

5.6.3 从方程

这种方法根据给定方程的参数关系创建基准曲线。通过例子讲解创建过程。

【例 5-5】 创建一半径为 40，螺距为 20，共 8 圈的螺旋线。

设计步骤

（1）创建新文件 "liti5-5.prt"。

（2）选择【基准】工具栏～工具，弹出【曲线选项】菜单管理器，从中选择【从方程】/【完成】命令。

（3）在【得到坐标系】菜单管理器中选择【选取】命令，在图形区选择"PRT_CSYS_DEF"坐标系。

（4）在【设置坐标类型】菜单管理器中选择【柱坐标】。

（5）在弹出的"rel.ptd"记事本输入参数方程，如图 5-34 所示。在记事本中选择菜单【文件】/【保存】命令，关闭记事本窗口。

图 5-34　编辑参数方程

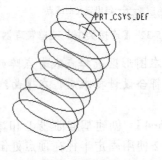
图 5-35　螺旋线

（6）选择【曲线：从方程】对话框，单击 确定 按钮，完成螺旋线的创建，如图 5-35 所示。

5.7　本章小结

本章主要讲述了各种基准的功能和创建。这些基准在创建复杂模型的过程中十分有用。为了使设计简单明了，还介绍了各种基准命名方法和显示的控制，使得在复杂的立体中，不再因为基准过多而给人眼花缭乱的感觉。通过本章学习，读者能够创建各种复杂的轨迹和截面，为下一章的学习打好基础。

5.8　习题

1．概念题

（1）基准的类型有哪几种？

（2）如何控制基准的显示，有几种方法？

（3）如何选择基准，如何为基准命名？

2．操作题

（1）创建一基准面，与图 5-36 所示立体的上底面相交于一条直线，该直线是"RIGHT"面和立体上底面的交线，并与立体上底面的交线成 30°夹角，命名为"斜面"。

（2）创建一基准轴。如图 5-37 所示，要求在"FRONT"面上，与"A_5"轴的夹角为 45°，并且通过"A_5"轴上距离底面为 10 的点。

（3）在直径为 30 的圆柱面上创建螺距为 20，共 8 圈的螺旋线，如图 5-38 所示。

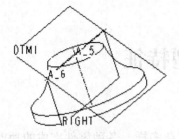

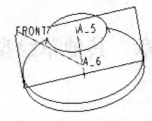

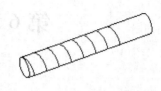

　　图 5-36　创建基准面　　　　　图 5-37　创建基准轴　　　　　图 5-38　创建螺旋线

第6章　其他草绘型特征

零件的结构由其功能决定，由于现实生活中的零件复杂多样，各种零件完成的功能不同，所以零件的复杂程度各异。对于简单的零件，仅使用拉伸和旋转即可完成创建，对于复杂的零件，这两种创建特征的方法无能为力，需要使用其他特征创建方式。其他草绘型特征包括扫描特征、混合特征、扫描混合特征、螺旋扫描特征、边界混合特征和可变截面扫描特征等，使用这些特征可以创建复杂的模型。

【本章重点】
- 各种特征所需截面和轨迹的特点；
- 各种特征的创建步骤；
- 各种特征的应用范围；
- 几种特征的不同；
- 重新定义各种特征的方法。

6.1　扫描特征

扫描特征由某一截面沿给定轨迹扫掠而成，故也称扫掠特征。

扫描特征有两大要素：扫描轨迹和扫描截面，如图 6-1 所示。创建扫描特征必须首先定义扫描轨迹和扫描截面，在整个扫描过程中，扫描截面始终垂直于扫描轨迹。

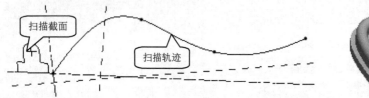

图 6-1　扫描特征要素

6.1.1　创建扫描特征

创建扫描特征的过程如下。

6.1.1.1　选择扫描特征命令

选择菜单【插入】/【扫描】命令，其下一级菜单格式如图 6-2 所示，从中选择创建扫描特征的类型。

如果从菜单中选择【伸出项】命令，弹出如图 6-3 所示的【扫描】对话框和如图 6-4 所示的【扫描轨迹】菜单。

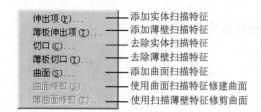

图 6-2 扫描菜单 　　　　　图 6-3 【扫描】对话框 　　　图 6-4 菜单管理器

6.1.1.2 定义扫描轨迹

在【扫描轨迹】菜单管理器中可以选择创建扫描轨迹的方式：草绘轨迹或者选取轨迹。

- 草绘轨迹：使用草绘工具在草绘环境中定义扫描轨迹。
- 选取轨迹：选取已有的基准曲线或者立体的边线作为扫描轨迹。

草绘轨迹的步骤

（1）选取【扫描轨迹】/【草绘轨迹】命令。

（2）选取草绘平面。弹出【设置草绘平面】菜单，从中设置草绘平面，选取【新设置】/
【设置平面】/【平面】命令，如图 6-5 所示，在图形区选择基准平面或者立体平面型表面
作为草绘平面，出现【方向】菜单，如图 6-6 所示。

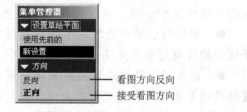

图 6-5 设置草绘平面 　　　　　　　　　　　图 6-6 【方向】菜单

（3）设置看图方向。在【方向】菜单中设置
草绘平面的看图方向，图形中以紫色箭头显示，
选择【正向】接受看图方向，出现【草绘视图】
菜单，如图 6-7 所示。

（4）设置草绘平面的放置方位。在【草绘视
图】菜单选取与草绘平面垂直的平面确定草绘平
面定向到与屏幕平行时的放置方位，同前面创建
拉伸、旋转等特征类似，有【顶】、【底部】、【右】
和【左】4 个选项，根据设计要求选择一项，在【设
置平面】菜单中选取【平面】命令，在图形区选
择与草绘平面垂直的平面作为决定草绘平面放置
方位的参照。经常使用【新设置】菜单中【默认】
命令，这样使用默认设置放置草绘平面的方位。

（5）在草绘环境草绘扫描轨迹，扫描轨迹有

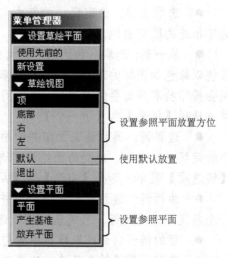

图 6-7 【草绘视图】菜单

起始点，附着一个黄色的箭头，如图 6-8 所示。

（6）完成后选择【草绘器工具】工具拦 ✔ 按钮结束草绘。

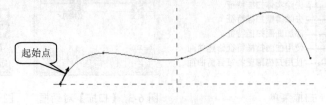

图 6-8　设置起始点

改变起始点位置时，可以在图形区选取轨迹另一端点，单击鼠标右键在弹出的快捷菜单中选择【起始点】命令。

选取轨迹的步骤

（1）选择【扫描轨迹】/【选取轨迹】命令。

（2）弹出【链】菜单，确定选取轨迹的方式并从图形区拾取图元定义扫描轨迹，如图 6-9 所示。

【链】菜单选项如下：

● 依次：通过选取单独的边或曲线（包括复合曲线）来定义链，一次选择一个。选取图元时按住 Ctrl 键，可以按任意次序选取边或曲线。

● 相切链：通过选取一个边，包括相切于该边的所有边来定义链。

● 曲线链：通过选取曲线来定义链。用【链选项】菜单选项选取附加曲线，包括复合曲线。【链选项】菜单如图 6-10 所示，选项如下：

● 选取全部：选取同一特征中与当前所选环相连的所有曲线。

● 从一到：选取从和到顶点或曲线端点。系统以绿色加亮环的顶点。两个都选取后，系统会提示拾取环的要保留部分，并使用【选择】菜单选项【接受】和【下一个】。

图 6-9　【链】菜单　　图 6-10　【链选项】菜单

● 边界链：通过选取面组并使用其单侧边来定义链。如果面组有多个环，可选取一个特定环来定义链。此处的面组只能选取单独的曲面特征，不能是实体的表面。系统显示【链选项】菜单。选择【全选】或【从一到】。

● 曲面链：通过选取一个曲面并使用它的边来定义链。如果曲面有多个环，可选取一个特定环来定义链。系统显示【链选项】菜单。选择【全选】或【从一到】。

● 目的链：通过选取模型中预先定义的边集合来定义一个链。

● 选取：用【链】菜单中的选项选取一个链。

● 撤消选取：从链的当前选择中去掉曲线或边。如果链类型不是【依次】，可使用【确认】菜单确认或取消【撤消选取】命令。如果链类型是【依次】，可选取要从链里删除的曲线和边。

● 裁剪/延伸：裁剪或延伸链端点。使用【选取】菜单确定要处理的端点。系统显示【裁剪/延拓】菜单，如图 6-11 所示，列出下列选项：

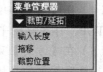

图 6-11　裁剪/延拓轨迹

● 输入长度：依照指定的量裁剪或延拓。输入负值缩短曲线，或输入正值延伸曲线。注意裁剪样条曲线时，不允许输入负值。

● 拖移：使用鼠标重复调整链端点（左键定位、中键中止移动、右键在暂停或继续操作之间切换）。

● 裁剪位置：使用【裁剪位置】菜单来裁剪曲线终止段。选择【点】以裁剪至指定的点（例如，基准点、顶点或曲线端点）。选择【曲线】以裁剪至相交基准曲线。选择【曲面】以裁剪至相交曲面或基准平面。

● 起始点：选取链的起始点。

（3）完成后，从【链】菜单的下部选择【完成】命令。

（4）在【选取】菜单中选择【接受】命令，在【方向】菜单中选择【正向】命令。

创建草绘轨迹时要注意以下几项：

● 相对于截面而言，扫描轨迹中的弧线或者样条半径不能太小。

● 轨迹本身不能相交。

6.1.1.3　定义扫描截面

定义完扫描轨迹，接下来定义扫描截面，这是在扫描轨迹的起始点出现十字中心线作为草绘截面的参照。此时草绘扫描截面的平面垂直于扫描轨迹，显示为十字中心线确定的平面。

6.1.1.4　完成扫描

当扫描特征的所有元素的定义完成之后，回到【扫描】对话框，单击 预览 按钮预览扫描特征。如果符合设计意图，单击 确定 按钮完成扫描。

【例 6-1】　创建如图 6-12 所示的扫描特征。

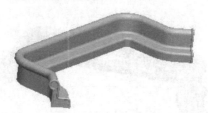

图 6-12　扫描实例

设计步骤

（1）新建文件名为 "liti6-1.prt" 的实体文件，使用 "mmns_part_solid" 模板。

（2）选择菜单【插入】/【扫描】/【伸出项】命令。

（3）在【扫描轨迹】菜单中选择【草绘轨迹】命令，出现【设置草绘平面】菜单。

（4）在【设置草绘平面】菜单中【设置平面】菜单，选择【平面】命令，在图形区选择"TOP"作为草绘平面。

（5）在【方向】菜单中选择【正向】，在【草绘视图】菜单中选择【默认】，进入草绘环境。使用菜单的具体过程如图 6-13 所示。

图 6-13 设置草绘平面的过程

（6）草绘轨迹如图 6-14 所示，注意约束及尺寸的标注样式。

（7）选择【草绘】工具栏✓工具完成扫描轨迹定义，系统自动进入扫描截面的定义状态。

（8）草绘尺寸和约束如图 6-15 所示的扫描截面，选择【草绘】工具栏✓工具完成扫描截面定义。

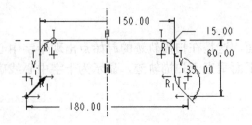 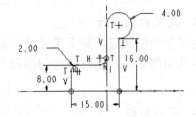

图 6-14 扫描轨迹   图 6-15 扫描截面

（9）在【扫描】对话框中，单击 预览 按钮预览扫描特征。符合设计意图，单击 确定 按钮完成扫描，如图 6-16 所示。

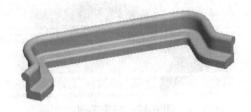

图 6-16 完成主体扫描，

（10）选择菜单【插入】/【扫描】/【伸出项】命令。

（11）在【扫描轨迹】菜单中选择【选取轨迹】命令，在【链】菜单中选择【曲面链】

命令，如图 6-17 所示。

（12）在图形区选择如图 6-18 所示的平面，出现【链选项】菜单如图 6-19 所示。

图 6-17　选取曲面链　　　　　图 6-18　选择曲面　　　　　图 6-19　【链选项】菜单

（13）选择【从—到】命令，在图形区依次选取"第 1 点"和"第 2 点"，如图 6-20 所示。

图 6-20　选择起终点　　　　图 6-21　【选取】菜单　　　　图 6-22　接受下一段曲线

（14）出现【选取】菜单，如图 6-21 所示。选择【下一个】命令，再选择【接受】命令，回到【链】菜单，此时选取的曲面链如图 6-22 所示。

（15）在【链】菜单中选择【完成】命令，在【选取】菜单中选择【接受】命令，在【方向】菜单中选择【正向】命令，进入草绘环境，选择过程如图 6-23 所示。

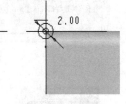

图 6-23　完成选取轨迹　　　　　　　　图 6-24　草绘截面

（16）草绘截面尺寸和约束如图 6-24 所示。

（17）选择【草绘】工具栏✔工具完成扫描截面定义。

（18）在【扫描】对话框中，单击 预览 按钮预览扫描特征。如果符合设计意图，单击 确定 按钮完成扫描。

（19）按照步骤（7）-（11）完成另一侧扫描伸出项。

（20）保存文件，关闭窗口，拭除不显示。

　　　　本章所有例题的工作目录为"……\liti\chap06"。

6.1.2　修改扫描特征

如果扫描特征的轨迹或者截面不合适，完成扫描的过程之中会出现扫描失败的情况，或者对于扫描结果不满意，可以对扫描特征进行修改。

在模型树或图形区选中要修改的扫描特征，单击鼠标右键，在弹出的快捷菜单中选择【编辑定义】命令，重新出现【扫描】对话框，在列表中选择相应选项，单击 定义 按钮，按照菜单管理器的提示重新定义各选项的定义。

如果在完成扫描之前出现错误，不能完成扫描，【扫描】对话框中的 确定 按钮变为 解决 按钮。单击 解决 按钮可以查看错误原因，并出现【求解特征】菜单，选择【快速修复】命令，在【快速修复】菜单中选择【重定义】命令，在【确认信息】菜单中选择【确认】命令，重新回到【扫描】对话框，可以重定义各选项。

【例 6-2】　将 liti6-2 中两个面上的扫描特征的截面半径修改为 5，出错后，查看出错信息，再次修改其直径为 1.5。

设计步骤

（1）打开文件名为 "liti6-2.prt" 的实体文件。

（2）在模型树中选择特征 "倒边 1"，单击右键，在弹出的快捷菜单中选择【编辑定义】命令，出现【扫描】对话框。

（3）在列表中选择【截面】，单击 定义 按钮，重新进入草绘环境，修改小圆尺寸为 5，选择【草绘】工具栏 ✓ 工具完成扫描截面定义。

（4）在【扫描】对话框中单击 确定 按钮，不能完成扫描，确定 按钮变为 解决 按钮，单击 解决 按钮，弹出如图 6-25 所示的【诊断失败】对话框和【求解特征】菜单。

图 6-25　【诊断失败】对话框

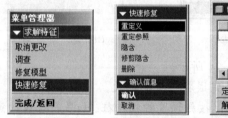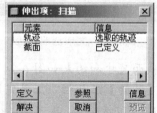

图 6-26　修复失败特征

（5）在【求解特征】菜单中选择【快速修复】命令，在【快速修复】菜单中选择【重定义】命令，在【确认信息】菜单中选择【确认】命令，过程如图 6-26 所示。

（6）在【扫描】对话框的列表中选择【截面】，单击 定义 按钮，重新进入草绘环境，修改小圆尺寸为 1.5，选择【草绘】工具栏 ✓ 工具完成扫描截面定义。

（7）在【扫描】对话框中单击 确定 按钮，在出现的菜单管理器中选择【yes】，完成扫描。

（8）保存文件，关闭窗口，拭除不显示。

当向实体添加扫描特征，且扫描轨迹的两个端点都在实体表面时，在草绘完轨迹或者选取轨迹后，出现【属性】菜单，可以定义扫描特征和原特征的连接关系。有【自由端点】和【合并终点】两个选项。

● 自由端点：扫描特征和原实体特征不合并，扫描特征端面处于自由状态。

● 合并终点：扫描特征和原实体特征合并，扫描特征和原实体特征成为一体。

图 6-27 所示是两种情况的比较。

图 6-27　自由端点和合并端点扫描比较

当轨迹闭合时，在【扫描】对话框中会出现【属性】选项，定义完轨迹后，出现【属性】菜单，有【增加内部因素】和【无内部因素】两个选项。

当截面开放时，【增加内部因素】选项有效，给扫描体自动加上底面，使之成为实体，如图 6-28 所示。

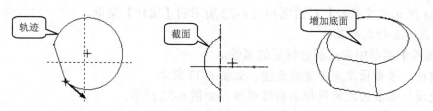

图 6-28　增加内部因素

截面闭合时，【无内部因素】选项有效，不增加底面。

6.2　混合特征

由过渡曲面将多个截面在其边处连接形成的连续特征，称为混合特征。混合特征至少需要两个截面。

混合特征根据形成方式的不同包括平行混合、旋转混合和一般混合三种，混合特征由属性、截面、深度、方向四个元素定义。

选择菜单【插入】/【混合】命令，下一级菜单如图 6-29 所示，可以从中选择相应的选项，创建不同的混合特征，其意义和扫描特征基本相同。

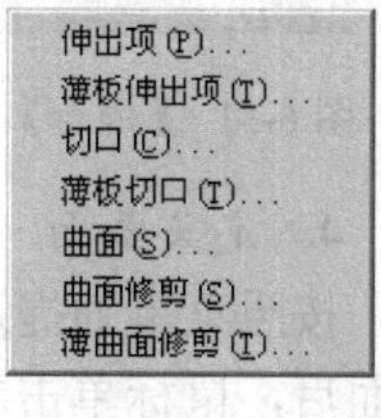

图 6-29　混合特征菜单

6.2.1 平行混合

在几个相互平行的截面之间进行的混合，称为平行混合，可用于创建各种形状不同的锥体和台体。

创建混合特征的步骤如下：

1. 选择命令

选择菜单【插入】/【混合】/【伸出项】命令，出现【混合选项】菜单，如图6-30所示，从中定义混合方式。

- 平行：所有截面相互平行。
- 旋转的：混合截面绕 Y 轴旋转，最大旋转角度120°，每个截面需单独草绘坐标系，混合时各截面坐标系对齐。
- 一般：混合截面可以绕 X 轴、Y 轴和 Z 轴旋转，也可以沿各轴向移动，每个截面需单独草绘坐标系，混合时各截面坐标系对齐。

图6-30 【混合选项】菜单

- 规则截面：混合截面在草绘平面上绘制。
- 投影截面：混合截面投影到曲面上。
- 选取截面：选取已经草绘的截面作为混合截面。
- 草绘截面：草绘混合截面。

2. 定义混合类型和截面类型

在【混合选项】菜单中选择【平行】/【规则截面】/【草绘截面】/【完成】命令，出现如图6-31所示的【混合】对话框和图6-32所示的【属性】菜单。

3. 定义混合特征的属性

在【属性】菜单中定义混合特征的属性。

- 直的：各截面之间用直线连接，如图6-33所示。
- 光滑：各截面之间用样条曲线连接，如图6-33所示。

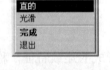
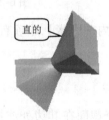

图6-31 【混合】对话框　　图6-32 【属性】菜单　　图6-33 混合属性不同的立体对比

4. 定义截面

按照菜单的提示选择草绘平面的放置属性，进入草绘环境草绘截面，草绘完一个混合截面后，鼠标单击右键，在弹出的快捷菜单中选择【切换剖面】命令，草绘下一个混合截面，刚才的截面变为灰色。在各混合截面之间相互切换，鼠标单击右键，在弹出的快捷菜单中选择【切换剖面】命令即可。

定义截面时要注意以下问题：

● 各混合截面的顶点数一般情况下要相同，否则不能生成混合特征。如顶点数不同，可以在截面上使用【草绘】工具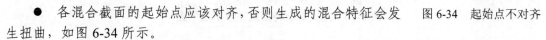中的 工具为截面添加顶点。或者选择一个已有顶点，鼠标单击右键，在弹出的快捷菜单中选择【混合顶点】命令，将该顶点变为两个顶点重合的形式。起始点不能做为混合顶点。

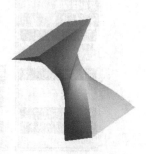

● 截面可以是一个草绘点，此时不需要使用【混合顶点】命令即可生成混合特征。

● 各混合截面的起始点应该对齐，否则生成的混合特征会发生扭曲，如图 6-34 所示。

图 6-34　起始点不对齐

 　混合截面的起始点附着黄色箭头，欲改变起始点，选中截面的某个顶点，鼠标单击右键，在弹出的快捷菜单中选择【起始点】命令即可。

5. 定义混合的方向和深度

根据弹出的提示，在消息区根据提示输入两截面的距离，单击 按钮，回到【混合】对话框。

6. 完成混合特征

在【混合】对话框中单击 预览 按钮预览混合特征。如果符合设计意图，单击 确定 按钮完成混合。

【例 6-3】 创建如图 6-35 所示的正五棱台，上底面外接圆直径为 30，下底面外接圆直径为 50，高度 40。

设计步骤

（1）新建文件名为 "liti6-3.prt" 的实体文件。

（2）选择菜单【插入】/【混合】/【伸出项】命令，出现【混合】对话框和【混合选项】菜单。

（3）在【混合选项】菜单中选择【平行】/【规则截面】/【草绘截面】/【完成】命令，出现【属性】菜单。

（4）在【属性】菜单中选择【直的】/【完成】命令，出现【设置草绘平面】菜单。

（5）在【设置草绘平面】菜单中选择【新设置】/【平面】命令，根据提示在图形区 "TOP" 面作为草绘平面，出现【方向】菜单。

图 6-35　五棱台模型

（6）在【方向】菜单中选择【正向】命令，出现【草绘视图】菜单。

（7）在【草绘视图】菜单中选择【默认】命令，进入草绘环境，具体过程如图 6-36 所示。

（8）草绘如图 6-37 所示的正五边形作为下底面。

（9）单击鼠标右键，在弹出的快捷菜单中选择【切换剖面】命令，进入下一个截面。

（10）草绘如图 6-38 所示的正五边形作为上底面。

（11）选择【草绘】工具栏中 工具完成截面草绘。

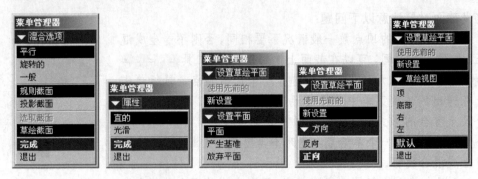

图 6-36　定义混合特征属性及草绘平面

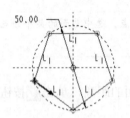

图 6-37　下底面

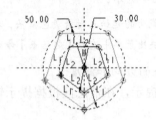

图 6-38　上底面

　　草绘两个截面时，一定要注意起始点对齐，否则混合时会产生扭曲。如果起始点不对齐，选中欲作为起始点的截面顶点，右键单击在出现的快捷菜单中选择【起始点】命令即可。

（12）消息栏提示输入截面 2 的深度，输入 "40"，按 Enter 键回到【混合】对话框。

（13）单击 预览 按钮预览混合特征，符合设计意图后，单击 确定 按钮完成混合。

（14）保存文件，关闭窗口，拭除不显示。

【例 6-4】　创建如图 6-39 所示的扫描特征，第一截面为一个点，第 2 截面是边长为 50 正方形，第 3 截面是外接圆直径为 40 的正三角形。第 1 截面和第 2 截面的距离是 40，第 2 截面和第 3 截面的距离是 60。

设计步骤

（1）新建文件名为 "liti6-4.prt" 的实体文件。

（2）选择菜单【插入】/【混合】/【伸出项】命令。

（3）在【混合选项】菜单中选择【平行】/【规则截面】/【草绘截面】/【完成】命令。

（4）在【属性】菜单中选择【直的】/【完成】命令。

（5）在【设置草绘平面】菜单中选择【新设置】/【平面】命令。

（6）在图形区选取 "TOP" 面作为草绘平面。

（7）在【方向】菜单中选择【反向】命令，再选择【正向】命令。

（8）在【草绘视图】菜单中选择【默认】命令，进入草绘环境。

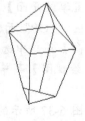

图 6-39　混合模型

（9）在两参照交点处草绘点作为第一个截面。

（10）单击鼠标右键，在弹出的快捷菜单中选择【切换剖面】命令，进入下一个截面。

（11）草绘正方形作为第 2 个截面，如图 6-40 所示，注意起始点位置及约束。

（12）单击鼠标右键，在弹出的快捷菜单中选择【切换剖面】命令，进入下一个截面。

（13）草绘三角形做为第 3 个截面，如图 6-41 所示，注意起始点位置。

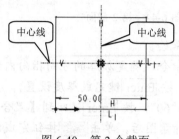

图 6-40　第 2 个截面

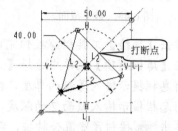

图 6-41　第 3 个截面

（14）因为三角形只有 3 个顶点，故需要为其增加顶点，选择【草绘】工具栏 中的 工具，在图形区拾取"打断点"位置，为其增加了一个顶点。

（15）单击【草绘】工具栏 ✔ 按钮完成截面草绘。

（16）消息栏提示输入截面 2 的深度，输入"40"，按 Enter 键确认。

（17）消息栏提示输入截面 3 的深度，输入"60"，按 Enter 键确认，回到【混合】对话框。

（18）单击 预览 按钮预览混合特征，符合设计意图后，单击 确定 按钮完成混合。

（19）保存文件，关闭窗口，拭除不显示。

【例 6-5】　创建如图 6-42 所示的漏斗，壁厚为 3，上底面外侧为边长 50 的正方形，下底面是直径为 20 的圆，高度为 60。

⊟ 设计步骤

（1）新建文件名为"liti6-5.prt"的实体文件。

（2）选择菜单【插入】/【混合】/【薄板伸出项】命令。

（3）在【混合选项】菜单中选择【平行】/【规则截面】/【完成】命令。

（4）在【属性】菜单中选择【直的】/【完成】命令。

（5）在【设置草绘平面】菜单中选择【新设置】/【平面】命令。

（6）在图形区选取"TOP"面作为草绘平面。

（7）在【方向】菜单中选择【反向】命令，再选择【正向】命令。

图 6-42　漏斗

（8）在【草绘视图】菜单中选择【默认】命令，进入草绘环境。

（9）草绘如图 6-43 所示的正方形作为第 1 截面，注意约束。

（10）单击鼠标右键，在弹出的快捷菜单中选择【切换剖面】命令，进入下一个截面。

（11）草绘如图 6-44 所示的圆为第 2 截面，在两条倾斜中心线与圆的交点处将圆打断。

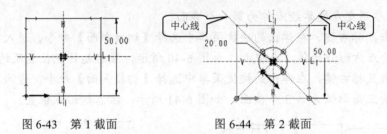

图 6-43　第 1 截面　　　　　图 6-44　第 2 截面

（12）单击【草绘】工具栏 ✔ 按钮完成截面草绘。

（13）在【薄板选项】菜单中选择【正向】命令，确定加厚的方向指向内侧。

（14）消息栏提示输入薄板的厚度，输入 3，按 Enter 键完成厚度设置。

（15）消息栏提示输入截面 2 的深度，输入"60"，按 Enter 键回到【混合】对话框。

（16）单击 预览 按钮预览混合特征，符合设计意图后，单击 确定 按钮完成混合。

（17）保存文件，关闭窗口，拭除不显示。

6.2.2　旋转混合

旋转混合的截面所在的平面延伸后交于基准坐标系的 Y 轴，输入的深度为角度值，绘制每个截面时都要绘制参考坐标系，完成混合时，各截面坐标系对齐。旋转的角度为两个截面的夹角。下面通过例子讲解创建步骤。

【例 6-6】　创建如图 6-45 所示的混合特征模型。

 设计步骤

（1）新建文件名为"liti6-6.prt"的实体文件。

（2）选择菜单【插入】/【混合】/【伸出项】命令。

（3）在【混合选项】菜单中选择【旋转的】/【规则截面】/【草绘截面】/【完成】命令。

（4）在【属性】菜单中选择【光滑】/【开放】/【完成】命令。

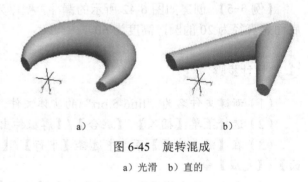

a)　　　　　　　b)

图 6-45　旋转混成
a）光滑　b）直的

使用【开放】选项时混合特征不形成环，使用【闭合】选项时混合特征形成环。

（5）在【设置草绘平面】菜单中选择【新设置】/【平面】命令。

（6）在图形区选取"FRONT"面作为草绘平面。

（7）在【方向】菜单中选择【正向】命令。

（8）在【草绘视图】菜单中选择【默认】命令，进入草绘环境。

（9）选择【草绘】工具栏 ✗、✗ ⅄ 中的 ⅄ 工具草绘坐标系和圆，如图 6-46 所示，作为第 1 截面，单击【草绘】工具栏 ✔ 按钮完成截面草绘。

（10）消息栏提示输入第 2 截面绕 Y 轴的旋转角度，输入"60"，按 Enter 键进入草绘环境，草绘第 2 截面。

（11）选择【草绘】工具栏 ×ﾒ×⊥ 中的 ⊥ 工具草绘坐标系和椭圆作为第 2 截面，如图 6-47 所示，单击【草绘】工具栏 ✔ 按钮完成截面草绘。

（12）消息栏提示是否继续下一截面，如果绘制，单击 是 按钮，否则单击 否 按钮。此处单击 是 按钮，消息栏提示输入第 3 截面绕 Y 轴的旋转角度，输入 "90"，按回车键进入草绘环境，草绘第 3 截面。

（13）选择【草绘】工具栏 ×ﾒ×⊥ 中的 ⊥ 工具草绘坐标系和椭圆作为第 3 截面，如图 6-48 所示，单击【草绘】工具栏 ✔ 按钮完成截面草绘。

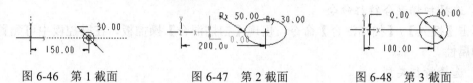

图 6-46 第 1 截面   图 6-47 第 2 截面   图 6-48 第 3 截面

（14）消息栏提示是否继续下一截面，单击 否 按钮结束截面草绘。

（15）在【混合】对话框中单击 预览 按钮预览混合特征，符合设计意图后，单击 确定 按钮完成混合，如图 6-45a 所示。

（16）选择刚建立的混合特征，单击鼠标右键，在弹出的快捷菜单中选择【编辑定义】命令，出现【混合】对话框。

（17）在列表中选择【属性】选项，单击 定义 按纽，在【属性】菜单中选择【直的】/【开放】/【完成】命令，回到【混合】对话框。单击 预览 按钮预览混合特征，符合设计意图后，单击 确定 按钮完成混合，如图 6-45b 所示。

（18）保存文件，关闭窗口，拭除不显示。

6.3 扫描混合

扫描混合是结合了扫描特征和混合特征特点的一种特征。它将一组截面沿轨迹扫描形成连续特征，它的要素是几个截面和一条或两条轨迹。如图 6-49 所示的钩子是由几个截面和一个轨迹组成的。

选择菜单【插入】/【扫描混合】命令，出现【扫描混合】操控板，如图 6-50 所示，其面板类似于【拉伸】和【旋转】操控板。

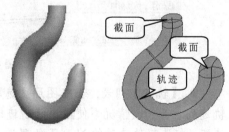

图 6-49 扫描混成的要素

选择操控板中对话栏的相应工具可以完成实体、曲面和薄板特征的创建，也可以确定是添加材料还是去除材料，同时在去除材料时，可以控制去除材料的侧。

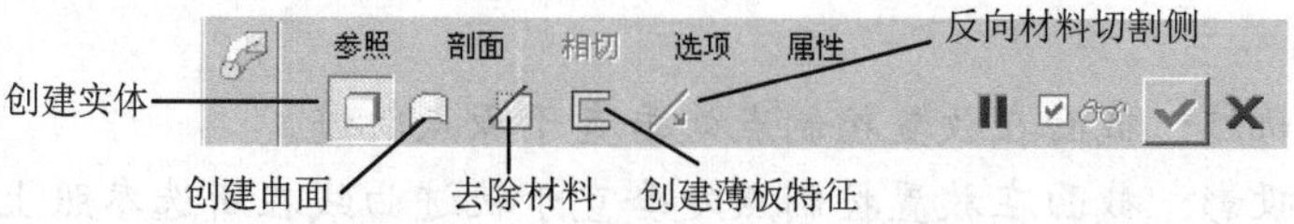

图 6-50 扫描混合操控板

创建扫描混合特征的通常步骤如下：

草绘扫描混合轨迹→选择扫描混合特征命令→选择特征类型→定义扫描混合轨迹→定义扫描混合截面→设置轨迹的相切属性→确定添加/去除材料→完成扫描混合。

1. 草绘扫描混合轨迹

要创建扫描混合特征必须首先定义轨迹。可以使用草绘曲线或者基准曲线定义轨迹，也可选取现有曲线和边作为扫描轨迹。

草绘扫描混合轨迹时采用草绘工具 ，也可以采用基准点 工具先绘制轨迹的通过点，然后再用基准曲线 工具将绘制的基准点连接形成草绘轨迹。

2. 选择扫描混合特征命令

单击【插入】/【扫描混合】命令，出现【扫描混合】操控板，在操控板中可配置扫描混合的属性。

3. 选择特征类型

与拉伸和旋转特征相同，扫描混合特征也有实体、曲面和薄板三种特征类型，可根据需要选择。选择 工具可以创建实体特征，选择 工具可以创建曲面特征，选择 工具可以创建薄板特征。

4. 定义扫描混合轨迹

单击操控板【参照】按钮，弹出【参照】上滑面板，如图 6-51 所示。此时【轨迹】列表处于激活状态，在图形区选取原点轨迹，如果需要次要轨迹，按住 Ctrl 键在图形区选取次要轨迹。注意扫描混合最多只能有两条轨迹。

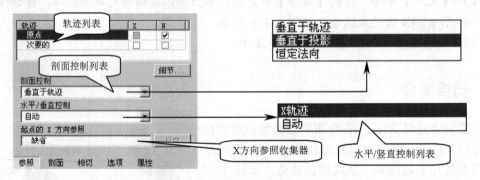

图 6-51　参照上滑面板

● 【轨迹】列表：当在图形区选取了原点轨迹和次要轨迹时，在该列表中显示选中的轨迹列表。一般情况下使用原点轨迹即可，如果使用次要轨迹，需要按住 Ctrl 键在图形区选取。勾选某轨迹后的 N 列下的复选框，该轨迹将作为法向轨迹，勾选某轨迹后的 X 列下的复选框，该轨迹将放置在草绘截面时的 X 轴方向上，决定草绘截面视图方位。使用扫描混合工具最多只能选择两条轨迹。

● 【剖面控制】列表：该下拉列表中共有三个选项，用于定义截面相对于轨迹的空间位置。

（1）垂直于轨迹：截面在放置控制点处垂直于原点轨迹。

（2）垂直于投影：截面在放置控制点处垂直于轨迹曲线在所选参照上的投影。

（3）恒定法向：截面在放置控制点处法向恒定，为指定参照的方向。

● 【水平/垂直控制】列表：该下拉列表有两个选项，用以控制草绘截面时 X 轴的放置方位。

（1）自动：由系统决定草绘截面时的 X 轴放置方位。

（2）X 轨迹：由选定的次要轨迹决定草绘截面时的 X 轴放置方位，该选项只有选择了次要轨迹才可用。

● 【起点的 X 方向参照】收集器：当只选择原点轨迹又要确定起点的 X 方向时，单击激活该收集器，在图形区选取参照即可决定起点的 X 方向。

如果没有事先创建轨迹，可以使用【工程特征】工具栏的【草绘】工具 或者【基准曲线】工具 实施创建轨迹曲线。

选取轨迹后，从【剖面控制】列表中选择合适选项定义截面对于轨迹的空间相对位置，从【水平/垂直控制】列表中选择合适的选项定义草绘截面时 X 轴的放置方位。

5. 定义扫描混合截面

完成扫描轨迹定义后，选择操控板【剖面】菜单，弹出【剖面】上滑面板，如图 6-52 所示。

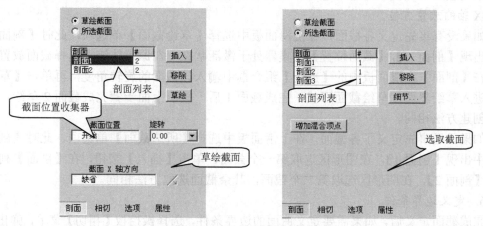

图 6-52　剖面上滑面板

● 【草绘截面】单选项：点选该单选项，在定义截面原点轨迹上的位置后，单击【草绘】按钮进入草绘界面，在其中根据设计要求草绘截面。

● 【所选截面】单选项：点选该单选项，直接在图形区选取第一个截面，然后单击【插入】按钮，在图形区选取第二个截面，其他截面的选法和第二个截面选法相同。

● 剖面列表：该列表中显示已经创建或者选取的截面列表，根据选取截面或者草绘截面的顺序自动加上序号，其中【#】列显示每一剖面包含的线段数目。使用扫描混合工具时，要求每个截面包含的线段数目（或者顶点数）相同，否则不能生成扫描混合特征。如要插入新的截面，只需单击【插入】按钮。如果使用的是【草绘截面】选项，需要在轨迹上选取插入截面的控制点（该控制点可以是线段的端点或者在原点轨迹上创建的基准点），然后单击【草绘】按钮进入草绘界面，在其中根据设计要求草绘截面。如果使用的是【所选截面】选项，则只需在图形区选取截面图形即可。扫描混合的截面的线段数目不等或者顶点不对齐时，可以采用和混合相同的方法解决。

● 【插入】按钮：单击此按钮，在原点轨迹上添加一截面。

● 【移除】按钮：在【剖面】列表中选中某截面，单击此按钮，在原点轨迹上移除该截面。

● 【草绘】按钮：为原点轨迹添加剖面后，在图形区选择好放置截面的控制点，单击此按钮进入草绘界面，在其中根据设计要求草绘截面，此按钮仅在使用【草绘截面】选项时可用。

● 【截面位置】收集器：使用【草绘截面】选项时，插入截面后，该收集器被激活，在图形区选取要添加截面的控制点，控制点可以是原点轨迹的两个端点或者在原点轨迹上创建的基准点以及轨迹曲线的节点。

● 【旋转】组合框：在其中输入或者选取最近曾经使用过的数值，决定该处截面绕原点轨迹在该点处切向方向的旋转角度。

● 【增加混合顶点】按钮：在【剖面】列表中选中某截面后，单击该按钮，可为该截面增加混合顶点，以使该截面的线段数相等，混合顶点上出现一小圆圈。该按钮仅在选择了【所选截面】选项时可用。

● 【截面 X 轴方向】收集器：单击激活该收集器，在图形区选取参照以定义草绘某截面时 X 轴的放置方位。

如果没有事先定义各截面，在上滑面板中选择【草绘截面】单选项，此时【剖面】列表中出现【剖面 1】，【截面位置】收集器处于激活状态，在原点轨迹上选择截面放置点，然后在【剖面】上滑面板中的【旋转】组合框中输入该截面的旋转角度，再单击【草绘】按钮进入草绘界面，草绘截面形状。完成截面 1 后，按照上面步骤完成截面 2 草绘，其余截面创建方法相同。

如果已经事先定义了各截面，在上滑面板中选择【所选截面】单选项，此时【剖面】列表中出现【剖面 1】，在图形区选取第一个截面，单击【插入】按钮，在【剖面】列表中出现【剖面 2】，在图形区选取第二个截面，其余截面选取方法相同。

6. 定义边界条件

完成截面定义后，如果需要定义曲面的边界条件，选择操控板【相切】菜单，弹出【相切】上滑面板，如图 6-53 所示。

● 边界列表：在其中列出【开始截面】和【终止截面】两个截面，可在其后出现的【条件】列表中定义边界条件。

● 【条件】列表：单击弹出下拉列表，从中选择选定截面处和相邻曲面的邻接关系。

（1）自由：由系统决定边界条件。

（2）相切：在选定截面处扫描混合曲面和选定的参照相切。

（3）垂直：在选定截面处扫描混合曲面和选定的参照垂直。

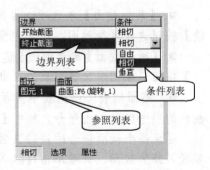

图 6-53 相切上滑面板

● 【参照】列表：选择截面的边界条件后，单击激活该列表的【曲面】列，在图形区选择参照曲面。

首先在【开始截面】或者【终止截面】的【条件】列表中选择边界条件，然后在【参照】列表中单击激活对应的【曲面】列，在图形区选择参照曲面即可。

7. 确定添加/去除材料

在创建第 1 个特征时，只有添加材料可用，第 1 个特征创建后，两种方式都可用。

8. 完成扫描混合

拖动鼠标中键在各个角度进行几何预览，选择操控板【特征预览】工具⊙⊙预览最后结果，符合要求后选择操控板确定工具✔按钮，完成扫描混合。

【例 6-7】 利用所给轨迹，创建如图 6-54 所示的钩子模型。

图 6-54 钩子

设计步骤

（1）打开文件名为 "liti6-7.prt" 的文件，文件中有一条已绘制的轨迹，如图 6-55 所示。

（2）选择菜单【插入】/【扫描混合】命令，出现【扫描混合】操控板，在对话栏选择□工具，创建实体模型。

（3）在图形区选取曲线，该曲线将作为扫描混合的轨迹线，轨迹的起始点位于 5 点处，单击黄色箭头，箭头附着在轨迹的 1 点处，表明起始点在 1 点处，如图 6-56 所示。

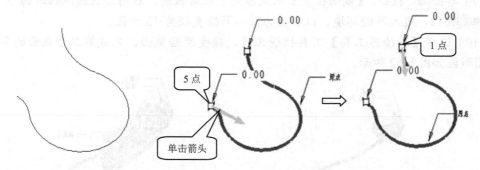

图 6-55 轨迹   图 6-56 改变起始点位置

（4）单击【剖面】按钮，弹出【剖面】上滑面板，设置其中选项如图 6-57 所示。

（5）此时【截面位置】收集器处于激活状态，在图形区选取轨迹的 1 点，单击 草绘 按钮，进入草绘环境，草绘直径为 10 的圆，如图 6-58 所示。

图 6-57 剖面上滑面板

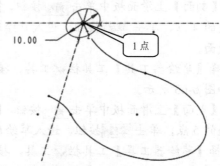

图 6-58 第一个截面

（6）选择【草绘器工具】工具栏 ✔ 工具，接受所绘截面，完成第一个截面的草绘，此时【剖面】上滑面板如图 6-59 所示。

（7）单击 插入 按钮，【截面位置】收集器处于激活状态，在图形区选取轨迹的 2 点，单击 草绘 按钮，进入草绘环境，草绘直径为 10 的圆，如图 6-60 所示。

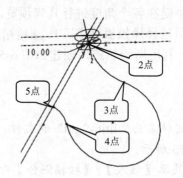

图 6-59　剖面上滑面板　　　　　　图 6-60　第二个截面

（8）选择【草绘器工具】工具栏 ✔ 工具，接受所绘截面，完成第二个截面的草绘，此时图形区如图 6-61 所示。

（9）单击 插入 按钮，【截面位置】收集器处于激活状态，在图形区选取轨迹的 3 点，单击 草绘 按钮，进入草绘环境，以 3 点为圆心草绘直径为 13 的圆。

（10）选择【草绘器工具】工具栏 ✔ 工具，接受所绘截面，完成第二个截面的草绘，此时图形区如图 6-62 所示。

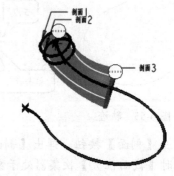

图 6-61　完成第二个截面　　　　　　图 6-62　完成第三截面

（11）在【剖面】上滑面板中单击 插入 按钮，【截面位置】收集器处于激活状态，在图形区选取轨迹的 4 点，单击 草绘 按钮，进入草绘环境，以 4 点为圆心草绘直径为 12 的圆作为第四个截面。

（12）选择【草绘器工具】工具栏 ✔ 工具，接受所绘截面，完成第二个截面的草绘，此时图形区如图 6-63 所示。

（13）在【剖面】上滑面板中单击 插入 按钮，【截面位置】收集器处于激活状态，在图形区选取轨迹的 5 点，单击 草绘 按钮，进入草绘环境，在 5 点上草绘点作为第五个截面。

（14）选择【草绘器工具】工具栏 ✔ 工具，接受所绘截面，完成第五个截面的草绘，此时图形区如图 6-64 所示，【剖面】上滑面板如图 6-65 所示。

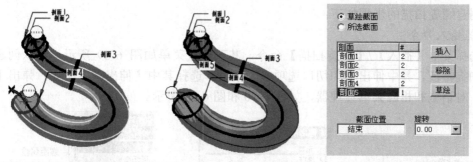

图 6-63　完成第四截面　　　图 6-64　完成第五截面　　　图 6-65　剖面上滑面板

（15）单击【相切】按钮，弹出【相切】上滑面板，在边界列表中，单击终止截面的【条件】列表，选择【光滑】条件，如图 6-66 所示。此时钩子的最后一个截面位置处变为光滑过渡，如图 6-67 所示。

- 尖点：在以点作为截面处出现尖点。
- 光滑：在以点作为截面处光滑过渡。

图 6-66　设定边界条件

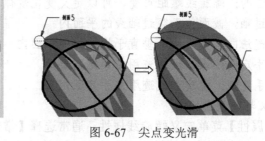

图 6-67　尖点变光滑

（16）拖动鼠标中键在各个角度进行几何预览，选择操控板【特征预览】工具 预览最后结果，符合要求后选择操控板确定工具 按钮，完成钩子，如图 6-54 所示。

（17）保存文件。

（18）关闭窗口，拭除不显示。

6.4　螺旋扫描特征

螺旋扫描是沿着螺旋轨迹线进行扫描得到的特征，其要素包括轴线、轨迹线、螺距、截面等，如图 6-68 所示。螺旋扫描一般用于完成螺纹连接件、弹簧等零件的创建。

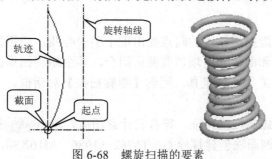

图 6-68　螺旋扫描的要素

创建螺旋扫描的步骤如下：

1. 输入命令

选择菜单【插入】/【螺旋扫描】命令，其下一级菜单如图 6-69 所示，可以创建许多螺旋扫描特征。其中伸出项和切口选项最为常用。选择其中【伸出项】命令，弹出【螺旋扫描】对话框和相应菜单管理器，如图 6-70 和图 6-71 所示。

图 6-69　螺旋扫描的选项　　图 6-70　【螺旋扫描】对话框　　图 6-71　【属性】菜单

- 常数：螺旋线螺距为常数。
- 可变的：螺旋线螺距可变，可以定义变化规律。
- 穿过轴：截面位于穿过轴线的平面内。
- 轨迹法向：截面位于垂直于螺旋线的平面内。
- 右手定则：螺旋线轨迹用右手定则定义。
- 左手定则：螺旋线轨迹用左手定则定义。

2. 定义螺旋线属性

使用【属性】菜单定义螺旋线属性。通常选择【常数】/【穿过轴】/【右手定则】/【完成】命令，完成螺旋线的属性定义，进入扫引轨迹定义界面。

3. 定义扫引轨迹和轴线

在菜单管理器中选择相应选项，配合图形区选取适当平面，定义草绘平面的放置属性，选择参照，进入草绘环境，草绘中心线作为螺旋扫描的轴线，草绘曲线螺旋扫描轨迹，选择【草绘】工具栏✓工具完成定义。此处螺旋扫描的轨迹实际上是形成螺旋线的回转体表面的轴线和母线。

4. 定义螺距

在消息框提示"输入节距值"，在其后编辑框输入螺距值，单击其后的✓按钮完成螺距的定义。螺距的数值应该大于等于截面的数值，否则螺旋扫描过程会出现错误，不能完成螺旋扫描。

5. 定义截面

进入草绘环境，螺旋扫描轨迹的起点处出现十字中心线，按照设计要求绘制螺旋扫描的截面，一般，伸出项和薄板伸出项需要截面闭合，其余螺旋扫描截面可以开放。定义完截面后，选择【草绘】工具栏✓工具，回到【螺旋扫描】对话框。

6. 完成螺旋扫描

单击 预览 按钮预览螺旋扫描特征，符合设计意图后，单击 确定 按钮完成螺旋扫描。

【例 6-8】　按照比例画法创建螺栓 GB/T5782—1986　M16X80，如图 6-72 所示。

设计思路

经查表知，螺纹的螺距为 2，按照比例画法，六角头螺栓头的厚度为 11.2，其外接圆直径为 32，螺纹长度为 32，螺纹头部倒角为 C2.4。设计过程中，应该首先创建螺栓模型，再攻螺纹。

图 6-72 螺栓模型

设计步骤

（1）新建文件名为 "liti6-8.prt" 的实体文件。

（2）使用拉伸工具创建六棱柱，底面外接圆直径为 32，高度为 11.2，如图 6-73 所示。

（3）选择旋转工具，以 "RIGHT" 面作为草绘平面，"TOP" 面作为草绘方向参照，方向选择【顶】，进入草绘环境。

（4）选择菜单【草绘】/【参照】命令，打开【参照】对话框，选取如图所示的参照，草绘轴线和截面如图 6-74 所示。

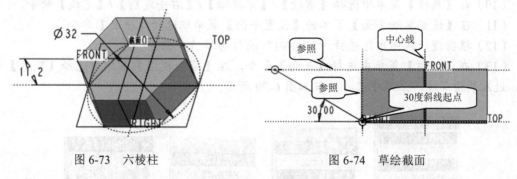

图 6-73 六棱柱　　　　　　　　　　　　　图 6-74 草绘截面

（5）在操控板选择 ⊿ 工具，修改 "增加材料" 方式为 "去除材料" 方式，确认去除材料的方向指向实体外部，否则在图形区单击黄色箭头使去除材料的方向相反，使用鼠标操纵视角观察模型如图 6-75 所示。

（6）选择操控板建造特征工具 ✔ 完成旋转特征，如图 6-76 所示。

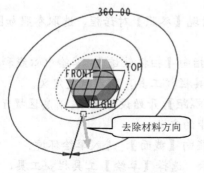
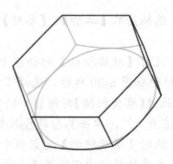

图 6-75 预览螺栓头倒角　　　　　　　　图 6-76 完成螺栓头倒角

（7）选择旋转工具，以"FRONT"面作为草绘平面，"RIGHT"面作为草绘方向参照，方向选择【右】，选取六棱柱上底面为参照，草绘截面和轴线如图 6-77 所示。

（8）完成旋转，生成螺栓本体如图 6-78 所示。

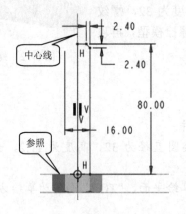

图 6-77　草绘截面　　　　　　　　图 6-78　螺栓本体

（9）选择菜单【插入】/【螺旋扫描】/【切口】命令，出现【属性】菜单。

（10）在【属性】菜单中选择【常数】/【穿过轴】/【右手定则】/【完成】命令。

（11）在【设置草绘平面】菜单的【设置平面】菜单中选择【平面】命令。

（12）根据提示在图形区选择"FRONT"面作为草绘平面，

（13）在【方向】菜单中选择【正向】命令，在【草绘视图】菜单中选择【默认】命令，进入草绘环境，菜单中选择过程如图 6-79 所示。

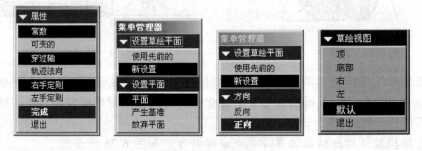

图 6-79　选择菜单过程

（14）选择菜单【草绘】/【参照】命令，出现【参照】对话框，选取参照如图 6-80 所示。

（15）此时【螺旋扫描】对话框中的">"指向【扫描轨迹】。草绘中心线和轨迹线，定义扫描轨迹如图 6-80 所示，选择【草绘】工具栏✔工具，完成轨迹定义。

（16）此时【螺旋扫描】对话框中的">"指向【螺距】，开始设置螺距。消息区提示 ⇨输入节距值 输入节距值为"2"，单击其后的✔按钮完成螺距的定义。

（17）此时【螺旋扫描】对话框中的">"指向【截面】，进入草绘环境。

（18）在草绘环境中定义截面如图 6-81 所示，选择【草绘】工具栏✔工具，完成截面定义。

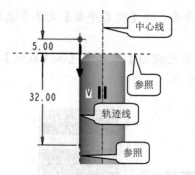

图 6-80 定义轴线和轨迹

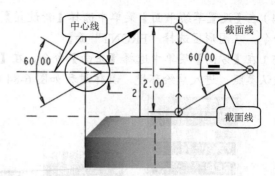

图 6-81 定义截面

（19）出现【方向】菜单，选择【正向】命令，完成切除材料侧的设置，切除侧的方向以红色的箭头显示，如果去除材料的侧不对，首先选择【反向】命令，改变箭头方向，再选择【正向】命令即可。

（20）回到【螺旋扫描】对话框，单击 预览 按钮预览螺旋扫描特征，符合设计意图后，单击 确定 按钮完成螺旋扫描，如图 6-82 所示。

（21）保存文件。

图 6-82 螺栓

实际的螺栓在收尾部位螺纹会慢慢变浅，所以在草绘轨迹时可以按照下面步骤进行修改：

（1）选中螺纹特征，单击鼠标右键，在弹出的快捷菜单中选择【编辑定义】命令，在出现的【螺旋扫描】对话框列表中选择【扫引轨迹】，单击 定义 按钮，在【截面】菜单中选择【修改】/【完成】命令。

（2）在【截面】菜单中选择【草绘】命令，进入草绘环境，在轨迹的末端加画一条斜线，如图 6-83 所示，选择【草绘】工具栏 ✓ 工具，完成截面定义，回到【螺旋扫描】对话框，单击 预览 按钮预览螺旋扫描特征，符合设计意图后，单击 确定 按钮完成螺旋扫描，出现螺纹收尾。

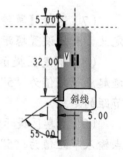

图 6-83 重定义轨迹

【例 6-9】 创建螺旋压缩弹簧，弹簧直径为 30，弹簧高度为 100，节距为 10，簧丝直径为 5，两端压紧圈分别为 1.25 圈。

◈ 设计思路

对于螺旋压缩弹簧，弹簧两端要磨平，并且两端大约有 1.25 圈是压紧圈，故而要使用变螺距螺旋扫描。

▣ 设计步骤

（1）新建文件名为"liti6-9.prt"的实体文件。

（2）选择菜单【插入】/【螺旋扫描】/【伸出项】命令。

（3）在【属性】菜单中选择【可变的】/【穿过轴】/【右手定则】/【完成】命令。

（4）在【设置草绘平面】菜单中选择【新设置】命令，在【设置平面】菜单中选择【平面】命令，在图形区选择"FRONT"面。

（5）在【方向】菜单中选择【正向】命令，在【草绘视图】菜单中选择【默认】命令，使用默认参照，进入草绘环境，具体过程如图 6-84 所示。

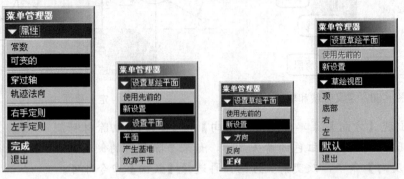

图 6-84　使用菜单

（6）草绘轨迹和轴线，如图 6-85 所示。

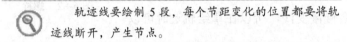

　　　轨迹线要绘制 5 段，每个节距变化的位置都要将轨迹线断开，产生节点。

（7）选择【草绘】工具栏 ✓ 工具，完成轨迹和轴线定义，开始设置螺距。

（8）消息区提示 ⇨ 在轨迹起始输入节距值，在编辑框输入轨迹起点节距值为"5"，单击其后的 ✓ 按钮完成轨迹起点节距的定义。

（9）消息区提示 ⇨ 在轨迹末端输入节距值，在编辑框轨迹终点输入节距值为"5"，单击其后的 ✓ 按钮完成轨迹终点节距的定义。

（10）此时出现如图 6-86 所示的节距图形窗口和如图 6-87 所示的【控制曲线】菜单。

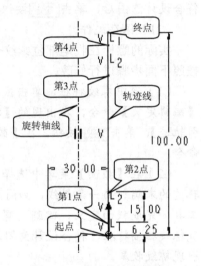

图 6-85　草绘轨迹和轴线

图 6-86　控制曲线窗口

图 6-87　控制曲线菜单

（11）选择【控制曲线】菜单【定义】命令，在【定义控制曲线】菜单中选择【增加点】命令，定义各点节距。

● 增加点：增加节距变化的关键点，在图形区轨迹线上选择点，根据提示输入节距值。

● 删除点：删除节距变化的关键点，在图形区轨迹线上选择点，即可删除。

● 改变值：改变关键点的节距值，在图形区轨迹线上选择点，根据提示输入新节距值。

（12）在图形区选择各节点（以蓝色小点显示），在 6-86 图形中出现该点的节距值并在消息区提示 ⇨输入节距值 。在编辑框输入该点节距值，单击其后的 ✓ 按钮完成该点节距的定义。

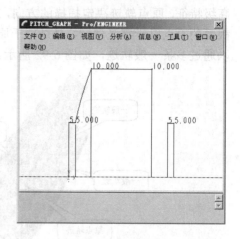

图 6-88　定义变节距

（13）分别定义各点节距值为第 1 点（5）、第 2 点（10）、第 3 点（10）、第 4 点（5），最后节距曲线如图 6-88 所示。

（14）完成定义后在【控制曲线】菜单中选择【完成】命令，进入草绘环境，定义截面。

（15）以轨迹起点为圆心，绘制直径为 5 的圆，作为截面。

（16）选择【草绘】工具栏 ✓ 工具，完成截面定义，回到【螺旋扫描】对话框。

（17）单击 预览 按钮预览螺旋扫描特征，符合设计意图后，单击 确定 按钮完成螺旋扫描，如图 6-89 所示。

（18）使用拉伸去除两端多余的材料，拉伸是使用 "FRONT" 面作为草绘平面，其余使用默认设置，草绘截面如图 6-90 所示。

（19）最后得到螺旋压缩弹簧，如图 6-91 所示。

（20）保存文件，关闭窗口，拭除不显示。

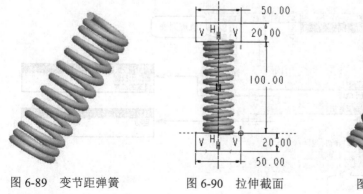

图 6-89　变节距弹簧　　　　图 6-90　拉伸截面

图 6-91　完成弹簧

6.5　可变剖面扫描特征

可变剖面扫描特征是由一条原始轨迹、一条 X 轨迹、多条一般轨迹和一个截面定义的高级特征，原点轨迹决定扫描的方向，X 轨迹决定截面的 X 轴矢量的指向。在建模过程中，截面的原点以十字叉表示，总是位于原始轨迹上，而截面的 X 轴总是指向 X 轨迹，截面可以通过多条一般轨迹，如图 6-92 所示。

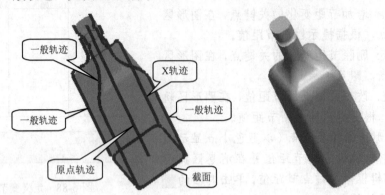

图 6-92　可变截面扫描要素

原点轨迹的起点有一箭头，表示扫描的起点，截面垂直于原点轨迹。X 轨迹上出现"T=0.00"字样，截面必须与 X 轨迹和一般轨迹有约束关系或者尺寸关系，否则不能产生合适的可变截面扫描。

创建可变剖面扫描的步骤如下：

1. 创建轨迹曲线

首先使用基准曲线工具根据设计要求创建几条基准曲线，至少有一条原始轨迹。

2. 输入命令

选择菜单【插入】/【可变截面扫描】命令或者选择【基础特征】工具栏 工具，在消息区出现【可变截面扫描】操控板，如图 6-93 所示。在操控板中有实体、曲面、薄板等选项，也可以是添加材料或者去除材料，和拉伸旋转面板基本相同。在面板中选择可变截面扫描的类型并定义添加/去除材料的类型。

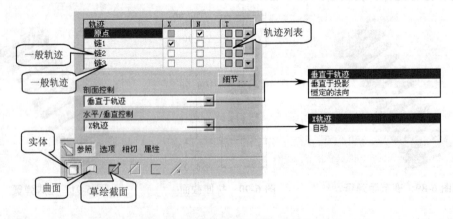

图 6-93　【可变截面扫描】操控板

3. 选取轨迹

在图形区选取轨迹，按住 Ctrl 键添加选择，一般情况，第一次选择的轨迹即为原点轨迹。在操控板选择【参照】命令，弹出【参照】上滑面板，其中有【轨迹】列表、【剖面控制】列表及【水平/垂直控制】列表。

【轨迹】列表中收集所有选中的轨迹，其中勾选【X】列表下的复选框表示该轨迹为 X 轨迹，勾选【N】列表下的复选框表示该轨迹为原点轨迹。欲移除多选的轨迹，可在列表中选择轨迹，单击右键，在弹出的快捷菜单中选择【移除】命令。

【剖面控制】列表决定截面的放置方向，有 3 个可选项，一般选择【垂直于轨迹】选项。

● 垂直于轨迹：截面垂直于原点轨迹。

● 垂直于投影：截面沿指定的方向垂直于原点轨迹的二维投影。

● 恒定的法向：截面的法向向量保持与指定的方向参照平行。

【水平/垂直控制】列表控制截面的 X 轴方向，有【X 轨迹】和【自动】两个选项。

● X 轨迹：要求选取 X 轨迹决定截面的 X 轴方向。

● 自动：系统自动决定截面的 X 轴方向。

在操控板选择【选项】命令，上滑面板有两个单选项，如图 6-94 所示。

图 6-94 【选项】上滑面板

● 恒定剖面：截面大小在扫描过程中不改变。

● 可变剖面：截面大小在扫描过程中随着 X 轨迹和一般轨迹的变化而变化。

4. 草绘截面

定义完轨迹后，选择操控板☑工具，进入草绘环境草绘截面。这时，在各轨迹线的端点出现蓝色的叉号，截面必须和叉号有尺寸关系或者约束关系才能使该叉号所在的轨迹约束可变截面扫描的形状，如图 6-95 所示。截面草绘完成后，选择【草绘】工具栏✓工具，完成截面定义，回到操控板。

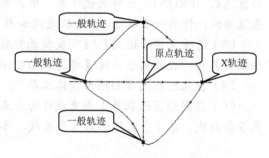

图 6-95 扫描截面和轨迹关系

5. 预览模型完成操作

选择操控板☑∞进行预览，符合设计要求后选择✓工具完成可变截面扫描特征的创建。

【例 6-10】 创建如图 6-92 所示的瓶子外形。

🔳 设计步骤

（1）新建文件名为 "liti6-10.prt" 的实体文件。

（2）选择【基准】工具栏草绘基准线，以 "FRONT" 作为草绘平面，其他使用默认设置，草绘原点轨迹如图 6-96 所示。

（3）以 "FRONT" 面作为草绘平面，其他使用默认设置，草绘第 2 条基准曲线作为 X 轴轨迹如图 6-97 所示。

（4）在图形区选取刚创建的 X 轴轨迹，选择菜单【编辑】/【镜像】命令，在图形区选取"RIGHT"面作为镜像面,单击操控板中☑按钮,完成镜像复制,创建出第3条基准曲线,作为一般轨迹,如图 6-98 所示。

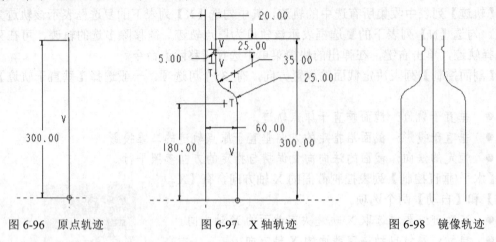

图 6-96　原点轨迹　　　　　图 6-97　X 轴轨迹　　　　　图 6-98　镜像轨迹

（5）选择【基准】工具栏草绘基准线⌇,以"RIGHT"面作为草绘平面,"TOP"面为草绘视图方向参照,方向为"顶",草绘第 4 条基准曲线作为一般轨迹,尺寸和约束也如图 6-97 所示。

（6）在图形区选择刚创建的第 4 条基准曲线,选择菜单【编辑】/【镜像】命令,在图形区选取"FRONT"面作为镜像面,单击操控板中☑按钮,完成镜像复制,创建出第 5 条基准曲线,作为一般轨迹,5 条轨迹线如图 6-99 所示。

（7）选择菜单【插入】/【可变截面扫描】命令或者选择【基础特征】工具栏可变剖面扫描工具🖉,在消息区出现【可变截面扫描】操控板。

（8）在操控板选择扫描为实体工具▢,创建可变截面扫描实体。

（9）在图形区选取第 1 条直线作为原点轨迹,然后按住 Ctrl 键依次选取第 2 条曲线、第 3 条曲线、第 4 条曲线和第 5 条曲线,各条曲线红色加亮显示,如图 6-100 所示。

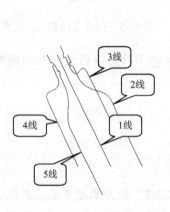

图 6-99　轨迹线

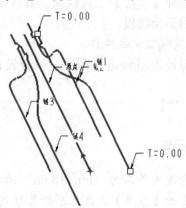

图 6-100　选取轨迹

（10）选择操控板【参照】命令,出现上滑面板,原点轨迹后面的【N】列表下的复选框自动被勾选。在轨迹列表中,勾选"链 1"后【X】列表下复选框,"链 1"自动作为 X 轴迹,其余曲线作为一般轨迹,如图 6-101 所示。

（11）选择操控板☑工具，进入草绘环境，开始草绘截面。

（12）草绘截面时，轨迹线上的点以黄色小叉符号显示，首先通过四个叉号绘制正方形，然后倒角，约束关系如图 6-102 所示。

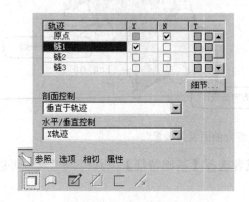

图 6-101　参照上滑面板

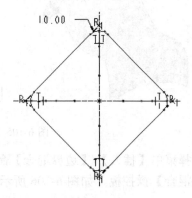

图 6-102　截面

（13）选择【草绘】工具栏✔工具，完成截面定义。

（14）预览模型，符合设计要求后选择操控板✔工具完成可变截面扫描，如图 6-92 所示。

（15）保存文件，关闭窗口，拭除不显示。

也可以只使用一条原始轨迹和一条一般轨迹创建可变截面扫描特征，如图 6-103 所示的瓶子模型，只需要图 6-104 所示直线作为原点轨迹，曲线作为一般轨迹即可，此时也可不设置 X 轨迹，系统自动确定截面 X 轴的指向，各轨迹和截面如图 6-104 所示。

图 6-103　瓶子模型

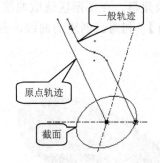

图 6-104　截面和轨迹

6.6　边界混合

边界混合工具由曲线作为边界按照一定的规则生成比较复杂的曲面，然后将曲面合并成一个闭合的曲面集，通过实体化将其转化为立体模型。

如图 6-105 所示的边界混合曲面由四条基准曲线通过混合形成，边界混合时有两个方向可以选择曲线控制曲面的形状，也可以只选择一个方向的曲线。

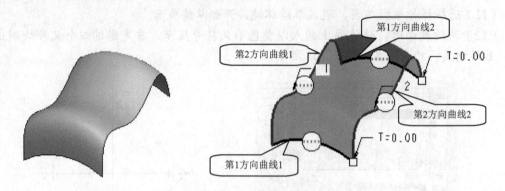

图 6-105　边界混合曲面及其要素

选择菜单【插入】/【边界混合】命令或者选择【基础特征】工具栏 ⬧ 工具，可以打开【边界混合】操控板，如图 6-106 所示。

图 6-106　【边界混合】操控板

创建边界混合特征之前，需要首先创建所需要的边界曲线，然后选择边界混合工具，在图形区选择第一方向的边界曲线，按住 Ctrl 键可以添加选择，想移除已经选择的曲线，可以选择【参照】命令，打开上滑面板，在列表中选择曲线，单击右键，在弹出的快捷菜单中选择【移除】命令。

欲添加第 2 方向的边界曲线，鼠标单击操控板第 2 方向曲线收集器，使其变为淡黄色，表示激活该收集器，在图形区选取曲线即可。

【例 6-11】　利用已创建的曲线，创建如图 6-107 所示的鼠标模型。

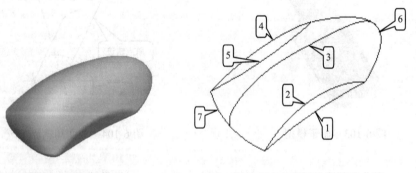

图 6-107　鼠标模型　　　　　　　　图 6-108　已创建的基准曲线

🗐 设计步骤

（1）打开文件名为 "liti6-11.prt" 的文件，其中已经有 7 条基准曲线，如图 6-108 所示。

（2）选择【基础特征】工具栏 ⬧ 工具，在图形中选择曲线 5，按住 Ctrl 键选择曲线 4，单击操控板中 ✔ 按钮，完成第 1 个边界混合曲面，如图 6-109 所示。

（3）选择【基础特征】工具栏 ⏚ 工具，在图形中选择曲线 4，按住 Ctrl 键依次选择曲线 3 和曲线 2，单击操控板中 ✓ 按钮，完成第 2 个边界混合曲面，如图 6-110 所示。

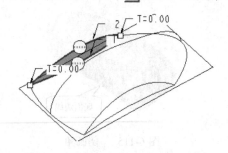
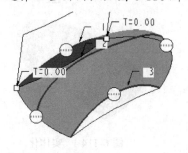

图 6-109　创建第 1 边界混合曲面　　　图 6-110　创建第 2 边界混合曲面

（4）选择【基础特征】工具栏 ⏚ 工具，在图形中选择曲线 1，按住 Ctrl 键选择曲线 2，单击操控板中 ✓ 按钮，完成第 3 个边界混合曲面，如图 6-111 所示。

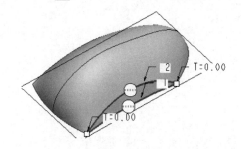
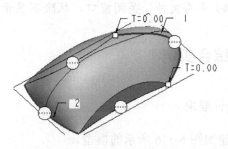

图 6-111　创建第 3 边界混合曲面　　　图 6-112　创建第 4 边界混合曲面

（5）选择【基础特征】工具栏 ⏚ 工具，在图形中选择曲线 1，按住 Ctrl 键选择曲线 5，在操控板单击第二个方向曲线收集器，该收集器变为淡黄色，在图形选择曲线 6，按住 Ctrl 键选择曲线 7，单击操控板中 ✓ 按钮，完成第 4 个边界混合曲面，如图 6-112 所示。

（6）按住 Ctrl 键连续选取所有基准曲线，单击鼠标右键，在出现的快捷菜单中选择【隐藏】命令，将各基准曲线隐藏。

（7）如图 6-113 所示，选择曲面 1 和曲面 2，选择菜单【编辑】/【合并】命令，单击操控板中 ✓ 按钮，完成第 1 次曲面合并。

（8）选择第 1 次合并生成的曲面和曲面 3，选择菜单【编辑】/【合并】命令，单击操控板中 ✓ 按钮，完成第 2 次曲面合并。

（9）选择第 2 次合并曲面和曲面 4，选择菜单【编辑】/【合并】命令，单击操控板中 ✓ 按钮，完成整个曲面合并。

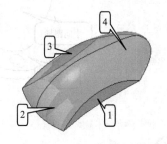

图 6-113　各曲面示意图

（10）选择整个曲面，选择菜单【编辑】/【实体化】命令，单击操控板中 ✓ 按钮，完成曲面的实体化，隐藏各曲面，如图 6-114 所示。

（11）在图形区同时选择如图 6-114 所示的边线 1 和与其对称的另一条边线。

（12）选择菜单【插入】/【倒圆角】命令，在操控圆角大小编辑框 6.00 ▼中输入圆角大小为"6"，单击操控板中 ✓按钮，完成第 1 次倒圆角，如图 6-115 所示。

图 6-114　实体化　　　　　　　　　图 6-115　　倒圆角

（13）在图形区选择最下边线，选择菜单【插入】/【倒圆角】命令，在操控圆角大小编辑框 6.00 ▼中输入圆角大小为"3"，单击操控板中 ✓按钮，完成倒圆角，模型如图 6-107 所示。

（14）保存文件，关闭窗口，拭除不显示。

6.7　综合实例

设计要求

创建如图 6-116 所示的模型。

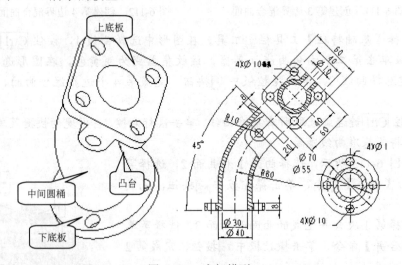

图 6-116　支架模型

设计思路

1. 如图 6-116 所示，本模型由四部分组成。
2. 中间圆桶使用扫描完成。
3. 其余特征使用拉伸完成。

创建中间圆桶

（1）新建名为 "zonghe.prt" 的实体文件。

（2）选择菜单【插入】/【扫描】/【薄板伸出项】命令。

（3）在【扫描轨迹】菜单中选择【草绘轨迹】命令。

（4）在【设置草绘平面】/【新设置】菜单中选择【平面】命令。

（5）在图形区选择 "FRONT" 面作为草绘平面。

（6）在【方向】菜单中选择【正向】命令。

（7）在【草绘视图】菜单中选择【默认】命令，进入草绘环境，具体过程如图 6-117 所示。

图 6-117　定义轨迹

（8）草绘如图 6-118 所示的扫描轨迹，选择工具栏 ✓ 工具完成轨迹草绘。

（9）在草绘环境中草绘截面如图 6-119 所示，选择工具栏 ✓ 工具完成截面草绘。

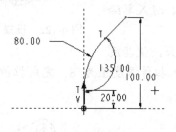

图 6-118　扫描轨迹

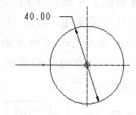

图 6-119　截面

（10）在【薄板选项】菜单中选择【正向】命令，确认加厚方向指向截面内部。

> 加厚方向在图形区以加亮的紫色箭头显示，如果加厚的方向不对，可以在【薄板选项】中选择【反向】命令，使之反向，然后再选择【正向】命令确认加厚方向。

（11）消息区提示 ⟳ 输入薄特征的宽度，在其后的编辑框输入薄板特征的厚度为 "5"，单击 ✓ 按钮完成厚度设置。

（12）在【扫描】对话框中单击 确定 按钮，完成扫描特征，重命名为 "中间圆桶"。

创建底板

（1）选择【基础特征】工具拦 ◻ 工具。

（2）设置草绘平面放置属性，选择 "TOP" 面为草绘平面，草绘平面方向和参照使用默认设置，进入草绘环境，草绘截面如图 6-120 所示。

（3）在图形区单击黄色的拉伸方向箭头，反向拉伸，输入拉伸深度值为 8，完成拉伸特征，命名为"底板"，如图 6-121 所示。

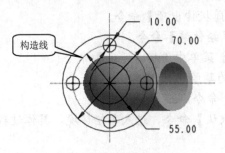

图 6-120　底板截面　　　　　　　　　图 6-121　完成底板

创建上底板

（1）选择【基础特征】工具拦 工具。

（2）设置草绘平面放置属性，选择"中间圆桶"的上斜面为草绘平面，草绘方向参照选择"FRONT"面，其余使用默认设置，如图 6-122 所示。

（3）单击 草绘 按钮，由于自动选取的参照不够，出现【参照】对话框，选择最外圆作为参照，如图 6-123 所示。

（4）单击【参照】对话框中的 关闭(C) 按钮，进入草绘环境，草绘上底板截面如图 6-123 所示。

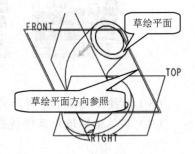

图 6-122　设置草绘截面属性

（5）在图形区单击表示拉伸方向的黄色箭头，使其反向拉伸，确认拉伸方向指向中间圆通内部，输入拉伸深度值为 8，完成拉伸特征，命名为"上底板"，如图 6-124 所示。

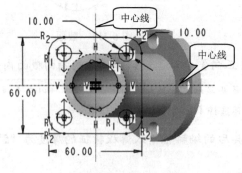
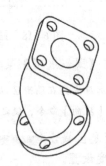

图 6-123　草绘截面　　　　　　　　　图 6-124　完成上底板

创建凸台

（1）选择【基准特征】工具栏基准轴 工具，通过圆柱面创建基准轴，如图 6-125 所示。

（2）选择【基础特征】工具拦⬚工具。

（3）选择"上底板"前表面作为草绘平面，草绘平面放置属性选择默认，如图 6-126 所示。

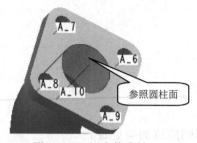

图 6-125　创建基准轴

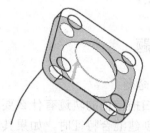

图 6-126　设置草绘平面

（4）单击 草绘 按钮，由于自动选取的参照不够，出现【参照】对话框，添加选择"上底板"上底面、和竖直轴线"A_10"作为参照，如图 6-127 所示。

（5）单击【参照】对话框中的 关闭(C) 按钮，进入草绘环境，草绘截面如图 6-127 所示。

（6）在操控板修改拉伸类型为⬚类型，在图形区选择"中间圆桶"外面为目标曲面，如图 6-128 所示。

（7）选择操控板✓，拉伸出凸台，命名为"凸台"。

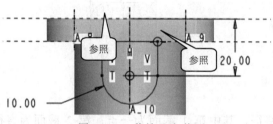

图 6-127　草绘凸台截面

图 6-128　草绘凸台内孔

🖽 创建凸台内孔

（1）选择【基础特征】工具拦⬚工具，选择操控板⬚按钮修改添加材料为去除材料。

（2）设置草绘平面放置属性，选择"凸台"前表面作为为草绘平面，草绘平面放置属性选择默认，选择"凸台"外圆柱面作为参照，进入草绘环境。

（3）草绘截面如图 6-129 所示。

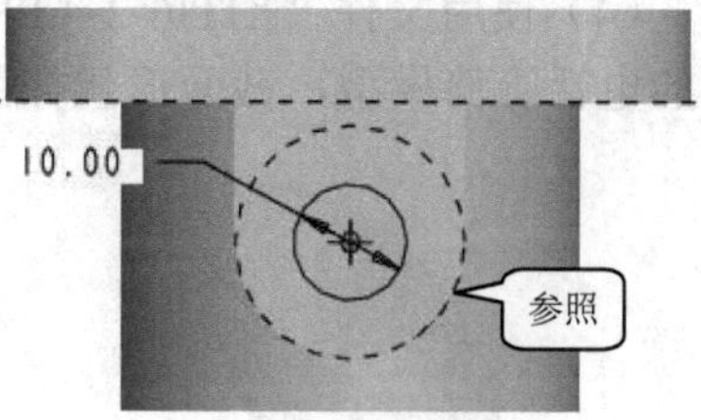

（4）在操控板中修改拉伸类型为⬚类型，在图形区选择"中间圆桶"内表面为目标对象，拉伸出凸台内孔，命名为"凸台内孔"。

（5）保存文件，关闭窗口，拭除不显示。

图 6-129　草绘内孔截面

6.8　本章小结

本章讲述了各种复杂特征的创建过程及其关键点。通过本章的学习，读者可以创建截面单一而轨迹复杂的扫描特征，创建轨迹单一，截面多样的混合特征，可以创建截面和轨迹都比较复杂的扫描混合特征，还可以创建沿螺旋线形成的螺旋扫描特征以及由一般轨迹关联其形状的可变截面扫描和创建复杂曲面的边界混合特征。本章对于完成复杂造型的零件尤为重要。

6.9　习题

1. 概念题

（1）扫描特征的轨迹有什么要求？

（2）创建混合特征时，如果其截面顶点数不同应该如何处理？

（3）创建螺旋扫描特征应该注意哪些问题？

（4）创建可变截面扫描特征时各轨迹有什么作用？

2. 操作题

（1）创建如图 6-130 所示扫描曲面。其轨迹关键点为（0，0，0）、（0，0，100）、（0，100，100）、（100，100，100）至（180，180，180），拐弯处半径为 30。截面如图 6-131 所示。

图 6-130　扫描曲面　　　　　　图 6-131　截面

（2）创建如图 6-132 所示的混合特征，其中第 1 截面为一点，第 2 截面为直径是 50 的圆，深度为 50，第 3 截面为外接圆半径为 30 的正五边形，深度为 50。

（3）创建螺母 GB/T6170—1986　M20，按照比例画法或者查表皆可。

（4）使用文件"XITI6-2-4.PRT"中的基准曲线，使用可变截面扫描创建如图 6-133 所示的电话听筒模型，截面形状如图 6-133 中截面所示。

图 6-132　混合特征　　　　　　图 6-133　听筒模型和截面

第7章 点放型特征

点放型特征基于草绘型特征，在草绘型特征基础上添加材料或者去除材料，形成复杂的模型。这类特征包括圆角特征、倒角特征、拔模特征、筋特征、壳特征和孔特征。使用草绘型特征工具也可创建点放型特征，但是操作麻烦。有些特征利用草绘型特征工具需要使用几步甚至十几步才能完成，而利用点放型特征工具只需一步即可完成。掌握好点放型特征的创建能使设计简单明了，达到事半功倍的效果。

【本章重点】

- 孔的四种放置方式和标准孔各参数的含义；
- 圆角的过渡方式；
- 倒角的过渡方式；
- 拔模的几个基本概念；
- 筋特征的截面画法。

7.1 孔特征

孔的形式多种多样。按照加工方式，主要分为中心孔、阶梯孔、沉头孔、埋头孔等；按照孔的深度形式，可分为通孔和盲孔；按照有无螺纹，可划分为直孔和标准孔，直孔根据创建方式的不同，又可分为简单孔和草绘孔。图 7-1 所示为不同类型孔的对比说明。

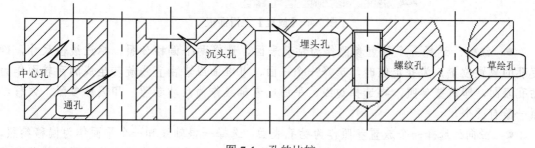

图 7-1　孔的比较

创建孔特征的过程如下。

1. 选择命令

在创建了基础特征之后，选择菜单【插入】/【孔】命令，或者选择【工程特征】工具栏工具，可以打开【孔】操控板。通过选择【工程特征】工具栏中的工具可以创建各种点放型特征，【工程特征】工具栏和【孔】操控板分别如图 7-2 和图 7-3 所示。

【孔】操控板有【放置】、【形状】、【注释】和【属性】四个上滑面板，选择【注释】

命令，打开【注释】上滑面板可以查看创建孔的注释，选择【属性】命令，打开【属性】面板可以命名孔特征，并可查看孔特征的各种参数。

图 7-2　【工程特征】工具栏

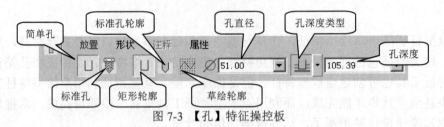

图 7-3　【孔】特征操控板

2. 放置孔

创建孔时，首先要确定孔的位置。有四种方式可以为孔定位。在【孔】操控板中选择【放置】命令，弹出【放置】上滑面板，如图 7-4 所示。在【放置类型】列表中可以选择孔的放置类型。

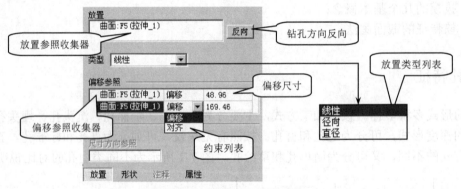

图 7-4　【放置】上滑面板

● 线性：选择一个放置参照作为钻孔表面，选择两个偏移参照，标注线性尺寸，确定孔的放置位置。为孔定位时，选择一个平面、基准面或者由直线旋转生成的回转面作为钻孔表面，即放置参照，再选择边线、平面或者轴线作为尺寸参照，即偏移参照。偏移参照一般有两个。

● 径向：选择一个放置参照作为钻孔表面，选择一根轴线和一个平面作为偏移参照，标注以偏移参照轴线到钻孔轴线距离为半径的圆半径，以及两轴线确定的平面和偏移参照平面夹角尺寸确定孔的位置。

● 直径：选择一个放置参照作为钻孔表面，选择一根轴线和一个平面作为偏移参照，标注以偏移参照轴线到钻孔轴线距离为半径的圆直径，以及两轴线确定的平面和偏移参照平面夹角尺寸确定孔的位置。

● 同轴：选择一根轴线作为放置参照，此时【放置类型】列表中只有【同轴】可用，按住 Ctrl 键为放置参照选择一面作为第二个放置参照，生成与放置参照轴线同轴，以第二个放置参照平面为钻孔面的孔。

选取偏移参照后，在【偏移参照】收集器出现偏移参照列表。每个参照后面都 有【约束】列表，定义孔轴线相对该参照的约束形式，有【偏移】和【对齐】两种约束形式。使用【对齐】约束时，孔轴线在参照上，选择【偏移】约束时，在其后会有【偏移尺寸】编辑框，可以定义轴线相对于该参照的偏移尺寸。

添加偏移参照时，鼠标左键单击【偏移参照】收集器，使其变为淡黄色，表示收集器激活，按住 Ctrl 键在图形区依次选取参照，可以选取多个参照。欲移除参照，可在收集器列表中选择参照，单击鼠标右键，在弹出的快捷菜单中选择【移除】命令。要移除列表中所有参照，则可以选择快捷菜单【移除全部】命令。

3. 选择孔类型

在操控板中可以选择孔类型是简单孔 ⊍ 或者标准孔 ，在对话栏选择相应工具即可。

简单孔分为矩形轮廓孔 ⊍、标准孔轮廓孔 ⊍ 和草绘孔 三种，可以在操控板上选取相应工具完成。

当选取标准孔轮廓时，操控板如图 7-5 所示，其后出现【钻孔深度类型】列表 ⊍ ，【添加埋头孔】，【添加沉孔】三个工具。单击 ⊍ 后的 按钮，出现【标准孔深度类型】列表，有钻孔肩部深度 ⊍ 和钻孔深度 ⊍ 两个工具，可以确定钻孔所标深度是否包括锥孔部分。选择【添加埋头孔】工具，为钻孔添加埋头孔，选择【添加沉孔】工具，为钻孔添加沉孔。

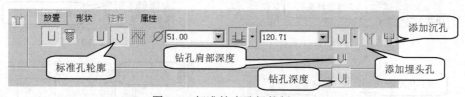

图 7-5　标准轮廓孔操控板

创建草绘孔时，在操控板选择【草绘孔】工具 ，此时【孔】操控板如图 7-6 所示，选择 工具激活草绘器，在草绘环境中绘制旋转截面和竖直放置的中心线，做法和旋转特征完全相同。完成草绘后回到操控板。

图 7-6　【草绘孔】操控板

创建标准孔时，在操控板选择 工具，操控板如图 7-7 所示。

图 7-7　【标准孔】操控板

选择【添加攻丝】工具 使其处于按下状态时，标准孔包括螺纹。不添加螺纹时，单击该工具使其处于浮起状态。

选择【创建锥孔】工具 使其处于按下状态时，可以创建锥管螺纹。不使用时，单击该工具使其处于浮起状态。标准孔包括螺纹。

标准孔有三种标准，"ISO"、"UNC"和"UNF"，可以从【标准类型】列表 ⌄ ISO ▾ 中选取，一般使用"ISO"标准类型的标准孔，这种类型也是系统默认的标准类型。

在【标准螺纹】列表 ⌄ M1x.25 ▾ 中选择螺纹的公称尺寸，包括其公称直径和螺距。

操控板最后两个按钮决定标准孔的样式， 为添加埋头孔工具，用于沉头螺钉连接，按下时标准孔有埋头孔， 为添加沉孔工具，用于内六角圆柱头螺钉，按下时标准孔有沉孔。

创建标准孔时，使用【形状】上滑面板定义孔截面的形状，几种标准孔的【形状】上滑面板如图 7-8 所示。

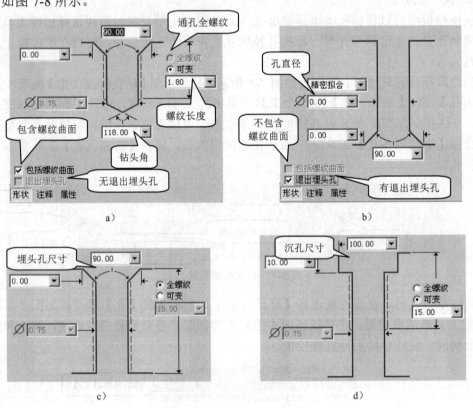

图 7-8　几种标准孔形状对比

a)　盲孔无沉头无埋头有螺纹　b)　通孔有退出埋头无螺纹　c)　通孔无埋头全螺纹　d)　通孔沉头有螺纹

创建标准孔时，首先在【标准类型】列表中选择螺纹标准，在【标准螺纹】列表中选择合适的尺寸，再在操控板中设置孔的相应形式，并在【形状】上滑面板中定义其各部分尺寸。

4. 完成孔特征

选择操控板预览模型特征工具 ，符合设计要求后，单击操控板 按钮完成孔特征。

【例 7-1】在已创建的长方体上创建各孔特征，工程图和立体图分别如图 7-9 和图 7-10 所示。

⊞ **设计步骤**

（1）打开文件"liti7-1.prt"，如图7-11所示。

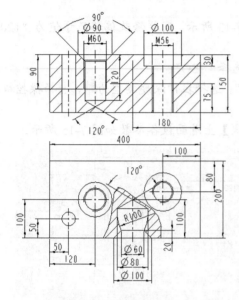

图7-10 立体图

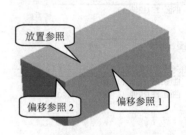

图7-9 工程图

图7-11 原立体

（2）选择【工程特征】工具栏⊡工具，打开【孔】操控板。

（3）在图形区选择长方体上底面作为钻孔面。

（4）在操控板单击【放置】按钮，打开【放置】上滑面板，鼠标单击【偏移参照】收集器，使其变为淡黄色，表示激活收集器。

（5）在图形区选择长方体前表面，在【偏移参照】收集器列表中选择【偏移尺寸】编辑框，输入尺寸值为"50"，按住 Ctrl 键选择长方体左表面，同样输入尺寸值为"50"，【放置】上滑面板如图7-12所示。

（6）在操控板【孔直径】编辑器中输入直径值为"30"，选择拉伸深度类型为⇶方式，单击操控板✓按钮完成第1个孔特征，如图7-13所示。

图7-12 放置第1个孔

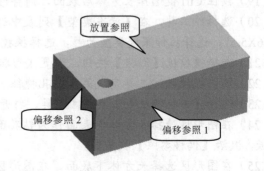

图7-13 完成第1个孔

（7）选择【工程特征】工具栏⬚工具，打开【孔】操控板。

（8）在图形区选择长方体上底面作为钻孔面。

（9）选择【放置】命令，打开【放置】上滑面板，激活【偏移参照】收集器，使其变为淡黄色。在图形区选择长方体前表面，如图7-13所示。在【偏移参照】收集器列表中选择【偏移尺寸】编辑框，输入尺寸值为"100"。

（10）按住 Ctrl 键选择长方体左表面，如图7-13所示。同样修改偏移尺寸值为"120"，此时【放置】上滑面板如图7-14所示。

（11）选择⬚工具，在【标准类型】列表中选择"ISO"。

（12）在【标准螺纹】列表中选择"M60X5.5"，选择拉伸深度类型为⬚，选择操控板⬚工具。

（13）单击操控板【形状】按钮，设置【形状】上滑面板各参数如图7-15所示。

图 7-14　纺织第 2 个孔

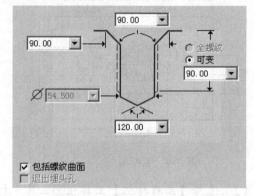

图 7-15　设置第 2 个孔形状

（14）在操控板【孔深度】组合框中输入孔深度值为"120"。

（15）单击操控板✓按钮完成第 2 个孔特征。

（16）选择【工程特征】工具栏⬚工具，打开【孔】操控板。

（17）在图形区选择长方体上底面作为钻孔面。选择【放置】命令，打开【放置】上滑面板，单击激活【偏移参照】收集器。

（18）在图形区选择长方体右表面，双击尺寸偏移尺寸数字，在出现的编辑框中输入尺寸值为"100"，按中键接受。

（19）按住 Ctrl 键选择长方体后表面，同样修改偏移尺寸值为"80"，如图7-16所示。

（20）选择⬚工具，在【标准类型】列表中选择"ISO"，在【标准螺纹】列表中选择"M56X5.5"，选择拉伸深度类型为⬚，选择操控板⬚工具。

（21）选择操控板【形状】按钮，设置【形状】上滑面板各参数如图7-17所示。

（22）单击操控板✓工具完成第 3 个孔特征。

（23）选择【工程特征】工具栏⬚工具，打开【孔】操控板。

（24）在图形区选择长方体前表面作为钻孔面，选择【放置】命令，打开【放置】上滑面板，激活【偏移参照】收集器。

（25）在图形区选择长方体下底面，在图形区双击尺寸数字，在出现的编辑框中输入尺寸值为"75"，按 Enter 键接受。

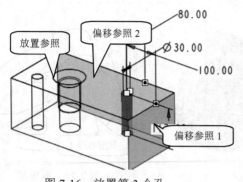

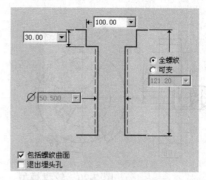

图 7-16　放置第 3 个孔　　　　　　图 7-17　设置第 3 个孔的形状

（26）按住 Ctrl 键选择长方体右表面，用同样的方法修改偏移尺寸值为"180"，如图 7-18 所示。

（27）在操控板中选择▨工具，选择▨工具激活草绘器，进入草绘环境。

（28）在草绘环境中绘制旋转截面和中心线，如图 7-19 所示。

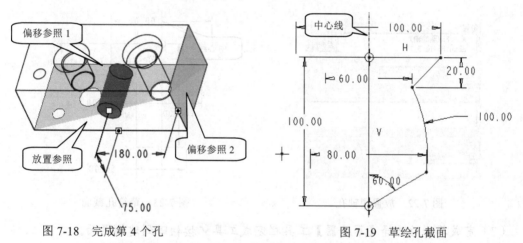

图 7-18　完成第 4 个孔　　　　　　图 7-19　草绘孔截面

（29）完成草绘后选择【草绘器】工具栏完成工具✓按钮回到建模界面。

（30）单击操控板✓按钮完成第 4 个孔特征。

（31）保存文件，关闭窗口，拭除不显示。

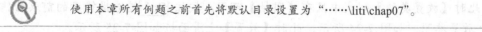
　　　　使用本章所有例题之前首先将默认目录设置为"……\liti\chap07"。

【例 7-2】　创建如图 7-20 所示立体的孔特征。

　设计步骤

（1）打开文件"liti7-2.prt"，如图 7-21 所示。

（2）选择【工程特征】工具栏▣工具，打开【孔】操控板。

（3）单击操控板【放置】按钮，打开【放置】上滑面板，在图形区选择轴线"A_2"作为放置参照。

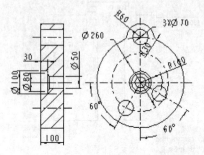

图 7-20　轮盘模型

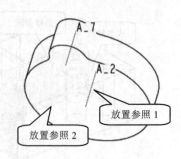

图 7-21　原模型

（4）此时【放置类型】列表中只有【同轴】可用，按住 Ctrl 键选择轮盘的前表面作为其第二个放置参照，如图 7-21 所示，此时【放置】上滑面板如图 7-22 所示。

（5）在操控板中选择　工具，选择　工具激活草绘器，进入草绘环境。

（6）在草绘环境中绘制旋转截面和中心线，如图 7-23 所示。

图 7-22　放置同轴孔

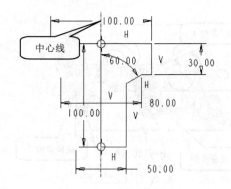

图 7-23　草绘孔截面

（7）完成草绘后选择【草绘器】工具栏完成工具✔按钮回到建模界面。

（8）单击操控板✔按钮完成第 1 个孔特征。

（9）选择【工程特征】工具栏　工具，打开【孔】操控板。

（10）单击操控板【放置】按钮，打开【放置】上滑面板，在图形区选择轴线 "A_7" 作为放置参照。

（11）此时【放置类型】列表中只有【同轴】可用，按住 Ctrl 键选择轮盘的前表面作为其第二个放置参照，如图 7-24 所示，此时【放置】上滑面板如图 7-25 所示。

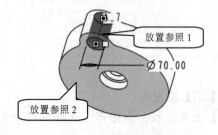

图 7-24　放置第 2 孔

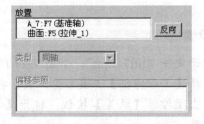

图 7-25　放置上滑面板

（12）在操控板【孔直径】组合框中输入直径值为 "70"。

（13）选择拉伸深度类型为 方式，单击操控板 ✓ 按钮完成第 2 个孔特征。

选择同轴孔的两个放置参照的顺序可以颠倒。

（14）选择【工程特征】工具栏 工具，打开【孔】操控板。

（15）在图形区选择轮盘前端面作为第 3 个孔的放置参照。

（16）单击操控板【放置】按钮，打开【放置】上滑面板，在【放置类型】列表中选择【径向】类型。

（17）鼠标单击【偏移参照】收集器，使其变为淡黄色，表示激活收集器。

（18）在图形区选择轴线 "A_2" 作为第 1 个偏移参照，在图形区双击半径尺寸，在弹出的编辑框中输入数值 "100"。

（19）按住 Ctrl 键选择 "RIGHT" 面作为第 2 个偏移参照，在图形区双击角度尺寸，在弹出的编辑框中输入数值 "60"，若方向不对可输入 "-60"，【参照】上滑面板和参照选取分别如图 7-26 和图 7-27 所示。

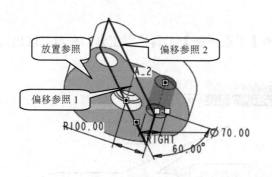

图 7-26　设置孔放置类型

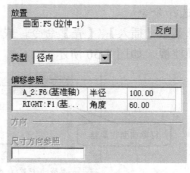

图 7-27　设置参照

（20）在操控板【孔直径】组合框中输入直径值为 "70"，选择拉伸深度类型为 方式，单击操控板 ✓ 按钮完成第 3 个孔特征。

（21）选择【工程特征】工具栏 工具，打开【孔】操控板。

（22）在图形区选择轮盘前端面作为放置参照。

（23）单击操控板【放置】按钮，打开【放置】上滑面板，在【放置类型】列表中选择【直径】类型。

（24）鼠标单击激活【偏移参照】收集器，在图形区选择轴线 "A_2" 作为第 1 个偏移参照，在图形区双击直径尺寸，在弹出的编辑框中输入数值 "260"，按中键接受。

（25）按住 Ctrl 键选择 "TOP" 面作为第 2 个参照，在图形区双击角度尺寸，在弹出的编辑框中输入数值 "60"，按中键接受，参照选取和【参照】上滑面板分别如图 7-28 和图 7-29 所示。

（26）在操控板【孔直径】组合框中输入直径值为 "70"，选择拉伸深度类型为 方式，单击操控板 ✓ 按钮完成第 4 个孔特征，如图 7-20 所示。

（27）保存文件，关闭窗口，拭除不显示。

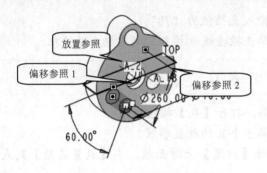
图 7-28　设置孔放置类型

图 7-29　设置参照

7.2　壳特征

对于有底的薄壁件，可以首先创建零件的外部形体，然后使用壳特征创建。壳特征属于去除材料的特征，去除材料的部分将使零件形成中空，薄壁的厚度由输入的数值决定。

创建壳特征的步骤如下。

1．选择命令

选择菜单【插入】/【壳】命令，或者选择【工程特征】工具栏回工具，在消息区出现【壳】操控板，如图 7-30 所示。

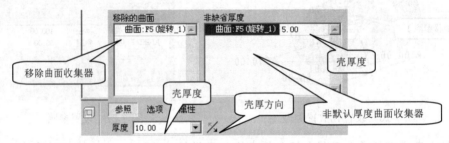
图 7-30　【壳】操控板

2．选取移除面

在图形区选择要移除的立体表面，按住 Ctrl 键在图形区可以选取多个需要移除的表面。如果误选不需要移除的表面，选择操控板【参照】命令，出现【参照】上滑面板，在【移除的曲面】收集器列表中选择误选的表面，鼠标单击右键，在弹出的菜单选择【移除】命令。

3．设置壳厚度

如果壳壁厚均匀，在操控板中的【壳厚度】编辑框中输入厚度值即可设置壳厚度，也可以在图形区双击厚度值修改数值，或者按住鼠标左键拖动【壳厚度】控制块控制壳厚度。如果壳厚度不均匀，在操控板选择【参照】命令，鼠标左键单击【非默认厚度】曲面收集器，使其变为淡黄色，表示收集器被激活。在图形区选择壁厚不同的立体表面，在【非默认厚度】曲面收集器中出现被选中的曲面列表，在其后【壳厚度】编辑框中输入厚度即可。在【非默认厚度】曲面收集器中添加移除曲面的方法和在【移除的曲面】收集器中的操作完全一样。

4. 设置壳厚方向

壳厚度方向分别为指向立体内部和指向立体外部，可以通过单击操控板 ✕ 工具切换，系统默认壳厚方向指向立体内部。

5. 完成壳特征

预览模型特征，符合设计要求后，单击操控板 ✓ 按钮完成孔特征。

图 7-31　模型

【例 7-3】　利用所给原模型，创建如图 7-31 所示模型，壳厚为 10，指向立体外部。

设计步骤

（1）打开文件 "liti7-3.prt"，如图 7-32 所示。

（2）选择【工程特征】工具栏 ▣ 工具，打开【壳】操控板。

（3）在图形区选择立体上表面，如图 7-32 所示。

（4）在操控板中【壳厚度】编辑框中输入厚度值为 "10"。

（5）选择操控板 ✕ 工具切换壳厚方向为指向立体外部，如图 7-33 所示。

图 7-32　原模型

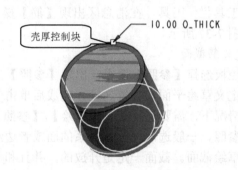

图 7-33　预览壳特征

（6）单击操控板 ✓ 按钮完成孔特征。

【例 7-4】　利用所给模型，创建如图 7-34 所示模型，壳厚为 10，中间桶壁厚为 20。

图 7-34　模型

设计步骤

（1）打开文件 "liti7-4.prt"，如图 7-35 所示。

（2）选择【工程特征】工具栏 ▣ 工具，打开【壳】操控板。

（3）在图形区选择立体上表面，如图 7-35 所示。

（4）在操控板中【壳厚度】编辑框中输入厚度值为 "10"，按 Enter 键接受。

（5）在操控板选择【参照】命令，激活【非默认厚度】曲面收集器，在图形区选择内孔表面，在图形区双击该曲面厚度值，在出现的编辑框中输入厚度值为 "20"，按 Enter 键完成非全默认厚度设置，如图 7-36 所示。

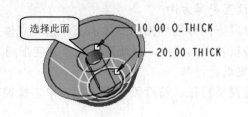

图 7-35 原模型   图 7-36   预览壳特征

（6）单击操控板☑按钮完成孔特征。

7.3 筋特征

筋特征是一些起加强作用的薄板特征，属于添加材料类型的特征。

筋特征的创建步骤如下。

1. 选择命令

选择菜单【插入】/【筋】命令，或者选择【工程特征】工具栏◇工具，在消息区出现【筋】操控板，如图 7-37 所示。

2. 定义筋截面

图 7-37 【筋】操控板

在操控板选择【参照】命令，出现【参照】上滑面板。单击 定义... 按钮，弹出【草绘】对话框，定义草绘平面的放置属性，完成后单击 草绘 按钮进入草绘环境。

一般情况下，需要选择菜单【草绘】/【参照】命令，出现【参照】对话框在图形区选择合适的参照，一般选取与筋有关系的面或者边线作为参照，关闭【参照】对话框进入草绘环境，草绘截面。截面一定是开放的，并且和立体的边线能够形成封闭的区域。

3. 定义筋添加材料的方向

筋添加材料的方向在图形区以黄色箭头显示，箭头必须指向模型内部才能添加筋特征。当箭头指向模型外部时，可以在图形区单击黄色箭头或者单击【参照】上滑面板中的 反向 按钮，改变添加材料的方向。

4. 输入筋的厚度

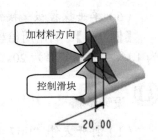

图 7-38 厚度控制

在操控板【筋厚度】组合框中输入厚度值可以设置筋厚度，也可以在图形区双击厚度值，在出现的编辑框输入厚度数值，或者按住鼠标左键拖动【壳厚度】控制块控制其厚度，如图 7-38 所示。

5. 设置筋厚方向

筋厚度方向有三种，指向草绘平面的正侧、反侧或者在草绘平面的两侧分别加厚度值的一半。单击操控板 ✕ 工具可以切换三种方向。

6. 完成筋特征

预览模型特征，符合设计要求后，单击操控板☑按钮完成筋特征。

【例 7-5】　利用所给原模型，创建如图 7-39 所示模型，中间筋厚为 20，两侧筋厚为 10。

🔲 **设计步骤**

图 7-39　模型

（1）打开文件 "liti7-5.prt"。

（2）选择【工程特征】工具栏 ◺ 工具，打开【筋】操控板。

（3）在操控板中选择【参照】命令，出现【参照】上滑面板。

（4）单击 定义... 按钮，在图形区选择 "FRONT" 面作为草绘平面，默认其他放置属性，单击 草绘 按钮进入草绘环境。

（5）选择菜单【草绘】/【参照】命令，出现【参照】对话框。

（6）选择如图 7-40 所示圆弧边线作为参照，使用相切约束草绘截面，如图 7-40 所示。

（7）完成草绘后选择【草绘器】工具栏完成工具 ✔ 按钮回到建模界面。

（8）单击【参照】上滑面板中的 反向 按钮，改变添加材料的方向指向模型内部，黄色箭头为添加材料方向。

（9）在操控板【筋厚度】编辑框中输入厚度值为 "20"。

（10）单击操控板 ╱ 工具设置厚度方向在 "FRONT" 面两侧，如图 7-41 所示。

（11）单击操控板 ✔ 按钮完成中间筋特征，如图 7-42 所示。

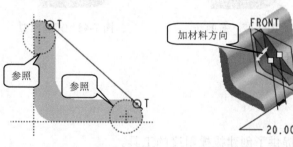

图 7-40　中间筋截面　　　　　　　图 7-41　中间筋　　　　　　图 7-42　完成中间筋特征

（12）选择【工程特征】工具栏 ◺ 工具，打开【筋】操控板。

（13）在操控板选择【参照】命令，出现【参照】上滑面板。

（14）在上滑面板中单击 定义... 按钮，在图形区选择 "前侧面" 作为草绘平面，默认其他放置属性，单击 草绘 按钮进入草绘环境。

（15）选择菜单【草绘】/【参照】命令，出现【参照】对话框。

（16）选择参照，草绘截面如图 7-43 所示，选择【草绘器】工具栏完成工具 ✔ 按钮回到建模界面。

（17）在图形区单击黄色箭头，改变添加材料的方向指向模型内部。

（18）在操控板【筋厚度】编辑框中输入厚度值为 "10"。两次单击操控板 ╱ 工具设置厚度方向在前侧面后侧，如图 7-44 所示。

（19）单击操控板 ✔ 按钮完成前侧特征，如图 7-45 所示。

图 7-43　前侧筋截面　　　　图 7-44　前侧筋　　　　图 7-45　完成前侧筋

（20）同理选择后侧面作为草绘平面，选择参照，草绘如图 7-46 所示的截面，调整添加筋材料方向指向模型内部，在操控板【筋厚度】编辑框中输入厚度值为"10"。如图 7-47所示。

（21）两次单击操控板 ⫽ 工具设置厚度方向在后侧面前侧，如图 7-47 所示。

（22）单击操控板 ✓ 按钮完成筋特征，如图 7-48 所示。

图 7-46　右侧筋截面　　　　图 7-47　右侧筋　　　　图 7-48　完成模型

（23）保存文件，关闭窗口，拭除不显示。

7.4　拔模特征

每个铸造件都有拔模斜度，Pro/E 提供了创建拔模斜度的工具。

创建拔模特征的步骤如下。

1. 选择命令

选择菜单【插入】/【拔模】命令，或者选择【工程特征】工具栏 🔲 工具，在消息区出现【拔模】操控板，如图 7-49 所示。

图 7-49　【拔模】操控板

首先理解下面几个概念，如图 7-50 所示。

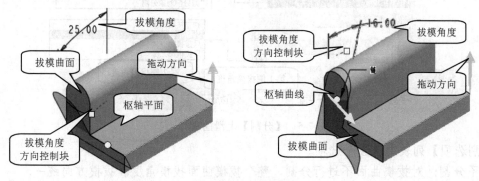

图 7-50 拔模概念

- 拔模曲面：要进行拔模，产生拔模斜度的曲面。
- 拔模枢轴：拔模时的轴线。拔模时拔模曲面在该轴线上的点位置不发生变化。拔模枢轴可以是平面也可以是在拔模曲面上的曲线。当拔模枢轴选择平面时，枢轴平面和拔模曲面的交线作为拔模枢轴。
- 拔模角参照：确定拔模角大小的平面，轴、边线或两点。
- 拔模方向：测定拔模角的方向，总是垂直于拔模角的参照平面或平行于拔模角参照轴线，边线或者两点连线，
- 拔模角度：拔模方向和拔模平面之间的角度。如果拔模曲面被分割，可以为被分割的两侧分别定义角度。

2. 选择拔模曲面

在图形区选择拔模曲面，可以是一个面，也可以是多个面。按住 Ctrl 键可以选取多个曲面作为拔模曲面。

3. 选择拔模枢轴

在操控板激活【拔模枢轴】收集器，在图形区选择拔模枢轴，可以是平面也可以是线。

4. 选择拔模角参照，改变拔模方向

在操控板激活【拖动方向】收集器，在图形区选择拖动方向参照，可以是直线，也可以是平面，改变拔模方向，可以单击【拖动方向】收集器后面的 ⤢ 工具，拖动方向在图形区显示为黄色箭头，也可在图形区单击箭头改变方向。

5. 设置拔模角度和角度方向

在操控板【拔模角度】编辑框中输入拔模角度或者在图形区双击角度数字，在出现的编辑框输入角度值。改变拔模角度方向，可以单击【拔模角度】编辑框后面的 ⤢ 工具，后者输入负角度值。

以上设置中，第 2、3、4 步设置可以在【参照】上滑面板中设置，第 5 步设置可以在【角度】上滑面板中设置。

6. 设置有分型面的拔模

如果模型有分型面，且拔模方向角度不同，可以在【分割】上滑面板中进行设置，【分割】上滑面板如图 7-51 所示。

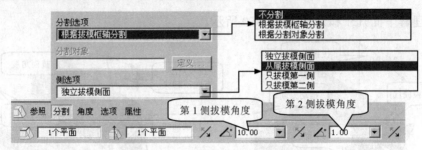

图 7-51 【分割】上滑面板

【分割选项】列表中有 3 个选项。

● 不分割：对拔模曲面不进行分割，整个拔模曲面拔模角度和拔模方向统一。

● 根据拔模枢轴分割：由枢轴平面与拔模曲面的交线或者枢轴曲线作为分割曲线，两侧的拔模角度和方向可以不同。

● 根据分割对象分割：在图形区，在拔模曲面上选取或者以草绘曲线作为分割曲线，两侧的拔模角度和方向可以不同，激活【分割对象】收集器选取分割对象，或者单击其后 定义... 按钮草绘分割对象。

【侧选项】列表中有 4 个选项。

● 独立拔模侧面：两侧的拔模角度和方向可以自由设定，互不影响。

● 从属拔模侧面：两侧拔模角度相同，拔模方向按照相同规则，相互影响。

● 只拔模第一侧：只对第一侧拔模，第二侧不拔模。

● 只拔模第二侧：只对第二侧拔模，第一侧不拔模。

图 7-52 为各种情况的比较。

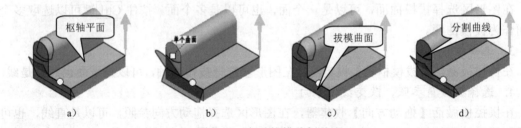

图 7-52 各种拔模分割对比

a) 对象分割、独立侧面　b) 枢轴分割、从属侧面　c) 对象分割、只拔第 1 侧　d) 对象分割、只拔第 2 侧

7. 完成拔模

预览模型特征，符合设计要求后，单击操控板 ☑ 按钮完成拔模特征。

【例 7-6】 由如图 7-53 所给模型创建如图 7-54 所示模型。其中圆柱下底面不变，圆柱面内斜 10°，长方体前表面最底边不变，内斜 10°，凸台外斜 20°。

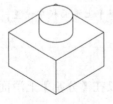
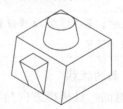

图 7-53 原模型　　　图 7-54 完成模型

设计步骤

（1）打开文件 "liti7-6.prt"，如图 7-53 所示。

（2）选择【工程特征】工具栏工具，打开【拔模】操控板。

（3）在图形区选择圆柱面作为拔模曲面，在操控板激活操控板【拔模枢轴】收集器。

（4）在图形区选取长方体上底面作为拔模枢轴平面，系统自动选择该平面的正法线方向作为拔模角参照。

（5）在操控板【拔模角度】编辑框中输入角度值为 "10"，需注意在图形区拔模方向向外，如图 7-55 所示。

（6）选择【拔模角度】编辑框后面的工具，拔模方向变为相反方向，如图 7-56 所示。

（7）单击操控板按钮完成柱面拔模特征，如图 7-57 所示。

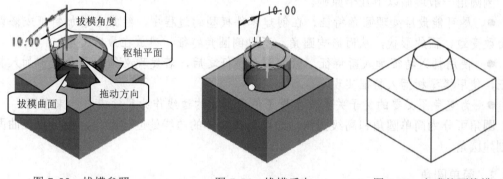

图 7-55　拔模参照　　　　　图 7-56　拔模反向　　　　　图 7-57　完成柱面拔模

（8）选择【工程特征】工具栏工具，打开【拔模】操控板。

（9）在图形区选择长方体前表面作为拔模曲面，激活操控板【拔模枢轴】收集器，在图形区选取长方体下底面作为拔模枢轴平面，系统自动选择该平面的正法线方向作为拔模角参照，如图 7-58 所示。

（10）在操控板选择【分割】命令，出现【分割】上滑面板。

（11）在【分割选项】列表框中选择【根据分割对象分割】选项，单击【分割对象】收集器后面的 定义... 按钮，选择长方体前表面作为草绘平面，默认草绘平面的各放置属性，使用默认参照，进入草绘环境，草绘分割曲线如图 7-59 所示。

（12）在操控板【第 1 侧拔模角度】编辑框中输入角度值为 "10"。

（13）在【第 2 侧拔模角度】编辑框中输入角度值为 "-20"，如果方向不对，可以选择【拔模角度】编辑框后面的工具使拔模角度反向，图形区如图 7-60 所示，操控板拔模角度是 10.00 ∠ 20.00 。

（14）符合设计要求后，单击操控板按钮完成第 2 个拔模特征。

（15）保存文件，关闭窗口，拭除不显示。

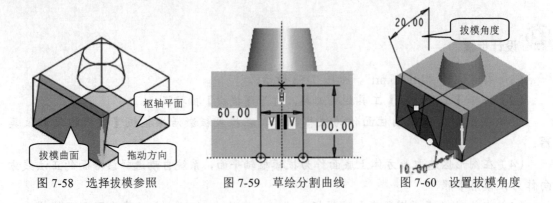

图 7-58　选择拔模参照　　　图 7-59　草绘分割曲线　　　图 7-60　设置拔模角度

7.5　圆角特征

设计零件时，经常使用圆角来使零件更加美观或者增加零件的强度。创建三维模型时，一般在造型的最后都要进行倒圆角处理，使特征产生平滑的效果。

倒圆角一般遵循以下几个原则。

● 尽可能最后处理圆角特征。在创建零件模型的过程中，经常会增加特征或修改特征而改变边、面的形状，从而影响圆角，所以倒圆角特征一般放在最后处理。

● 使用插入特征加入新特征。做完圆角特征之后，若发现必须在圆角之前加入其他特征，使用模型树插入特征实现。

● 为避免不必要的父子关系，尽量不使用圆角的边线作为尺寸或者约束参照。

圆角可分为简单圆角和高级圆角，即可以在实体的边线处创建圆角，也可以在曲面之间创建圆角。

7.5.1　简单圆角

创建简单圆角时，只定义单个参照组，不能修改过渡类型。创建简单圆角的过程如下。

1. 选择命令

选择菜单【插入】/【倒圆角】命令，或者选择【工程特征】工具栏 🗋 工具，在消息区出现【圆角】操控板，如图 7-61 所示。

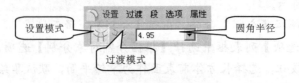

图 7-61　【圆角】操控板

2. 设置圆角放置参照

在图形区选择合适的参照放置圆角。选取圆角放置参照的方法有以下几种，如图 7-62 所示。

● 直接选取立体的一条边线或者多条边线在其上放置圆角，如图 7-62a 所示。

● 按住 Ctrl 键依次选取两个曲面，在两个曲面上放置圆角，圆角和两曲面保持相切，如图 7-62b 所示。

● 首先选取一个曲面，按住 Ctrl 键选取一条边线，在边线和曲面上放置圆角，圆角与曲面保持相切，延伸到指定的边，如图 7-62c 示。

● 按住 Ctrl 键选取两条边线，在两条边线上放置圆角，在两边上形成完全倒圆角，如图 7-62d 所示。

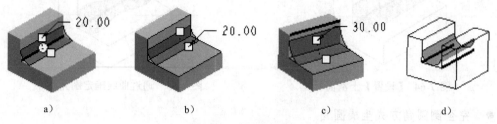

图 7-62 圆角放置参照

a）选择边 b）选择两个面 c）选择一面和一边 d）选择两条边

3. 指定圆角的半径

在操控板【圆角半径】组合框中选取或者输入圆角的值，按回车键，可以在图形区预览圆角的状态。

还可以通过以下几种方法确定圆角的大小，无论哪种方式，都需要先在操控板选择【设置】命令，弹出【设置】上滑面板，使用其中工具进行设置，如图 7-63 所示。

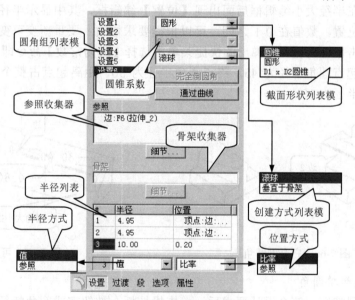

图 7-63 参照方式确定圆角大小

● 选择参照确定圆角半径

如图 7-64 所示，已经在模型上创建了一个参照点"PNT0"，可以通过此点确定圆角大小。在【设置】上滑面板的【半径方式】列表中选择【参照】选项，在模型中选取基准点"PNT0"作为参照，可以生成圆角。

● 圆角通过曲线

如图 7-65 所示，已经创建了基准曲线，可以设置圆角通过基准曲线。在【设置】上滑

面板中单击 [通过曲线] 按钮，在模型上选择基准曲线，便可生成通过基准曲线的圆角。

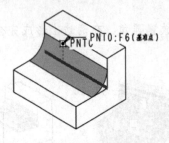

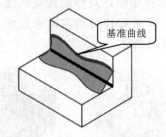

图 7-64 【设置】上滑面板　　　　　图 7-65　通过曲线确定圆角大小

● 完全倒圆角方式生成圆角

选择一个面上的一对边线可以创建完全倒圆角。按住 Ctrl 键选择如图 7-66a 所示的一对边线，在【设置】上滑面板中单击 [完全倒圆角] 按钮，完成完全倒圆角如图 7-66b 所示。

● 可变圆角

输入圆角命令后，选择边线，在【设置】上滑面板中激活【半径】列表，单击鼠标右键，在弹出的快捷菜单中选择【添加半径】命令，列表中添加了第二个半径。这两个半径是边线两端点处的圆角半径，可以在【半径】列表中的编辑框中修改数值，也可以在图形区修改数值，或者拖动半径大小控制块进行修改。想继续添加半径，可以按照上面步骤进行，这时，在半径大小编辑框后面出现【位置】编辑框，其中显示半径变化节点相对边线起点的相对位置，数值在 0-1 之间，可以根据要求修改。要重新变可变圆角为恒定圆角，在列表中单击鼠标右键，在弹出的快捷菜单中选择【成为常数】命令即可。图 7-67 所示为可变圆角，起点圆角半径为 45，终点圆角半径为 30，距离起点占整个边线长度 60% 的位置处，圆角半径为 10。

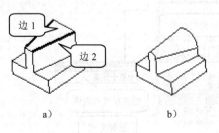

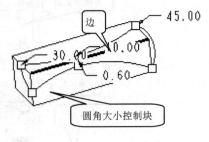

图 7-66　完全倒圆角　　　　　　　　图 7-67　可变圆角

4. 完成简单圆角

预览模型特征，符合设计要求后，单击操控板 ☑ 按钮完成圆角特征。

7.5.2 高级圆角

利用高级圆角可以创建更加复杂的圆角，用于设置以下几个选项：圆角的截面形状、圆角的创建方式、多圆角组和多圆角拐角的过渡形式。

1. 圆角的截面形状

圆角的截面形状有圆形、圆锥和 D1×D2 圆锥 3 种，在【设置】上滑面板的【截面形状】列表中选取。图 7-68 为各种截面的圆角对比。圆锥系数在【设置】上滑面板中的【圆锥系数】组合框中输入或选取，圆锥系数越大，圆角越尖，圆锥系数越小，圆角越平滑。

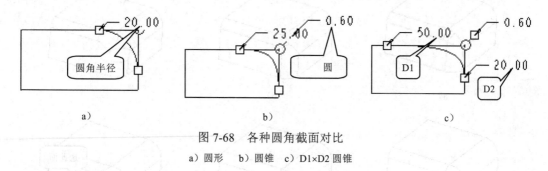

图 7-68　各种圆角截面对比

a）圆形　b）圆锥　c）D1×D2 圆锥

2. 圆角的创建方式

通过【设置】上滑面板中的【创建方式】列表选取圆角的创建方式有两种：滚球和垂直于骨架。

● 滚球：通过沿两个曲面滚动并与两个面相切的球的包络创建圆角。

● 垂直于骨架：通过沿一个垂直于圆弧或圆锥形截面的骨架创建圆角。

3. 圆角组的过渡

圆角组的相交部分称为圆角组的过渡部分。用户可以自己定制过渡方式。

如图 7-69 所示，已经为长方体 3 条边设置了圆角大小分别为 40，20，30，在三个圆角交接处的过渡方式可以自由设置。设置时，首先选择操控板切换至过渡方式工具 ，将设置模式转换到过渡模式，然后在模型上选择过渡区域。此时操控板【过渡方式】列表如图 7-70 所示，可以从中选择过渡方式。

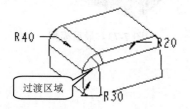

图 7-69　已设置好圆角大小的模型

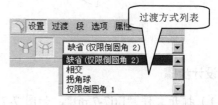

图 7-70　过渡方式设置曹控板

在【过渡方式】列表中共有 5 种过渡方式。

● 默认：使用自动定义的过渡类型，如图 7-71a 所示。

● 相交：延伸每组圆角面直至与其他圆角面相交，如图 7-71b 所示。

● 拐角球：相交处是一个半径大于等于圆角组最大半径的球面，其半径可以控制，该选项只对圆形截面有效，如图 7-71c 所示。

● 仅限倒圆角：利用两个小圆角扫过大圆角，造成曲面相交处的圆角，如图 7-71d 所示。

● 曲面片：相交处的各边界之间用曲面光滑连接。可以控制曲面形成三角形曲面或者四边形曲面，如图 7-71e 和图 7-71f 所示。

要生成如图 7-71f 所示的四边形面片，在选择操控板【过渡方式】列表中选择【曲面片】选项后，激活【可选曲面】收集器，在模型上选取立体前表面即可。

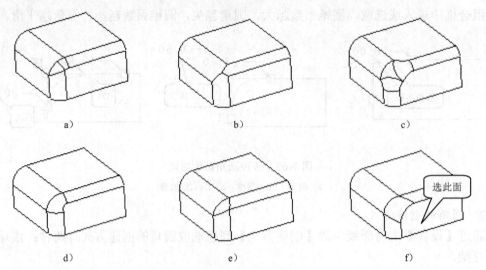

图 7-71　几种过渡方式比较

a）默认　b）相交　c）拐角球　d）仅限倒圆角　e）曲面片（三角形）　f）曲面片（四边形）

【例 7-7】　利用如图 7-72 所示模型完成如图 7-73 所示的模型。

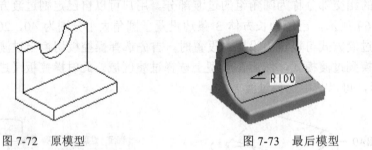

图 7-72　原模型　　　　　　　　　图 7-73　最后模型

▣ 设计步骤

（1）打开文件 "liti7-7.prt"，如图 7-72 所示。

（2）选择【工程特征】工具栏倒圆角工具 ，打开【圆角】操控板。

（3）选择模型上加粗的边线，如图 7-74 所示。

（4）在【圆角半径】编辑框中输入半径值为 "100"，单击操控板 按钮完成圆角特征。

（5）选择【工程特征】工具栏倒圆角工具 ，打开【圆角】操控板。

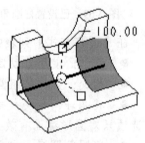

图 7-74　倒 100 圆角

（6）按住 Ctrl 键选择模型上加粗的一对边线，如图 7-75 所示。

（7）选择操控板【设置】命令，在【设置】上滑面板中单击 完全倒圆角 按钮。

（8）单击操控板 按钮完成完全倒圆角特征，如图 7-76 所示。

（9）选择【工程特征】工具栏倒圆角工具 ，打开【圆角】操控板。

（10）按住 Ctrl 键选择模型上加粗的所有边线，如图 7-77 所示。

图 7-75　选择变线　　　　图 7-76　完全倒圆角　　　　图 7-77　选择边线

（11）在【圆角半径】编辑框中输入半径值为"10"，单击操控板☑按钮完成圆角特征。

（12）保存文件，关闭窗口，拭除不显示。

7.6　倒角特征

倒角特征也是工程上一种十分重要的特征，倒角特征分为边倒角和拐角倒角两种类型。

边倒角是最常用的倒角，它从选定边中截掉一块平直剖面的材料，在共有该选定边的两个曲面之间创建斜角曲面。

创建边倒角的步骤如下。

1．选择命令

选择菜单【插入】/【倒角】/【边倒角】命令，或者选择【工程特征】工具栏 工具，在消息区出现【倒角】操控板，如图 7-78 所示。

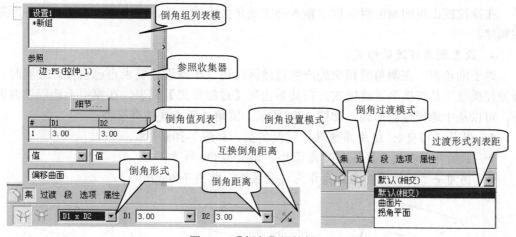

图 7-78　【倒角】操控板

2．选择倒角形式

在操控板【倒角形式】列表中选择适当的倒角形式，共有四种倒角形式：D×D、D1×D2、角度×D、45×D，各种形式对比如图 7-79 所示。一般情况下，多选用 45×D 的倒角形式。

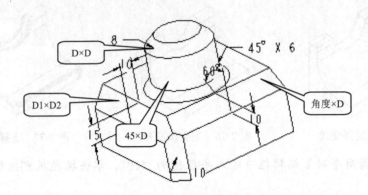

图 7-79　各种倒角形式的对比

● D×D: 创建的倒角离每个曲面的距离都是 D, 在操控板中出现【倒角距离】组合框, 可从中输入或选取倒角距离。

● D1×D2: 创建的倒角距离两个曲面的距离不同, 在操控板中出现两个【倒角距离】组合框, 可从中输入或选取倒角距离。如果两个距离输入的相反, 可以选择 ✗ 工具调换两个距离。

● 角度×D: 创建的倒角沿邻接曲面选定边的距离为 D, 并且与该边成一定夹角。在操控板中出现【倒角距离】组合框和【倒角角度】组合框, 可分别从中输入或选取倒角距离和倒角角度。如果输入的距离应该是另一曲面上的距离, 可以选择 ✗ 工具更换曲面。

● 45×D: 创建的倒角和每个曲面的角度都是 45 度, 并且距离每个曲面的距离都是 D, 在操控板出现【倒角距离】组合框, 可从中输入或选取倒角距离。

3. 输入倒角尺寸

在操控板出现的相应组合框中输入确定倒角大小的尺寸, 并调整倒角相对于各面距离的顺序。

4. 设置倒角过渡区形式

对于倒角组, 在倒角组相交处产生过渡区, 可以根据设计要求自己设置。设置时, 选择操控板 ✗ 工具切换至过渡模式, 在其后出现【过渡形式】列表, 在模型上选取过渡区域后, 可以从中选择过渡形式, 如图 7-80 所示。倒角过渡方式共有三种。

● 默认 (相交): 使用系统默认过渡类型, 如图 7-80a 所示。

● 曲面片: 在过渡区域创建曲面片, 如图 7-80b 所示。

● 拐角平面: 使用拐角倒角作为过渡区域, 如图 7-80c 所示。

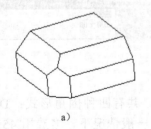
a)

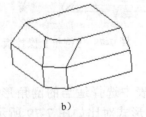
b)

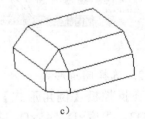
c)

图 7-80　过渡类型

a) 默认 (相交)　b) 曲面片　c) 拐角平面

5. 完成倒角

预览模型特征，符合设计要求后，单击操控板☑按钮完成圆角特征。

【例 7-8】　由如图 7-81 所给模型创建如图 7-82 所示的模型。

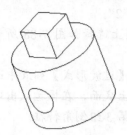　　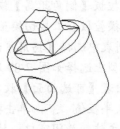

　　　图 7-81　原模型　　　　　　　　　　　图 7-82　倒角模型

设计步骤

（1）打开文件 "liti7-8.prt"，如图 7-81 所示。

（2）选择【工程特征】工具栏倒角工具，打开【倒角】操控板。

（3）按住 ⌈Ctrl⌋ 键选择模型上加粗的两条边线，如图 7-83 所示。

（4）在操控板【倒角距离】编辑框中输入数值 "2"，单击操控板☑按钮完成第 1 组倒角特征，如图 7-84 所示。

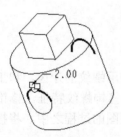　　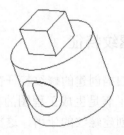

　　　图 7-83　选取边线　　　　　　　　　　图 7-84　完成第 1 组道角

（5）选择【工程特征】工具栏倒角工具，打开【倒角】操控板。

（6）在操控板【倒角形式】列表中选择【角度×D】选项，选择模型上加粗的圆弧边线，如图 7-85 所示。

（7）在操控板【倒角角度】编辑框中输入数值 "30"，在【倒角距离】编辑框中输入数值 "3"，单击操控板☑按钮完成第 2 组倒角特征，如图 7-86 所示。

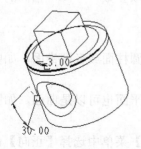　　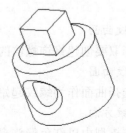

　　　图 7-85　选择边线　　　　　　　　　　图 7-86　完成第 2 组倒角

（8）选择【工程特征】工具栏倒角工具，打开【倒角】操控板。

（9）在操控板【倒角形式】列表中选择【45×D】选项，按住 Ctrl 键依次选择模型上长方体的 12 条边线，如图 7-87 所示。

（10）在操控板【倒角距离】编辑框中输入数值"2"。

（11）选择操控板工具切换至过渡模式，在模型上选择如图 7-88 所示过渡区域，在【过渡形式】列表中选择【拐角平面】选项。

（12）在模型上选择如图 7-89 所示过渡区域，在【过渡形式】列表中选择【曲面片】选项，在其后出现【可选曲面】收集器，选择长方体上底面，在操控板出现【半径】组合框，在其中输入半径值"3"，单击操控板按钮完成第 3 组倒角特征。

（13）保存文件，关闭窗口，拭除不显示。

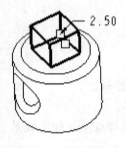
图 7-87　选择边线图

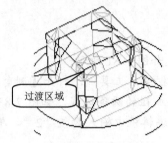
图 7-88　过渡区域

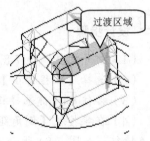
图 7-89　过渡区域

7.7　修饰螺纹特征

使用螺旋扫描创建的螺纹特征在生成工程图时将显示螺纹的牙齿，和工程图的表达方法不一致，为了满足生成工程图的需要，Pro/E 提供了修饰螺纹特征。修饰螺纹只表示螺纹的直径，不创建螺纹的牙齿，这样，在投影生成工程图的过程之中，将按照国标规定生成螺纹工程图。

修饰螺纹可以是内螺纹，也可以是外螺纹，可以是盲孔螺纹，也可以是通孔螺纹。通过指定螺纹的内径（内螺纹）和螺纹的外径（外螺纹）、起始曲面和螺纹长度或终止面来创建修饰螺纹。修饰螺纹的创建步骤如下。

1. 输入命令

选择菜单【插入】/【修饰】/【螺纹】命令，弹出【修饰：螺纹】对话框，如图 7-90 所示，在对话框和菜单管理器中设置修饰螺纹的各项参数。 ">"指向的列表项目为正在设置的项目。

2. 选择螺纹曲面

在模型上选取要创建修饰螺纹的曲面，可以是圆柱面或者圆锥面，如图 7-91 所示。

3. 选择螺纹曲面

在模型上选择曲面作为螺纹起始曲面，可以是平面也可以是曲面，如图 7-91 所示。

4. 定义螺纹方向

螺纹方向在模型中以红色箭头表示，在【方向】菜单中选择【正向】命令，确认螺纹方向。若方向相反，可以在图形区单击箭头使之反向或者在【方向】菜单中选择【反向】命令，使螺纹方向符合设计要求，再选择【正向】命令，接受螺纹方向。

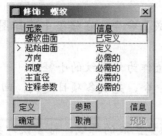

图 7-90　【修饰：螺纹】对话框

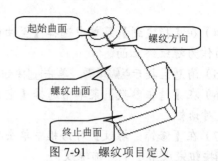

图 7-91　螺纹项目定义

5. 定义螺纹深度

出现【指定到】菜单，如图 7-92 所示，从中选定螺纹长度类型，直接选择【完成】命令，深度类型为盲孔，这时在消息区提示输入深度值。也可选用适当的类型，根据菜单提示在模型上选取参照，或者创建参照。对于如图 7-91 所示模型，如果创建全螺纹，选择【指定到】/【至曲面】/【完成】命令，出现【深度曲面】菜单，选择头部上底面作为螺纹终止曲面即可。

图 7-92　定义螺纹深度类型

6. 定义修饰螺纹直径

在消息区出现提示，要求输入主直径。一般情况下，系统默认内螺纹的直径为螺纹曲面直径的 1.1 倍，外螺纹直径为螺纹曲面直径的 0.9 倍，也可以在提示后输入自定义的直径。定义完毕，按回车键或者单击☑按钮完成直径定义。

7. 完成螺纹

选择【特征参数】菜单中【完成/返回】命令，在【修饰：螺纹】对话框中单击 预览 按钮预览生成的螺纹，符合设计要求后，单击 确定 按钮完成修饰螺纹。

【例 7-9】　为如图 7-93 所示的模型上的圆柱面创建修饰螺纹，结果如图 7-94 所示。

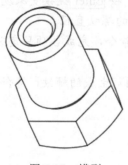

图 7-93　模型

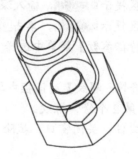

图 7-94　带修饰螺纹的模型

🔲 设计步骤

（1）打开文件"liti7-9.prt"，如图 7-93 所示。

（2）选择菜单【插入】/【修饰】/【螺纹】命令。

（3）出现【修饰：螺纹】对话框，选择外圆柱面作为螺纹曲面，选择上底面上倒角面作为起始曲面，在【方向】菜单中选择【正向】命令，默认螺纹方向，如图 7-95 所示。

（4）在【指定到】菜单中选择【至曲面】/【完成】命令，在模型中选择图 7-95 所示环形面作为螺纹终止面。

（5）消息区提示⇨输入直径，单击✓按钮接受默认值作为外螺纹的小径。

（6）在【特征参数】菜单中选择【完成/返回】命令，完成各项目定义，回到【修饰：螺纹】对话框。

（7）在【修饰：螺纹】对话框中单击 预览 按钮预览生成的螺纹，符合设计要求后，单击 确定 按钮完成第 1 个修饰螺纹。

（8）选择菜单【插入】/【修饰】/【螺纹】命令，弹出【修饰：螺纹】对话框。

（9）选择大头部分内圆柱面作为螺纹曲面，选择六角倒角底面作为起始曲面，在【方向】菜单中选择【正向】命令，默认螺纹方向，如图 7-96 所示。

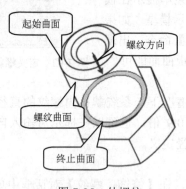

图 7-95　外螺纹

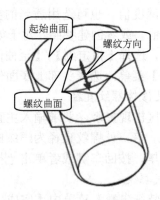

图 7-96　内螺纹

（10）在【指定到】菜单中选择【盲孔】/【完成】命令。

（11）消息区提示⇨输入深度，输入深度值为 "35"，按 Enter 键接受深度。

（12）消息区提示⇨输入直径，单击✓按钮使用默认的螺纹直径。

（13）在【特征参数】菜单中选择【完成/返回】命令，完成各项目定义，回到【修饰：螺纹】对话框。

（14）在【修饰：螺纹】对话框中单击 预览 按钮预览生成的螺纹，符合设计要求后，单击 确定 按钮完成第 2 个修饰螺纹。

（15）保存文件，关闭窗口，拭除不显示。

7.8　综合实例

设计要求

使用给定的模型，经编辑生成如图 7-97 所示的模型。

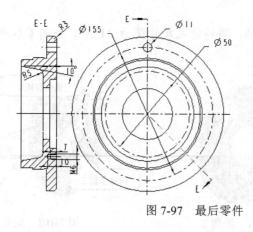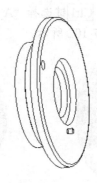

图 7-97 最后零件

设计思路

本例在原零件的基础上，为零件添加了倒角特征、圆角特征和拔模特征，在此基础上为模型创建了直孔和螺纹孔。

设计步骤

（1）打开文件 "zonghe.prt"，如图 7-98 所示。

（2）选择【工程特征】工具栏 工具，打开【拔模】操控板。

（3）在图形区选择如图 7-99 所示的拔模曲面，枢轴平面和拔模角度及方向，完成拔模。

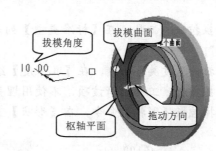

图 7-98 零件原型   图 7-99 设置拔模属性

（4）选择【工程特征】工具栏 工具，打开【圆角】操控板。

（5）选择如图 7-100 所示的边线，在操控板【圆角半径】编辑框中输入半径值为 "3"。

（6）选择如图 7-101 所示的边线，在操控板【圆角半径】编辑框中输入半径值为 "5"。

（7）单击操控板 按钮完成圆角特征。

（8）选择【工程特征】工具栏 工具，打开【孔】操控板。

（9）选择模型右端面为钻孔面。

（10）选择【参照】命令，打开【参照】上滑面板，在【放置类型】列表中选择【直径】选项，鼠标单击【偏移参照】收集器，使其变为淡黄色，表示激活收集器。

（11）选择图形区 "FRONT" 面，在【偏移参照】收集器列表中选择【偏移尺寸】编辑框输入尺寸值为"0"。

（12）按住 Ctrl 键选择"A_2"轴，同样输入尺寸值为"155"，关闭【参照】上滑面板。参照选取如图 7-102 所示。

图 7-100　圆角 1

图 7-101　圆角 2

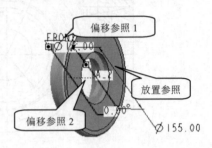

图 7-102　钻孔参照

（13）在操控板【孔直径】编辑器中输入直径值为"11"，选择拉伸深度类型为 方式，单击操控板 按钮完成第 1 个孔特征。

（14）选择【工程特征】工具栏 工具，打开【孔】操控板。

（15）选择模型右端面为钻孔面。

（16）选择【参照】命令，打开【参照】上滑面板，在【放置类型】列表中选择【直径】选项，鼠标单击【偏移参照】收集器，使其变为淡黄色，表示激活收集器。

（17）选择图形区"FRONT"面，在【偏移参照】收集器列表中选择【偏移尺寸】编辑框，输入尺寸值为"-45"。

（18）按住 Ctrl 键选择"A_2"轴，同样输入尺寸值为"100"，参照选取如图 7-103 所示。

（19）选择操控板 工具，在【标准类型】列表中选择"ISO"，在【标准螺纹】列表中选择"M6X1"。

（20）选择拉伸深度类型为 ，在【孔深度】组合框中输入孔深度为"10"。

（21）单击操控板 工具取消该项，不使用埋头孔。

（22）选择操控板【形状】命令，在【形状】上滑面板中设置如图 7-104 所示。

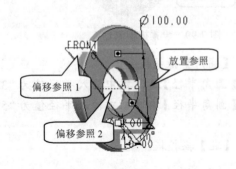

图 7-103　参照选取

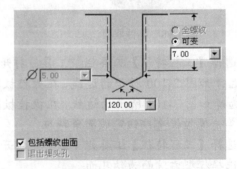

图 7-104　定义孔的形状

（23）单击操控板 按钮完成第 2 个孔特征。

（24）保存文件，关闭窗口，拭除不显示。

7.9 本章小结

本章主要讲述了各种工程特征的创建，这些特征在零件的加工过程中大量出现。如铸造件中的拔模斜度、圆角特征和壳特征，机加工中的倒角特征，钻孔特征，为了加强零件设计的筋特征和为了生成工程图而创建的修饰螺纹特征。这些特征使用基础特征工具也可以创建，但使用专门的工具完成简单快捷。一般情况下，在整个零件基本完成之后再创建这些工程特征，以减少建模过程中调整建模顺序时出现操作失败的情况。

7.10 习题

1. 概念题

（1）修饰螺纹特征和螺旋扫描生成的螺纹有什么不同？

（2）简述使用各种放置方式创建孔时选择参照有何不同。

（3）边倒角和拐角倒角有何不同？

（4）圆角组过渡有几种类型，有什么不同？

（5）如何实现壳特征的不均匀壁厚？

2. 操作题

（1）打开“\xiti\xiti7-2-1.prt”，根据所给模型创建如图 7-105 所示的孔特征。各孔尺寸读者自己定义，位置如图所示。

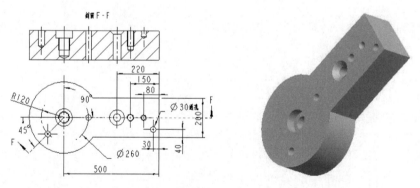

图 7-105 孔

（2）打开“\xiti\xiti7-2-2.prt”，根据所给模型创建如图 7-106 所示的倒圆角和壳特征。，壳厚为 10，厚度方向向模型内部，各圆角尺寸如图示。

图 7-106 倒圆角抽壳模型

（3）打开"\xiti\xiti7-2-3.prt"，根据所给模型创建如图 7-107 所示的倒角特征。其中倒角都是 10X10，拐角倒角为 40X40X40。

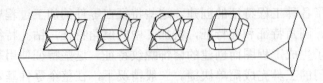

图 7-107　倒角模型

（4）打开"\xiti\xiti7-2-4.prt"，根据所给模型创建如图 7-108 所示的模型，筋厚为 15，所有圆角都是 R3，其余尺寸自定。

图 7-108　筋和圆角特征

第8章 特征操作工具

零件中有许多形状、结构相同或相似的特征，每次都重新创建每个特征势必会影响建模速度。Pro/E 提供了许多特征操作工具，可以直接对特征进行复制、缩放、阵列等操作，大大提高了建模速度，减少了重复劳动。另外有些零件由结构形状复杂的曲面组成，需要首先创建各种曲面，然后使用曲面编辑功能完成制作，最后使用实体化工具创建实体模型。

【本章重点】

- 复制参照的选取；
- 变尺寸复制；
- 各种阵列特征的不同；
- 各种阵列操作的参照选取；
- 各种曲面编辑工具的使用。

8.1 复制

复制工具在【编辑】菜单的【特征操作】菜单内，分为新参考复制、相同参考复制、镜像复制和移动复制四种类型。各类型的对比如图 8-1 所示。

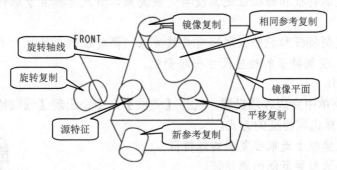

图 8-1 不同类型复制对比

复制特征的操作步骤如下。

1. 选择命令

选择菜单【编辑】/【特征操作】命令，出现如图 8-2 所示的【特征】菜单，使用其中的【复制】命令可以进行各种复制操作。

在【特征】菜单中选择【复制】命令，出现【复制

图 8-2 【特征】菜单

特征】菜单，如图 8-3 所示。

（1）复制方式：复制方式用于定义复制的类型。

● 新参考：创建特征的新参考复制，可以选择不同的参照，替换源特征参照放置新特征。所谓参照是指特征的草绘平面、草绘平面放置方向参照和两个标注尺寸的参照。

● 相同参考：创建特征的相同参考复制，复制出的特征和源特征有相同的参照。

● 镜像：创建特征的镜像复制，复制出的特征和源特征相对于选定的镜像面对称。

● 移动：创建新特征的移动复制，移动复制有平移复制和旋转复制两种模式，可以沿着一定方向移动复制，或者绕某一轴线旋转复制。

（2）特征范围：特征范围部分定义复制特征的范围，一般使用【选取】或者【所有特征】选项。

图 8-3 【复制特征】菜单

● 选取：从模型中选取特征进行复制。

● 所有特征：对整个模型的所有特征进行复制。

● 不同模型：从不同的三维模型中选取特征进行复制，该命令只有在新参考复制方式下可用。

● 不同版本：从同一三维模型的不同版本中选取特征进行复制，该命令只有在新参考复制和相同参考复制方式下可用。

（3）特征关系：特征关系部分定义复制特征和源特征之间形状尺寸的关联关系，不影响其位置尺寸。

● 独立：复制特征和源特征之间没有关联关系，其尺寸独立于源特征的尺寸，可以在复制时修改。

● 从属：复制特征和源特征之间有关联关系，两特征的形状尺寸不独立，修改源特征的形状尺寸时，复制特征的相应尺寸一起变化。

2．选取源特征

在【复制】菜单中完成各项设置，选择【完成】命令，出现【选取特征】菜单，如图 8-4 所示，从中选择选取特征的方式。

● 选取：在模型上选取要复制的源特征。

● 层：按层选取要复制的源特征。

● 范围：按照特征序号的范围选取要复制的特征。

图 8-4 【选取特征】菜单

选择选取特征的方式后，消息区提示 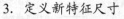，在模型区选取要复制的特征，可以按住 Ctrl 键依次选取多个特征。选择完源特征后，选择【选取特征】菜单中的【完成】命令，完成源特征选取。

3．定义新特征尺寸

完成第 2 步操作后，出现【组元素】对话框，定义复制特征的属性。这时，菜单变为【组可变尺寸】菜单，如图 8-5 所示。

在【组可变尺寸】菜单中勾选要修改的尺寸，包括形状尺寸和位置尺寸，新尺寸将应用于复制特征。在菜单中选择尺寸时，光标移动到尺寸标签时，在模型中该尺寸紫色加亮。选择【完成】命令，消息区提示⇨输入Dim 1，对应图形区输入相应尺寸的新值，该尺寸在模型区紫色加亮显示，所有尺寸定义完成之后，回到【组元素】对话框。

图 8-5　定义复制特征属性

4. 完成复制

在【组元素】对话框中单击 确定 按钮完成特征复制。

各种类型的复制具体操作步骤基本相似，但也稍有不同，其中新参考复制最为麻烦，下面通过实例熟悉复制特征的过程。

【例 8-1】　根据给定的模型，创建图 8-1 所示的模型。

📧 **创建新参考复制特征**

（1）打开文件 "liti8-1.prt"，如图 8-6 所示。

（2）选择菜单【编辑】/【特征操作】命令。

（3）在出现的【特征】菜单中选择【复制】/【新参考】/【选取】/【独立】/【完成】命令。

（4）出现【选取特征】菜单，选择【选取】选项，在模型中选择源对象如图 8-6 所示。

（5）在【选取特征】菜单中选择【完成】命令，出现【组元素】对话框和【组可变尺寸】菜单，因为本题只改变参考，不改变尺寸，故直接选择【完成】命令。

（6）出现【参考】菜单，定义新参考，如图 8-7 所示。【参考】菜单有三个选项可以选择新参考。

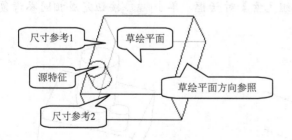

图 8-6　原模型

图 8-7　【参考】菜单

● 替换：使用新的参考面替换源特征的参考面，以放置复制特征。

● 相同：使用与源特征相同的参照定义复制特征。

● 跳过：跳过当前参照，以后可以重新定义该参照。

（7）在【参考】菜单选择【替换】命令，在消息区提示"选取草绘平面参照对应于加亮的曲面"，选择长方体前表面作为复制特征的草绘平面，如图 8-8 所示。

（8）选取【参考】菜单中【替换】命令，在消息区提示"选取垂直草绘参照对应于加亮的曲面", 在图形区选择长方体下底面作为复制特征的草绘平面放置方向参照, 如图 8-8 所示。

（9）选取【参考】菜单【替换】命令, 在消息区提示"选取截面尺寸标注参照对应于加亮的曲面", 在图形区选择长方体上底面作为标注第 1 个尺寸的参照, 如图 8-8 所示。

（10）选取【参考】菜单中【替换】命令, 在消息区提示"选取截面尺寸标注参照对应于加亮的曲面", 选择长方体左表面作为标注第 2 个尺寸的参照, 如图 8-8 所示。

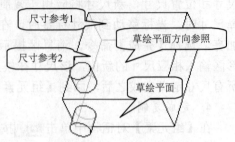

图 8-8　定义参考说明

（11）出现【方向】菜单, 在图形区出现不同颜色的箭头表示正向尺寸的方向, 选择【正向】命令接受方向, 或者选择【反向】命令使箭头反向, 再次选择【正向】命令接受方向。

（12）出现【组放置】菜单, 选择【完成】命令完成新参考复制。

创建相同参考复制

（1）选择【复制】菜单中【相同参考】/【选取】/【独立】/【完成】命令。

（2）在【特征选取】菜单中选择【选取】命令。

（3）在模型上选择源特征, 选择【完成】命令。

（4）在【组可变尺寸】菜单中勾选所有的尺寸选项, 选择【完成】命令。

（5）消息区提示输入相应尺寸的新值, 正在改变数值的尺寸在图形区加亮显示, 如图 8-9 所示。

（6）输入新的 DIM1 值为 80, 按回车键结束, 根据提示, 分别输入各变化尺寸, DIM2（60）, DIM3（80）, DIM4（80）。

（7）定义完所有尺寸后回到【组元素】对话框, 单击 确定 按钮完成相同参考复制, 如图 8-10 所示。

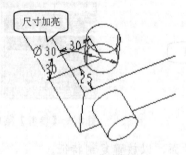

图 8-9　尺寸加亮

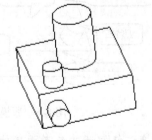

图 8-10　相同参考复制

创建平移复制

（1）选择【复制】菜单中【移动】/【选取】/【从属】/【完成】命令。

（2）在【特征选取】菜单中选择【选取】命令，在模型上选择源特征，选择【完成】命令。

（3）出现【移动特征】菜单，设置移动类型，可以选择【平移】或者【旋转】复制，此处选择【平移】命令。

（4）出现【选取方向】菜单，如图 8-11 所示。可以从中选取平移方向的选项，其中有【平面】、【曲线/边/轴线】和【坐标系】三个选项。

● 平面：选择一个平面，或者创建一个基准面作为平移方向的参照面，平移的方向为参照面的正法线方向。

● 曲线/边/轴线：选取曲线、边或者轴线作为其平移方向，如果选择曲线或非线性边，系统提示选择曲线或边上的基准点指定切向作为平移方向。

● 坐标系：选择坐标系某一轴向作为平移方向。

（5）此处选择【平面】选项，模型上选择长方体左表面，该平面的正法线方向作为平移方向，图形区将以紫色箭头形式出现。此时箭头指向左方。

（6）出现【方向】菜单，选择【反向】命令，箭头反向，方向指向右方，符合移动方向要求，在【方向】菜单中选择【正向】命令，接受平移方向，如图 8-12 所示。

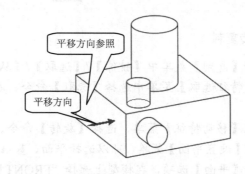

图 8-11　【选取方向】菜单　　　　图 8-12　平移方向

要想改变平移方向，除了选择【方向】菜单中的【反向】命令之外，也可以在图形区使用鼠标右键单击方向箭头。

（7）消息区提示输入平移距离，输入"100"，按 Enter 键完成平移距离的输入。

（8）选择【移动特征】/【完成移动】命令。

（9）在【组可变尺寸】菜单中不勾选任何尺寸选项，选择【完成】命令。

（10）回到【组元素】对话框，单击 确定 按钮完成平移复制。

创建旋转复制

（1）选择【复制】菜单中【移动】/【选取】/【从属】/【完成】命令。

（2）在【特征选取】菜单中选择【选取】命令，在模型上选取源特征，选择【完成】命令。

（3）出现【移动特征】菜单，选择【旋转】命令。

（4）出现【选取方向】菜单，如图 8-13 所示。

（5）选择【曲线/边/轴线】选项，模型上选择如图 8-14 所示的边线作为旋转轴。

（6）出现【方向】菜单，选择【正向】命令，接受旋转方向，旋转方向按照右手定则确定。

（7）消息区提示输入旋转角度，输入"120"，按 Enter 键完成旋转角度输入。

 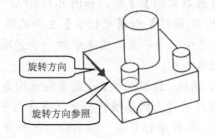

图 8-13 【选取方向】菜单   图 8-14 选取旋转轴

（8）选择【移动特征】/【完成移动】命令。

（9）在【组可变尺寸】菜单中不勾选任何尺寸选项，选择【完成】命令。

（10）回到【组元素】对话框，单击 确定 按钮完成旋转复制。

创建旋转复制

（1）选择【复制】菜单中【镜像】/【选取】/【从属】/【完成】命令。

（2）在【特征选取】菜单中选择【选取】命令，在模型上选取源特征，选择【完成】命令。

（3）出现【移动特征】菜单，选择【旋转】命令。

（4）出现【设置平面】菜单，可以选择平面、基准面或者创建新基准面作为镜像平面。

（5）选择【平面】选项，在模型上选择"FRONT"面作为镜像面，系统自动完成镜像复制，如图 8-15 所示。

（6）选择【复制】菜单中【镜像】/【所有特征】/【从属】/【完成】命令。

（7）出现【设置平面】菜单，在模型上选取"RIGHT"面作为镜像平面，完成镜像特征如图 8-16 所示。

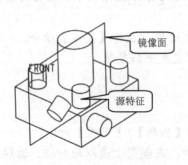 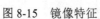 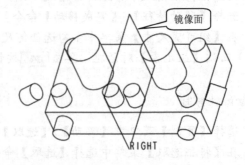

图 8-15 镜像特征   图 8-16 镜像所有特征

（8）保存文件，关闭窗口，拭除不显示。

8.2　镜像

在复制功能中已有镜像复制，但操作麻烦，Pro/E Wildfire 4.0 改进了镜像复制功能，将镜像工具分离出来作为独立的工具使用，镜像工具放在【编辑特征】工具栏中，如图 8-17 所示。

在模型上选取要镜像的特征，选择菜单【编辑】/【镜像】命令或者选择【编辑】特征工具栏 工具，消息区出现【镜像】操控板，如图 8-18 所示。

图 8-17　【编辑特征】工具栏　　　　　　　　　　图 8-18　【镜像】操控板

接下来在图形区选择镜像平面，单击操控板 按钮即可完成镜像操作。操控板【选项】上滑面板可以控制镜像特征和源特征的尺寸关系是独立的还是从属的。

8.3　阵列

阵列用于一次创建一个特征的多个副本。阵列特征按照不同的规则生成新的特征，每个新特征成为源特征的一个实例。阵列可以分为矩形阵列、环形阵列和填充阵列，图 8-19 所示为几种阵列的比较。阵列出的每个特征称为源特征的一个实例。

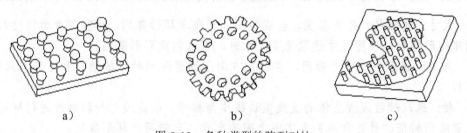

图 8-19　各种类型的阵列对比

a）矩形阵列　b）环形阵列　c）填充阵列

8.3.1　特征阵列过程

特征阵列操作的步骤如下。

1. 选择源特征

在模型树或者图形区选择欲进行阵列的源特征。

2. 选择命令

选择阵列命令的方式有 3 种，都可以打开如图 8-20 所示的【阵列】操控板。

● 选择菜单【编辑】/【阵列】命令。

● 选择【编辑特征】工具栏 工具。

● 在图形区或者模型树单击鼠标右键，在出现的快捷菜单中选择【阵列】命令。

图 8-20　【阵列】操控板

3. 选择阵列特征属性

根据生成的特征和源特征的尺寸关系，可以把阵列分为 3 种类型，可以选择操控板【选项】命令，在出现的【选项】上滑面板中进行设定，如图 8-21 所示。

● 相同：生成的阵列每个特征和源特征完全相同，放置在同一曲面上。如图 8-22 所示的孔虽然大小相同，但深度不同就只能使用【可变】或者【一般】属性来进行阵列。

● 可变：阵列出的特征，其大小、放置属性，参照面都可以发生变化。并且创建出的阵列特征不与其他特征的边线相交。

● 一般：系统对于阵列出的特征不做要求，可以变更其大小、放置属性和参照面。创建出的阵列特征可与其他特征的边线相交。

建议用户使用【一般】选项，这也是系统默认的选项。

4. 选择阵列方式

在操控板的【阵列方式】列表中可以选择合适的阵列方式。阵列方式列表如图 8-23 所示，共有 7 种方式。选用不同形式的阵列出现不同形式的【阵列】操控板。

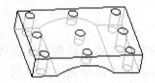

图 8-21 【选项】面板　　　图 8-22 不能使用【相同】属性的实例　　　图 8-23 阵列方式列表

● 尺寸：选择尺寸作为参照，生成矩形阵列或者环形阵列，参照尺寸为线性尺寸时，可以创建矩形阵列，参照尺寸选取角度尺寸时，可以创建环形阵列。

● 方向：选取方向作为参照，在选定方向上设置阵列特征的数目和距离，只能创建矩形阵列。

● 轴：选取轴线或者立体的直线型边线作为参考，以此线为旋转轴线进行环形阵列，可以设置阵列特征的数目和阵列各实例之间的夹角，只能用于环形阵列。

● 填充：选取或草绘平面图形作为参照，在图形范围内按照一定规则阵列出多个实例。

● 表：通过使用阵列表并为每一阵列实例指定尺寸值来创建阵列。

● 参照：通过参照另一阵列来创建阵列。

● 曲线：通过指定阵列成员的数目或阵列成员间的距离来沿着草绘曲线创建阵列。

5. 设置阵列参数

设置好以上选项后，可以在操控板上定义阵列的各参数。

6. 完成阵列

单击操控板☑按钮，完成阵列特征。

8.3.2 尺寸阵列

对于尺寸阵列，其操控面板如图 8-20 所示，可以设置两个方向的实例数量和尺寸参照，每个方向的后面有【实例数量】编辑器和【参照】收集器。在【实例数量】编辑器可以输入相应阵列方向上的实例数量，单击【参照】收集器可以激活该收集器，在模型上选择参照。

实例之间的间距可以在选择导引尺寸时出现的编辑框中输入，也可以单击【尺寸】命令，在【尺寸】上滑面板中进行设置。

【例 8-2】 利用所给模型创建 2 行 3 列矩形阵列，列间距为 70，行间距为 60。在行方向上，小圆柱下一实例比上一实例增高 20，在列方向上，小圆柱下一实例比上一实例底面直径增加 10。

设计步骤

（1）打开文件 "liti8-2.prt"。

（2）选择底板上的小圆柱。

（3）选择【编辑特征】工具栏▦工具，消息区出现【阵列】操控板，图形区出现确定小圆柱形状和大小的各个尺寸如图 8-24 所示。

（4）在操控板【阵列方式】列表中选择【尺寸】选项。

（5）选择【尺寸】命令，出现【尺寸】上滑面板如图 8-25 所示，可以在此上滑面板设置阵列的各参数。

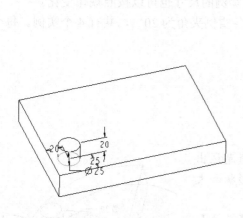

图 8-24　尺寸参数

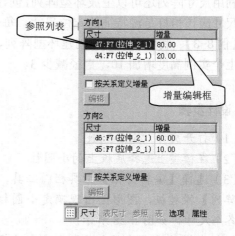

图 8-25　设置【尺寸】上滑面板

（6）激活【方向 1】列表，在模型上选择小圆柱中心线到底板左侧面的尺寸 "20"，出现编辑框，在其中输入列间距为 "80"，按 Enter 键确认。也可以在【增量】编辑框输入增量值。

（7）按住 Ctrl 键选择小圆柱高度尺寸 "20"，看到【方向 1】列表中添加了另一参照尺寸，在【增量】编辑框中输入增量为 "20"，按 Enter 键确认。

（8）在操控板方向 1 后的【实例数量】编辑框中输入 "3"，按 Enter 键确认。

（9）单击【方向 2】列表以激活该列表，在模型上选择小圆柱中心线到底板前表面的尺寸 "25"，在【增量】编辑框中输入增量值为 "60"，按 Enter 键确认。

（10）按住 Ctrl 键选择小圆柱直径尺寸 "φ20"，看到【参照】列表中添加了另一参照尺寸，在【增量】编辑框中输入增量为 "10"，按 Enter 键确认。

（11）在操控板方向 2 后的【实例数量】编辑框中输入 "2"，按 Enter 键确认。

（12）这时模型区在每个实例出现的位置显示黑色实心圆，如图 8-26 所示。

（13）单击操控板☑按钮，完成阵列特征，保存文件，如图 8-27 所示。

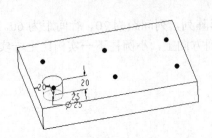

图 8-26　预览阵列特征

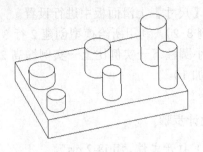

图 8-27　完成阵列特征

导引尺寸选择定位尺寸时，在该方向上产生不同数量的实例，导引尺寸选择定形尺寸时，将改变实例的尺寸。

如果想生成"斜一字型"阵列，可以在同一方向上选择两个定位尺寸参照，输入不同的增量值。

利用尺寸阵列还可以生成环型阵列，创建环型阵列时需要有一角度尺寸作为导引尺寸，这一尺寸应该恰好是源特征的定位尺寸。每个实例的尺寸也可以按照规律变化。

【例 8-3】　利用所给模型创建环型阵列，各实例夹角为 20°，共有 4 个实例。每个实例比上个实例高度增加 10，直径减少 3。

设计步骤

（1）打开文件 "liti8-3.prt"。

（2）在模型上选择底板上的小圆柱。

（3）选择【编辑特征】工具栏■工具，消息区出现【阵列】操控板，图形区出现确定小圆柱形状和大小的各个尺寸，如图 8-28 所示。

（4）在操控板【阵列方式】列表中选择【尺寸】选项。

（5）选择【尺寸】命令，出现【尺寸】上滑面板。

（6）激活【方向 1】列表，在模型上选择角度尺寸 "15" 作为导引尺寸，在【增量】编辑框中输入增量值为 "20"，按 Enter 键确认。

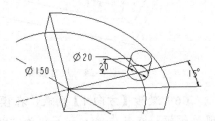

图 8-28　显示尺寸参数

（7）按住 Ctrl 键选择小圆柱高度尺寸 "20"，看到【参照】列表中添加了一个参照，在【增量】编辑框中输入增量为 "10"，按 Enter 键确认。

（8）按住 Ctrl 键选择小圆柱直径尺寸 "φ20"，看到【参照】列表中再次添加了一个参照尺寸，在【增量】编辑框中输入增量为 "-5"，按 Enter 键确认。

（9）在操控板方向 1 后的【实例数量】编辑框中输入 "4"，按 Enter 键确认。尺寸上滑面板如图 8-29 所示。

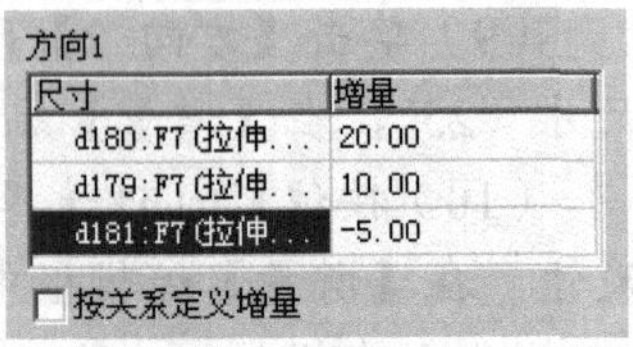

方向1	
尺寸	增量
d180:F7 (拉伸...	20.00
d179:F7 (拉伸...	10.00
d181:F7 (拉伸...	-5.00

□ 按关系定义增量

图 8-29　设置阵列尺寸

（10）这时模型区在每个实例出现的位置显示黑色实心圆，如图 8-30 所示。

（11）单击操控板 ✓ 按钮，完成阵列特征，如图 8-31 所示。

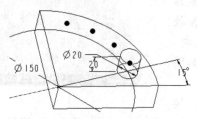

图 8-30 预览阵列特征

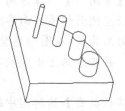

图 8-31 环形阵列

（12）保存文件，关闭窗口，拭除不显示。

 使用尺寸阵列创建环形阵列一般适用于使用【径向】或者【直径】方式创建的孔的阵列。

8.3.3 方向阵列

方向阵列主要用于完成矩形阵列，在【操控板】的【阵列方式】列表中选择【方向】选项，操控板如图 8-32 所示。

图 8-32 方向阵列操控板

通过操控板可以设定两个方向的参照、实例间距和阵列的方向。方向参照可以选择平面、基准面或者立体的边线，当参照选择平面或者基准面时，阵列方向指向平面或基准面的正法线方向，选择操控板 ⅹ 工具可以使阵列的方向反向。阵列的第 1 方向显示为紫色箭头，第 2 方向显示为黄色箭头，并且在出现实例的位置显示黑色实心圆，出现阵列间距尺寸，如图 8-33 所示。

单击【方向参照】收集器可以激活收集器，在模型中选择方向参照，在【实例数量】编辑框中可以输入实例数量，在【实例间距】组合框中可以输入实例间距。设置完成后，单击操控板 ✓ 按钮，可以完成阵列特征。

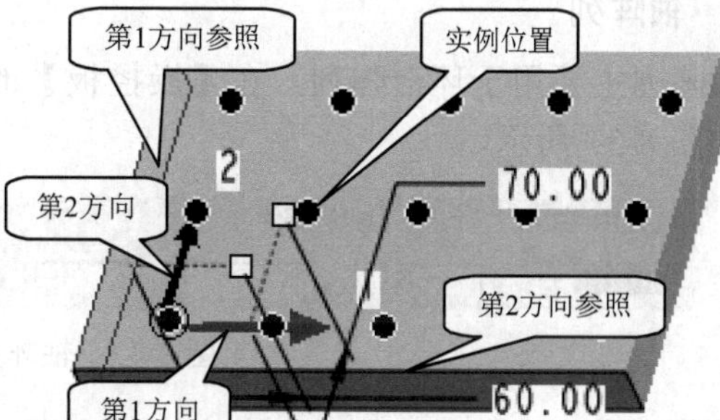

【例 8-4】利用给定模型创建如图 8-34 所示的阵列。

图 8-33 方向阵列

📳 设计步骤

（1）打开文件 "liti8-4.prt"。

（2）选择底板上的沉头孔。

（3）选择【编辑特征】工具栏 🁢 工具。

（4）消息区出现【阵列】操控板，在操控板【阵列方式】列表中选择【方向】选项。

（5）激活【方向 1】的【方向参照】收集器列表，选择底板左侧面作为方向参照，选择操控板反向第 1 方向工具 ✗，在图形区紫色箭头反向，指向模型内部，并在方向上出现数字"1"，如图 8-35 所示。

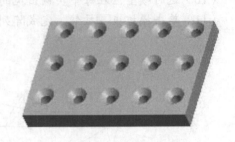

图 8-34　阵列

（6）在【实例数目】编辑框中输入"5"，按 Enter 键确认。

（7）在【实例间距】组合框中输入"60"，按 Enter 键确认。

（8）激活【方向 2】的【方向参照】收集器列表，选择底板前表面作为方向参照，在图形区单击黄色箭头，使之指向模型内部，如图 8-36 所示。

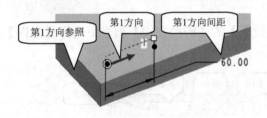

图 8-35　设置第 1 方向　　　　　　　　图 8-36　设置第 2 方向

（9）在【实例数目】编辑框中输入"3"，按 Enter 键确认。

（10）在【实例间距】组合框中输入"70"，按 Enter 键确认。

（11）单击操控板 ✓ 按钮，完成阵列特征，如图 8-34 所示。

（12）保存文件，关闭窗口，拭除不显示。

8.3.4　轴阵列

轴阵列主要用于环形阵列，在【操控板】的【阵列方式】列表中选择【轴】选项，操控板如图 8-37 所示。

图 8-37　轴阵列操控板

轴阵列有两个方向，第 1 方向为圆周方向，第 2 方向为半径方向。第 1 方向的阵列有两种方式，"实例数量+实例夹角"方式和"实例数量+实例总包角"方式，两种方式通过选择操控板 ✗ 工具切换。

第 1 方向是切线方向，表示旋转方向，显示为紫色箭头，可以选择操控板 ✗ 工具使之反向。 第 2 方向为径向，显示为黄色箭头，指向远离轴心方向，要想阵列方向为半径缩小方向，在【实例间距】编辑框中输入负值即可，这时黄色箭头指向轴心。

【例 8-5】　利用给定模型创建如图 8-38 所示的阵列。

设计步骤

（1）打开文件 "liti8-8.prt"，如图 8-39 所示。

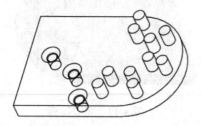

图 8-38　环形阵列

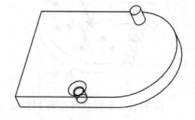

图 8-39　原特征

（2）将模型树插入特征符号 ⌐→在此插入 使用鼠标左键拖动到 "拉伸 1" 和 "孔 1" 之间，注意到插入标志移动到 "拉伸 1" 和 "孔 1" 之间。

（3）分别通过底板左前棱线和右端圆柱面创建轴线，命名为 "Z1" 和 "Z2"，如图 8-40 所示。

（4）在模型上选取底板上的沉头孔。

（5）选择【编辑特征】工具栏 囲 工具，消息区出现【阵列】操控板。

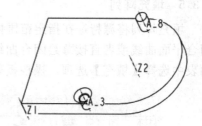

图 8-40　创建轴线

（6）在操控板【阵列方式】列表中选择【轴】选项。

（7）激活【方向 1】的【方向参照】收集器，在模型上选择 "Z1" 轴作为旋转轴线。

（8）在操控板【实例数目】编辑框中输入 "3"，按回车键结束。

（9）在【实例间距】组合框中输入 "30"，按回车键结束。

（10）单击操控板 ☑ 按钮，完成阵列特征，如图 8-41 所示。

（11）选择底板上的小圆柱。

（12）选择【编辑特征】工具栏 囲 工具，消息区出现【阵列】操控板。

（13）在操控板【阵列方式】列表中选择【轴】选项。

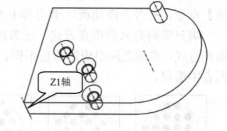

图 8-41　沉头孔环形阵列

（14）激活方向 1 的【方向参照】收集器，在模型上选择 "Z2" 轴作为旋转轴线。

（15）在操控板【实例数目】编辑框中输入 "5"，按回车键结束。

（16）在【实例间距】组合框输入 "-50"，按回车键结束。

（17）在方向 2 的【实例数目】编辑框中输入 "2"，按回车键结束。

（18）在【实例间距】组合框中输入 "-30"，按回车键结束，径向阵列反向，如图 8-42 所示。

（19）单击操控板 ☑ 按钮，完成阵列特征，如图 8-43 所示。

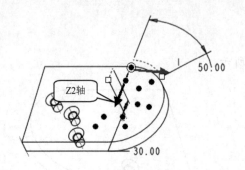

图 8-42　小圆柱环型阵列预览　　　　　　图 8-43　完成阵列

（20）保存文件，关闭窗口，拭除不显示。

8.3.5　填充阵列

填充阵列将源特征在指定范围内按照一定规则进行阵列，范围可以选取已经草绘好的闭合平面曲线或者直接草绘闭合曲线作为阵列的填充范围。在【操控板】的【阵列方式】列表中选择【填充】选项，操控板如图 8-44 所示。

图 8-44　填充阵列操控板

填充阵列需要在阵列特征之前创建一个闭合平面图形作为填充范围，可以使用草绘工具单独草绘特征，也可以在阵列的过程中草绘。如果已经草绘范围曲线，可以在操控板激活【填充范围】收集器后，在图形区选择该曲线。如果尚未草绘范围曲线，选择操控板【参照】命令，打开上滑面板，单击其中 定义… 按钮，按照草绘截面的方法草绘范围曲线。

填充阵列有六种填充方式，正方形、菱形、三角形、圆、曲线和螺旋线，使用不同的填充方式，实例之间组成的图形不同，如图 8-45 所示。填充方式可以在操控板【填充方式】列表中选取。

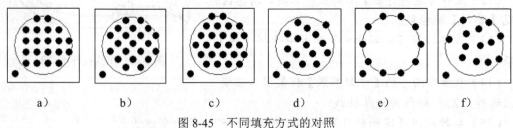

　　a)　　　　　b)　　　　　c)　　　　　d)　　　　　e)　　　　　f)

图 8-45　不同填充方式的对照

a) 正方形　b) 菱形　c) 三角形　d) 圆　e) 曲线　f) 螺旋线

● 正方形：实例之间以正方形方式填充范围，各正方形边长为实例间距，在操控板【实例间距】编辑框中输入。

● 菱形：实例之间以菱形方式填充范围，各菱形边长为实例间距，在操控板【实例间距】编辑框中输入。正方形方式填充的旋转角度设为 45 度即可变为菱形样式填充。

● 三角形：实例之间以正三角形方式填充范围，三角形边长为实例间距，在操控板【实例间距】编辑框中输入。

● 圆：实例之间以圆弧方式填充范围，圆弧的圆心为源特征的中心，在【实例间距】编辑框中输入圆周距离，在【径向间距】编辑框中输入实例径向间距。

● 曲线：实例沿曲线边界排列，在【实例间距】编辑框中输入实例的距离。

● 螺旋线：实例以螺旋阵列方式填充范围，在【实例间距】编辑框中输入圆周距离，在【径向间距】编辑框中输入实例径向间距。

【填充边界距离】编辑框可以调整填充范围，输入负值实例填充范围边界向外扩展，输入正值填充范围向内缩小，如图 8-46 所示。实际填充范围边界和选择的边界距离为输入值。

【旋转角度】编辑框可以输入整个阵列的旋转角度，输入正值以源特征中心为轴心向逆时针方向整体旋转，输入负值以源特征中心为轴心向顺时针方向整体旋转，如图 8-47 所示。

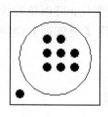
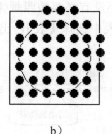
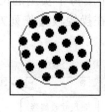
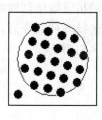

　　　　a)　　　　　　　　b)　　　　　　　　　　　　　a)　　　　　　　　b)

图 8-46　填充边界距离不同的填充对比　　　　　图 8-47　旋转角度不同的填充对比

a) 输入正值　b) 输入负值　　　　　　　　　a) 输入正值　b) 输入负值

如果生成的阵列不符合要求，在模型树选择阵列，单击鼠标右键在弹出的快捷菜单中选择【删除阵列】命令可以删除阵列实例，但保留源特征，而如果选择【删除】命令将删除包括实例和源特征的所有阵列特征。

【例 8-6】　根据给定的特征，将小圆孔沿给定的基准曲线排列，间距为 50。

设计步骤

（1）打开文件 "liti8-6.prt"，如图 8-40 所示。

（2）选择底板上的孔。

（3）选择【编辑特征】工具栏▦工具，消息区出现【阵列】操控板。

（4）在操控板【阵列方式】列表中选择【填充】选项。

（5）激活操控板【填充范围】收集器 ⟋ 草绘 1 ，在模型上选择基准曲线作为填充范围曲线。

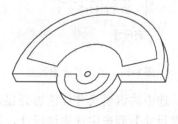

图 8-48　原模型

（6）在操控板【填充方式】列表中选择【曲线】方式。

（7）在操控板【实例间距】编辑框中输入 "50"，对话栏显示为 ▦ 曲线 ▾ ⼀ 50.00 ▾ ，图形区如图 8-49 所示。

（8）单击操控板☑按钮，完成阵列特征，如图 8-50 所示。

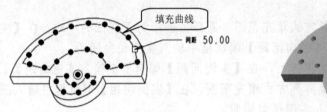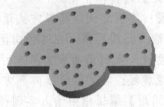

图 8-49 填充阵列参照选取 　　　　图 8-50 完成阵列

（9）保存文件，关闭窗口，拭除不显示。

8.3.6 表阵列

表阵列是一种比较特殊的阵列，它根据在源特征上选定的索引尺寸，在表中设定这些尺寸的相应数值创建实例。每个实例的位置和大小没有必要按照规律变化，可以单独设置。

选择阵列命令后，在操控板【阵列方式】列表中选择【表】，出现【表阵列】操控板，如图 8-51 所示。

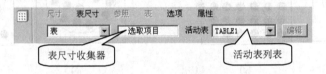

图 8-51 表阵列操控板

选择【表阵列】后，操控板中【表尺寸】收集器处于激活状态，在图形区的源特征上选取新实例中要变化的尺寸作为索引尺寸。如果想选取多个表尺寸，可以按住键盘 Ctrl 键在图形区选取。选择操控板【表尺寸】菜单，出现【表尺寸】列表，在其中列出了所有选取的索引尺寸，图 8-52 所示为选取了如图 8-53 所示的索引尺寸的【表尺寸】列表。

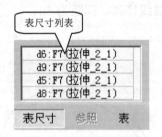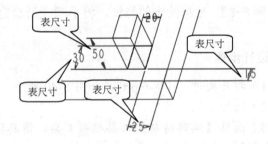

图 8-52 表尺寸上滑面板 　　　　图 8-53 选中的表尺寸

选中的索引尺寸红色加亮显示，如果想移除某个索引尺寸，在【表尺寸】上滑面板的【表尺寸】列表中选中该尺寸，右键单击在出现的快捷菜单选择【移除】命令即可，也可选择【移除全部】命令将所有索引尺寸移除。

选择完表尺寸后，【活动表】列表中自动列出【TABLE1】，如果设定了多个表，可以从中选择表将其设定为活动表，此时其后的【编辑】按钮可用，单击【编辑】按钮，打开 Pro/TABLE 窗口，如图 8-54 所示。

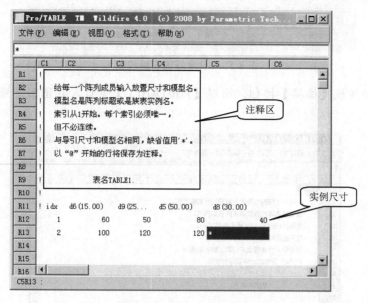

图 8-54 Pro/TABLE 窗口

窗口中，带有【!】号的行为注释行，【idx】列为索引列，在其下对应行输入整数设定实例序号，序号不能重复，但可以不连续。在索引尺寸列对应的行中输入实例的对应尺寸，如果实例的某个尺寸和源特征的对应尺寸相同，输入【*】即可。

【例 8-7】 利用图 8-55 给定的模型，使用填充阵列生成如图 8-56 所示的模型。

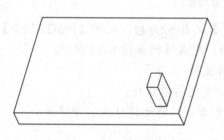

图 8-55 给定的模型

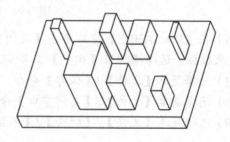

图 8-56 最后结果

（1）打开名为"liti8-7.prt"的文件，如图 8-55 所示。

（2）在图形区选取底板上的小长方体作为源特征。

（3）选择菜单【编辑】/【阵列】命令，出现【阵列】操控板。在【阵列方式】列表中选择【表】选项，出现【表阵列】操控板，此时【表尺寸】收集器处于激活状态。

（4）按住 Ctrl 键在图形区按照顺序选取如图 8-57 所示的五个尺寸作为索引尺寸，此时操控板如图 8-58 所示。

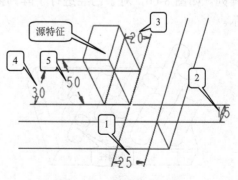

图 8-57 选取索引尺寸

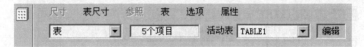

图 8-58　设定好的表操控板

（5）单击操控板【编辑】按钮，出现【Pro/TABLE】窗口，在图形区修改表的尺寸如图 8-59 所示。

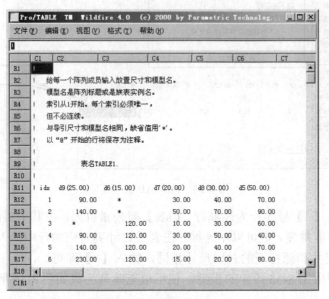

图 8-59　编辑表尺寸

（6）在【Pro/TABLE】窗口单击【关闭窗口】工具 ✕ 按钮，关闭【Pro/TABLE】窗口并接受表数据。选择操控板【确定】工具 ✓ 按钮，完成阵列如图 8-57 所示。

（7）选择菜单【文件】/【保存】命令，保存文件。

（8）选择菜单【文件】/【关闭窗口】命令，关闭当前窗口。

（9）选择菜单【文件】/【拭除】/【不显示】命令，将文件从内存中清除。

8.3.7　参照阵列

参照阵列只针对于参照源特征创建的特征使用，此时该特征按照源特征的阵列方式进行阵列。如图 8-60，对于已经进行了阵列操作的底板上小圆柱，进行倒角，结果如图 8-61 所示。

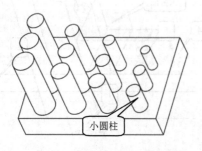

图 8-60　进行了阵列处理的模型

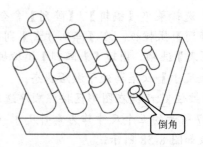

图 8-61　对小圆柱进行倒角

选取小圆柱的倒角后，右键单击在出现的快捷菜单选择【阵列】命令，操控板如图 8-62 所示。操控板中【阵列方式】列表中只有【参照】可用，选择操控板【确定】工具 ✔ 按钮，完成阵列如图 8-63 所示，在原来阵列出的各圆柱上进行了倒角处理。进行参照阵列的源特征必须参照前面阵列的源特征创建。

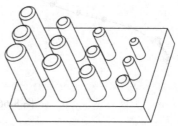

图 8-62　参照阵列操控板　　　　　　　图 8-63　生成的参照阵列

8.3.8　曲线阵列

曲线阵列用于生成沿曲线的阵列，阵列出的实例都在曲线上。选择【阵列】命令打开【阵列】操控板后，在【阵列方式】列表中选择【曲线】选项，打开【曲线阵列】操控板，如图 8-64 所示。

图 8-64　曲线阵列操控板

操控板中，【曲线】收集器处于激活状态，如果事先草绘了作为阵列参照的曲线，则在图形区选取该曲线作为阵列参照即可；如果没有可用曲线作为阵列参照，选择操控板【参照】菜单，在弹出的【参照】上滑面板单击【定义】按钮，按照草绘曲线的方法草绘曲线即可。

沿曲线阵列有两种方式，给定实例间距和给定实例数量。

● 给定实例间距：这是系统默认的沿曲线阵列方式，此时操控板【实例间距方式】工具 处于按下状态，【实例间距】组合框 8.36 可用，可在其中输入或者选取数值定义相邻实例的间距，系统自动根据曲线的长度计算生成实例的数量，如图 8-65 所示。

● 给定实例数量：单击操控板【实例数量方式】工具 ，可以使用给定沿曲线阵列的实例数量进行阵列。此时【实例数量】组合框 91 可用，可在其中输入或者选取数值定义实例的数量，系统自动根据曲线的长度计算生成实例间距，如图 8-66 所示。

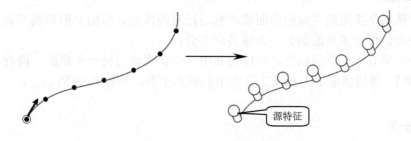

图 8-65　给定实例间距方式

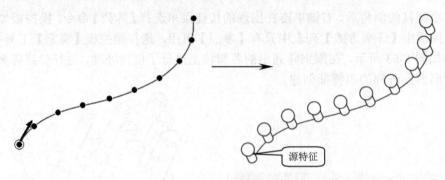

图 8-66　给定实例数量方式

8.4　缩放模型

选择菜单【编辑】/【缩放模型】命令，在消息区出现提示，要求输入比例，在其后的编辑框中可以输入比例数值，大于 1 放大模型，小于 1 缩小模型。

8.5　曲面编辑工具

对于形状比较复杂的曲面立体，需要首先创建曲面，通过对多个曲面的编辑，将所有曲面合并成一闭合的曲面，最后使用实体化工具，完成实体造型，如图 8-67 所示。有些曲面薄板型零件可以通过曲面加厚形成实体，如图 8-68 所示。

图 8-67　通过实体化形成的立体模型　　　图 8-68　通过曲面加厚形成的实体模型

有关曲面工具，前面章节讲述较少，但对于规则曲面可以通过拉伸、旋转、混合、扫描、边界混合和可变截面扫描的相应选项完成，这和生成实体的方法并无不同。

8.5.1　曲面裁剪

曲面的裁剪是指用新生成的曲面或者利用已有的曲面、曲面上的曲线或者基准面裁剪已存在的曲面，保留需要的部分，去除多余部分。

模型中如果有两个曲面相交，可以用其中一个曲面裁剪另一个曲面，请看下面例题。

【例 8-8】　使用曲面 1 为曲面 2 镂空出椭圆形空洞，如图 8-69 所示。

🔲　设计步骤

（1）打开文件"liti8-7.prt"。

（2）在模型上选择曲面 2，曲面 2 红色加亮显示。

（3）选择菜单【编辑】/【修剪】命令或者选择【编辑特征】工具栏 工具，消息区出现【修剪】操控板，如图 8-70 所示。

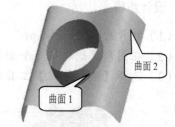

（4）激活操控板【修剪对象】收集器 ，使其变为淡黄色。

（5）在模型上选择曲面 1 作为修剪对象。

（6）在图形区看到保留的曲面侧以黄色箭头指示，并且保留的曲面以网格加亮模式显示，如图 8-71 所示。可以通过单击箭头或者选择操控板 工具使保留侧相反。

图 8-69　模型

图 8-70　修剪模型

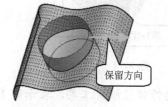

图 8-71　【修剪】保留侧

（7）选择操控板 工具预览模型，符合设计要求后选择 工具完成裁剪。

（8）保存文件，关闭窗口，拭除不显示。

 如果选择有误也可以选择操控板【参照】命令，弹出【参照】上滑面板，其中有【修剪的面组】收集器和【修剪对象】收集器，激活不同的收集器可以在模型上选择相应的选项。也可以通过选择参照，单击鼠标右键，在快捷菜单选择【移除】命令移除误选的参照。

8.5.2　曲面合并

曲面合并是指将两个相交的曲面合并为一个曲面，并在交线处相互裁剪，保留合适部分。

在图形区选择一个曲面，按住 Ctrl 键选择需要合并的另一个曲面，选择菜单【编辑】/【相交】命令或者选择【编辑特征】工具栏 工具，消息区出现【合并】操控板，如图 8-72 所示。

在【参照】上滑面板中的【面组】列表中显示要进行合并的两个曲面。选择操控板 工具可以改变第 1 组曲面要保留的侧，选择操控板 工具可以改变第 2 组曲面要保留的侧。在图形区要保留的侧以黄色箭头表示，并且保留的曲面以网格加亮显示，如图 8-73 所示。也可以在图形区单击黄色箭头改变曲面要保留的侧。

图 8-72　【合并】操控板

图 8-73　保留侧显示

【例 8-9】　对如图 8-74 所示的两个曲面进行曲面合并的各种操作。

设计步骤

（1）打开文件 "liti8-9.prt"，如图 8-74 所示。

（2）在图形区选取第 1 个曲面，按住 Ctrl 键选取第 2 个曲面。

（3）选择【编辑特征】工具栏 工具，图形区模型预览和合成曲面如图 8-75 所示。

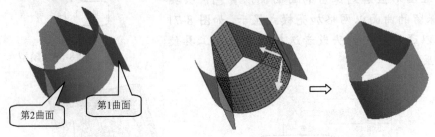

第2曲面　第1曲面

图 8-74　原曲面　　　　　　　图 8-75　系统默认保留侧

（4）选择操控板 工具，表示第 1 组曲面要保留侧的黄色箭头反向，图形区模型预览和合成曲面如图 8-76 所示。

（5）选择操控板 工具，表示第 2 组曲面要保留侧的黄色箭头反向，图形区模型预览和合成曲面如图 8-77 所示。

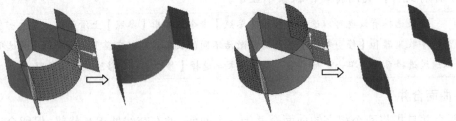

图 8-76　改变第 1 面组保留侧　　　　　图 8-77　改变第 1 面组保留侧

（6）选择操控板 工具预览模型，符合设计要求后选择 工具完成曲面合并。

（7）保存文件，关闭窗口，拭除不显示。

8.6　曲面加厚

使用曲面加厚工具可以将曲面转换为薄壁件，由曲面模型生成实体模型。

在图形区选取曲面，选择菜单【编辑】/【加厚】命令，出现【加厚】操控板，如图 8-78 所示。

● 添加材料：加厚形成的实体添加到原模型中。

● 去除材料：用加厚形成的实体去除原模型材料。

● 厚度方向：有三种方向，朝曲面正法线方向、朝曲面负法线方向和向两侧均匀加厚，通过单击加厚方向工具 切换，也可以通过单击图形区黄色箭头或者拖动方向距离控制块实现，如图 8-79 所示。

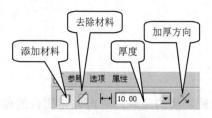

图 8-78 加厚曲面操控板

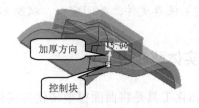

图 8-79 加厚方向

【例 8-10】 使用所给模型练习使用曲面加厚命令。

设计步骤

（1）打开文件 "liti8-10.prt"，如图 8-80 所示。

（2）在图形区选取如图 8-80 所示的曲面。

（3）选择菜单【编辑】/【加厚】命令。

（4）在【厚度】组合框 ├┤15.00 中输入厚度值为 "15"，模型如图 8-81 所示。

（5）在图形区单击黄色箭头，模型如图 8-82 所示。

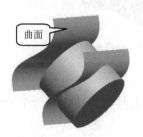

图 8-80 原模型

图 8-81 加厚曲面

图 8-82 反向加厚

（6）在操控板单击加厚方向工具 ，模型如图 8-83 所示，朝曲面两侧加厚，出现两个黄色箭头。

（7）选择操控板 工具预览模型，选择 工具完成加厚曲面，如图 8-84 所示。

（8）在图形区选取和圆柱相交的曲面。

（9）选择菜单【编辑】/【加厚】命令。

（10）在操控板选择去除材料 工具，在【厚度】组合框 ├┤15.00 中输入厚度值为"15"。

（11）选择操控板 工具预览模型，选择 工具完成加厚曲面，如图 8-85 所示。

图 8-83 两侧加厚

图 8-84 完成加厚

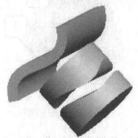

图 8-85 去除材料加厚

（12）保存文件，关闭窗口，拭除不显示。

8.7 实体化工具

实体化工具是将曲面模型转化为实体模型的最重要的工具，它可以将闭合的曲面组转化为实体，也可以使用曲面切除立体的一部分完成实体化功能。

选取合适的曲面，选择菜单【编辑】/【实体化】工具。在消息区出现【实体化】工具栏，如图 8-86 所示。使用曲面和曲面片切除实体时，黄色箭头表示切除材料的方向，如图 8-87 所示。

形成闭合空间的曲面可以通过实体化工具生成实体，与实体能够形成闭合空间的曲面也可使用实体化工具形成实体。

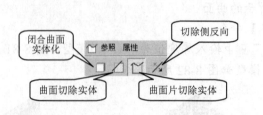
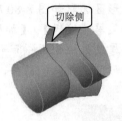

图 8-86 【实体化】操控板   图 8-87 切除侧方向

8.7.1 闭合曲面实体化

对于一组曲面，可以使用曲面延伸、曲面修剪和曲面合并工具将其转化成一个闭合的曲面，然后通过实体化工具将其转化为实体模型。

【例 8-11】 使用所给曲面模型，将三个曲面中间部分变为实体，其余部分裁剪掉。

设计步骤

（1）打开文件 "liti8-11.prt"，如图 8-88 所示。

（2）在图形区选取曲面 1，按住 Ctrl 键选择曲面 2。

（3）选择菜单【编辑】/【实体化】命令，模型如图 8-89 所示。

（4）选择 ✓ 工具完成曲面合并，模型如图 8-90 所示。

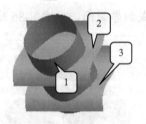

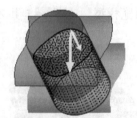
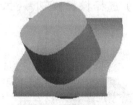

图 8-88 原模型   图 8-89 加厚曲面   图 8-90 第 1 次曲面合并

（5）在模型树选择 "合并 1"，按住 Ctrl 键在图形区选择曲面 3。

（6）选择菜单【编辑】/【合并】命令，模型如图 8-91 所示。

（7）在图形区单击合并 1 曲面保留侧箭头，使之反向，模型如图 8-92 所示。

（8）选择 ☑ 工具完成曲面合并，模型如图 8-93 所示。

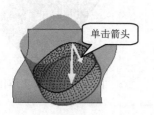
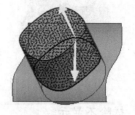

单击箭头

图 8-91　原模型　　　　　图 8-92　保留曲面反向　　　　图 8-93　曲面合并

（9）在模型树选择曲面"合并 2"。

（10）选择菜单【编辑】/【实体化】工具，模型显示如图 8-94 所示。

（11）选择操控板 ☑ ㏒ 工具预览模型，符合设计要求后选择 ☑ 工具完成实体化，如图 8-95 所示。此时模型树如图 8-96 所示，各特征都显示在其中，并且表明创建顺序。

图 8-94　实体化　　　　　图 8-95　实体模型　　　　　图 8-96　模型树

（12）保存文件，关闭窗口，拭除不显示。

使用这个命令，曲面必须完全闭合并且合并成一个曲面，合并曲面时不能一次选取多个曲面，只能一次选取两个曲面，使用多次合并。

8.7.2　曲面切除立体

如果曲面和立体相交，可以使用曲面切除立体，并且可以选择要保留的侧。

【例 8-12】　使用所给曲面和实体模型，将圆柱体上部切除。

设计步骤

（1）打开文件"liti8-11.prt"，如图 8-97 所示。

（2）在图形区选取曲面。

（3）选择菜单【编辑】/【实体化】命令。

（4）在操控板选择去除材料工具 ☑，模型如图 8-98 所示。

（5）单击图形区黄色箭头，去除材料侧变为曲面上侧。

（6）选择 ☑ 工具完成实体化，模型如图 8-99 所示。

图 8-97　原模型

图 8-98　去除材料

图 8-99　完成实体化

（7）保存文件，关闭窗口，拭除不显示。

 　黄色箭头方向为去除材料的方向，选择操控板 ⚒ 工具，或者单击图形区黄色箭头，可以使黄色箭头反向，去除材料侧相反。

8.8　综合实例

利用特征操作工具和各种曲面工具可以完成各种各样形状复杂的模型。下面通过综合实例讲解。

8.8.1　电蚊香器盖板模型

🧰 **设计要求**

利用所学知识，创建如图 8-100 所示的电蚊香器盖板模型。

🔑 **设计思路**

（1）电蚊香盖板为一薄壁零件，可以先创建实体在抽壳生成。
（2）电蚊香盖板基体可以使用旋转工具。
（3）其上勾槽使用拉伸去除材料生成。
（4）其上小孔使用阵列功能生成。
（5）其上筋通过阵列生成。

🖼 **创建基体**

图 8-100　电蚊香器盖板

（1）选择【基础特征】工具栏 ◈ 工具。
（2）选择操控板【位置】命令，在出现的【位置】上滑面板中单击 定义... 在按钮。
（3）选择 "FRONT" 面作为草绘平面，其余使用默认设置，进入草绘环境。
（4）草绘截面如图 8-101 所示。
（5）选择操控板 ✓ 工具完成旋转体，如图 8-102 所示。

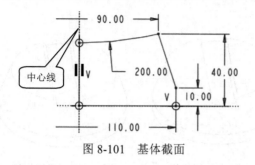

图 8-101　基体截面

图 8-102　旋转体

开槽

（1）选择【基准特征】工具栏 工具。

（2）在操控板选择 工具，变添加材料为去除材料。

（3）选择操控板【位置】命令，在出现的【位置】上滑面板中单击 定义... 在按钮。

（4）选择 "FRONT" 面作为草绘平面，其余使用默认设置，进入草绘环境。

（5）选择【草绘器】工具栏同心圆工具 ，在图形区选择所示边线，草绘同心圆并修改尺寸如图 8-103 所示。

（6）在操控板改变拉伸方式为 ，在拉伸深度组合框 20.00 中输入深度数值为 "20"。

（7）选择操控板 工具完成拉伸修剪，如图 8-104 所示。

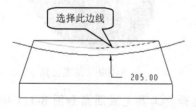

图 8-103　开槽截面

图 8-104　开槽实体

拔模

（1）在图形区选取如图 8-105 所示的曲面作为拔模曲面。

（2）选择【工程特征】工具栏 工具。

（3）在操控板单击拔模框轴收集器 1个链 ，使其变为淡黄色，在模型上选取如图 8-105 所示边线作为拔模框轴。

（4）在操控板单击拖动方向收集器 1轴 ，使其变为淡黄色，在模型上选取如图 8-105 所示轴线作为拖动方向参照。

（5）在操控板拔模角度组合框 20.000 中输入拔模角度值为 "20"。

（6）选择操控板拔模角度组合框 20.000 后的 工具，拔摸反向，如图 8-105 所示。

（7）选择操控板 工具完成第一侧拔模，如图 8-106 所示。

（8）按照上述步骤完成第二侧曲面的拔模，如图 8-107 所示。

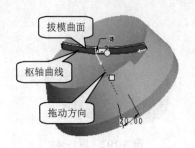

图 8-105　拔模各选项选取

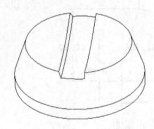

图 8-106　一侧拔模

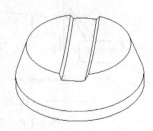

图 8-107　两侧拔模

倒圆角

（1）选择【工程特征】工具栏 工具。

（2）在图形区按住 Ctrl 键选择如图 8-108 所示的边线。

（3）在操控板圆角值组合框中输入 "3"，选择 工具完成圆角如图 8-109 所示。

（4）在图形区按住 Ctrl 键选择如图 8-110 所示的边线。

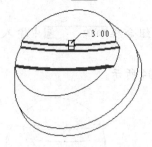

图 8-108　选择边线

图 8-109　完成圆角

（5）在操控板圆角值组合框中输入 "3"，选择 工具完成圆角如图 8-111 所示。

图 8-110　选择边线

图 8-111　完成圆角

抽壳

（1）选择【工程特征】工具栏 工具。

（2）在图形区选取下底面，如图 8-112 所示。

（3）在操控板中的厚度组合框 厚度 1.50 中输入值 "1.5"。

（4）选择 工具完成抽壳如图 8-113 所示。

图 8-112　选择去除面面

图 8-113　完成抽壳

创建方孔

（1）选择【基准特征】工具栏 工具。

（2）在操控板选择 工具，变添加材料为去除材料。

（3）选择操控板【位置】命令，在出现的【位置】上滑面板中单击 定义... 按钮。

（4）选择 "TOP" 面作为草绘平面，其余使用默认设置，参照使用默认参照，进入草绘环境。

（5）草绘截面并修改尺寸如图 8-114 所示。

（6）在操控板上改变拉伸方式为 。

（7）选择操控板 工具完成拉伸修剪，如图 8-115 所示。

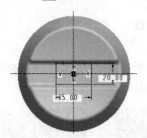

图 8-114　方孔截面

图 8-115　完成方孔

创建防护筋

（1）选择【基准特征】工具栏 工具。

（2）出现【基准平面】对话框，在图形区选择 "RIGHT" 面。

（3）在【基准平面】对话框中的【平移】编辑框中输入偏移距离为 "15"，如图 8-116 所示。

（4）单击在【基准平面】对话框中的 确定 按钮，完成基准面创建，如图 8-117 所示。

图 8-116　生成基准面

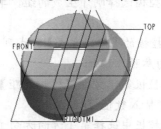

图 8-117　创建基准面

（5）选择【基准特征】工具栏 ⬜ 工具。

（6）选择操控板【位置】命令，在出现的【位置】上滑面板中单击 定义... 按钮。

（7）选择 "DTM1" 面作为草绘平面，其余使用默认设置，加选参照如图 8-118 所示，进入草绘环境。草绘截面并修改尺寸如图 8-118 所示。

（8）在操控板改变拉伸方式为 ⬜ ，在拉伸深度组合框 20.00 ▼ 中输入深度数值为 "2"。

（9）选择操控板 ✓ 工具完成拉伸，如图 8-119 所示。

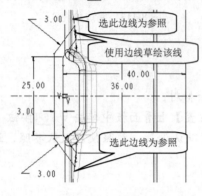

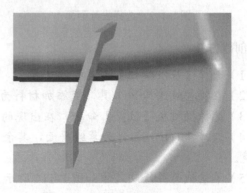

图 8-118　草绘截面　　　　　　　　图 8-119　完成拉伸

（10）使用圆角工具完成如图 8-120 所示的圆角。

（11）按住 Ctrl 键选择如图 8-121 所示的两条边线。

（12）在【工程特征】工具栏选择 ⬚ 工具。

（13）选择操控板【设置】命令，在【设置】面板中单击 完全倒圆角 按钮。

（14）选择 ✓ 工具完成完全倒圆角如图 8-122 所示。

图 8-120　倒圆角　　　　　图 8-121　选择边线　　　　　图 8-122　完全倒圆角

（15）按住 Ctrl 键在模型树选择刚才建立的筋板和两个倒圆角，单击鼠标右键，在弹出的快捷菜单中选择【组】命令，生成组。

（16）在模型树选择刚才生成的组，单击鼠标右键，在弹出的快捷菜单中选择【阵列】命令。

（17）在操控板的【阵列方式】方式列表中选择【方向】选项，在图形区选择 "RIGHT" 面作为阵列方向参照。

（18）在操控板第 1 方向【实例间距】组合框中输入距离值为 10，在第 1 方向【实例数量】编辑框中输入数值 "4"。

（19）在操控板中选择第 1 方向方向工具 ⬚ ，模型如图 8-123 所示。

（20）选择操控板 ✓ 工具完成阵列，如图 8-124 所示。

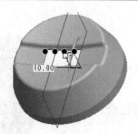

图 8-123　模型阵列

图 8-124　完成防护筋

创建孔阵列

（1）选择【基准特征】工具栏⟨⟩工具。

（2）选择操控板【位置】命令，在出现的【位置】上滑面板中单击 定义… 按钮。

（3）选择"TOP"面作为草绘平面，其余使用默认设置，进入草绘环境。

（4）草绘孔截面如图 8-125 所示。

（5）在操控板选择拉伸方式为 ⧉ ，选择去除材料 ⟨⟩工具，选择 ✓工具完成钻孔，模型如图 8-126 所示。

（6）在模型树选择刚才创建的孔，单击鼠标右键，在弹出的快捷菜单中选择【阵列】命令。

（7）在操控板的【阵列方式】方式列表中选择【填充】选项。

（8）在操控板选择【参照】命令，在上滑面板中选择 定义… 按钮，出现【草绘】对话框，选择"TOP"面作为草绘平面，其余选项和参照使用默认设置，草绘截面如图 8-127 所示。

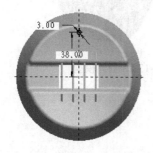

图 8-125　草绘圆孔截面

图 8-126　生成圆孔

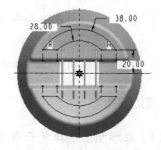

图 8-127　草绘填充截面

（9）在操控板填充阵列样式列表 ⧉ 菱形 ▾ 中选择【菱形】选项。

（10）在操控板实例间距组合框 ⧉ 5.00 中输入值"5"。

（11）选择操控板中 ✓工具阵列，如图 8-99 的模型所示。

（12）保存文件，关闭窗口，拭除不显示。

8.8.2　烧杯模型

设计要求

利用所学知识，创建如图 8-128 所示的烧杯模型。

⊗ 设计思路

（1）烧杯为一薄壁零件，可以先创建实体再抽壳生成。

（2）烧杯基体可以使用旋转工具。

（3）烧杯嘴部可以使用边界混合曲面工具生成曲面在合并
生成。

创建基体

图 8-128　烧杯模型

（1）选择【基础特征】工具栏 ⊹ 工具。

（2）选择操控板【放置】命令，在出现的【放置】上滑面板中单击 定义... 按钮。

（3）选择"FRONT"面作为草绘平面，其余使用默认设置，参照使用默认参照，进入
草绘环境。

（4）草绘截面如图 8-129 所示。

（5）选择操控板 ✓ 工具完成旋转体，如图 8-130 所示。

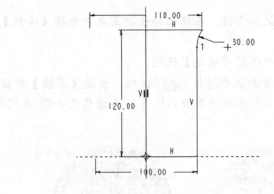

图 8-129　基体截面

图 8-130　基体模型

底边圆角

（1）在模型上选择底面圆的底边，如图 8-131 所示。

（2）在【工程特征】工具栏选择 ⬚ 工具。

（3）在操控板【圆角值】编辑框中输入"10"。

（4）选择 ✓ 工具完成完全倒圆角如图 8-132 所示。

图 8-131　选择倒圆角边

图 8-132　生成圆角

基准曲线

（1）选择【基准特征】工具拦 ~ 工具，出现【草绘】对话框。

（2）选择"RIGHT"面作为草绘平面，其余使用默认设置，进入草绘环境。

（3）设置参照，草绘曲线如图 8-133 所示。

（4）选取创建的曲线，选择菜单【编辑】/【投影】命令。

（5）在模型区按住 Ctrl 键选择两个曲面，如图 8-134 所示。

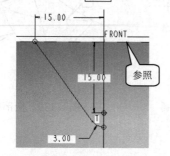

图 8-133　草绘曲线

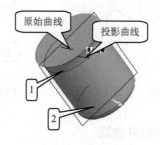

图 8-134　投影曲线

（6）选择操控板 ✓ 工具完成投影曲线。

（7）选取生成的投影曲线。

（8）选择【编辑特征】工具栏)(工具。

（9）在图形区选择"FRONT"面作为镜像面，选择操控板 ✓ 工具完成镜像曲线，如图 8-135 所示。

（10）选择【基准特征】工具拦 ~ 工具，出现【草绘】对话框。

（11）选择"FRONT"面作为草绘平面，其余使用默认设置，选取参照如图 8-136 所示，进入草绘环境。

（12）草绘曲线如图 8-136 所示。

图 8-135　镜像曲线

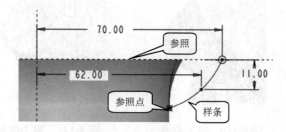

图 8-136　草绘曲线

（13）选择【基准特征】工具拦 ~ 工具，在出现的【曲线选项】菜单中选择【经过点】/【完成】命令。

（14）在【连结类型】菜单中选择【样条】/【增加点】命令。

（15）在图形区选择第 1 点，再选择第 2 点，然后选择第 3 点，选择【连结类型】菜单【完成】命令。生成曲线如图 8-137 所示。

（16）选择【基准特征】工具栏草绘工具 ~，选取立体的上底面为草绘平面，其余使用默认设置，进入草绘环境。

（17）选择菜单【草绘】/【参照】命令，打开【参照】对话框，添加如图 8-138 所示的参照并草绘曲线，此时共创建了五条曲线，如图 8-139 所示。

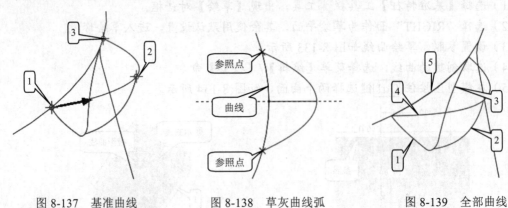

图 8-137　基准曲线　　　　　图 8-138　草灰曲线弧　　　　　图 8-139　全部曲线

创建并合并曲面

（1）在图形区按住 Ctrl 键选择第 1 曲线、第 2 曲线和第 3 曲线。

（2）选择【基础特征】工具栏 工具，在操控板激活第 2 方向曲线边界收集器 选取项目 。

（3）在图形区选择第 4 曲线，选择操控板 工具，模型如图 8-140 所示。

（4）在图形区按住 Ctrl 键选择第 4 曲线和第 5 曲线。

（5）选择【编辑特征】工具栏 工具，选择操控板 工具，模型如图 8-141 所示。

（6）在图形区按住 Ctrl 键选择第 1 曲面和第 2 曲面。

（7）选择【编辑特征】工具栏 工具，选择操控板 工具，模型如图 8-142 所示。

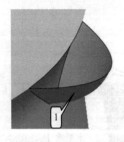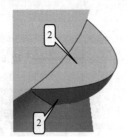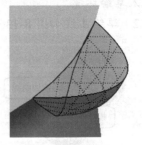

图 8-140　第 1 曲面　　　　　图 8-141　第 2 曲面　　　　　图 8-142　合并曲面

曲面实体化

（1）选取最后合并曲面，选择菜单【编辑】/【实体化】命令，单击模型区黄色箭头改变其方向指向模型内部，如图 8-143 所示。

（2）选择操控板 工具，完成实体模型。

（3）在模型树按住 Ctrl 键选择最后合并曲面以外的所有边界混合曲面和基准曲线，单击鼠标右键，在弹出的快捷菜单中选择

图 8-143　实体化

【隐藏】命令，将曲线和曲面隐藏。

抽壳

（1）选择【工程特征】工具栏倒圆角工具 。

（2）选取如图 8-144 所示的边线为其倒圆角，设置其圆角大小为 5。

（3）选择【工程特征】工具栏 工具。

（4）在图形区选取上底面作为移除的曲面。

（5）在操控板中的厚度组合框 厚度 1.50 中输入值"1"，选择其后的加厚反向工具 ，如图 8-145 所示。

图 8-144 倒圆角

图 8-145 抽壳

（6）选择 工具完成抽壳如图 8-127 所示。

（7）保存文件，关闭窗口，拭除不显示。

8.9 本章小结

本章讲述了各种特征编辑工具的用法。对于相同或者相似特征，可以应用复制命令完成各种不同形式的复制。对于多个形状相同或者相似的特征，使用阵列特征将使设计完成简单易行。关于某一对称面对称的特征，需要使用镜像复制工具。对于复杂的曲面立体，通常创建曲面模型，然后对曲面模型进行各种编辑，最后将曲面模型实体化达到设计要求，本章详细讲述了各种曲面编辑操作和实体化操作。

8.10 习题

1. 概念题

（1）复制特征有几种方式，各有什么不同？

（2）阵列特征有几种方式，各种阵列特征应该如何选择参照？

（3）曲面裁剪和曲面相交的用法有何不同，分别用于什么情况？

（4）曲面模型变为实体模型有哪几种方式？

2. 操作题

（1）创建如图 8-146 所示的立体模型，其尺寸如工程图所示。

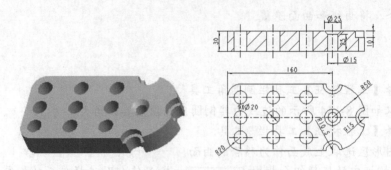

图 8-146　立体

（2）完成如图 8-147 所示的淋浴喷头盖模型，小孔实例间距和径向间距都是 10。

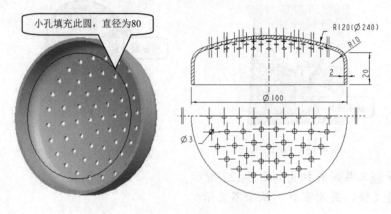

图 8-147　淋浴喷头盖

（3）利用给定曲线使用边界混合工具和各种曲面编辑工具完成如图 8-148 所示的水瓶模型。

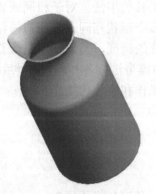

图 8-148　水瓶模型

第 9 章 关系和族表

Pro/E 系统最鲜明的特色就是参数化，体现参数化除了使用尺寸参数之外，还体现在尺寸之间建立数学关系式，使它们始终保持相对大小、位置和约束条件。在草绘、零件和装配模式下，都可以创建关系式，分别称为零件的特征关系式、零件关系式和装配关系式。

在装配模块中，要大量使用标准件，这就要求使用零件库，以提高工作效率。对于这些零件，在设计和使用时，不必对每个零件从头到尾、按照特征顺序进行设计，只要从零件库中直接调用，然后对其进行简单的修改即可。

【本章重点】
- 齿轮的画法；
- 几种重要函数的用法；
- 零件库的创建方法。

9.1 参数关系

参数关系实际上是建立特征与特征之间，零件与零件之间的函数方程式，使它们的尺寸相互关联。在进行产品设计时，需要根据设计需要随时添加关系式，最忌在整个设计结束后添加关系式，这样将使尺寸参数增加，产生不必要的麻烦。

关系实际上也是一种捕捉设计意图的方式，用户可以通过使用关系驱动模型，如图 9-1 所示的立体模型中，以小圆孔的尺寸作为参数驱动整个零件的尺寸，小圆孔中心线径向尺寸为小圆孔直径的 8 倍，板厚度和圆孔直径相等，圆板的外径为孔中心线直径和小孔直径 2 倍的和。也就是建立了如下关系：

d2=8*d1

d3=d2+2*d1

d0=d1

修改小孔的直径尺寸时，整个模型的尺寸都发生改变，但是各尺寸的关系都不发生改变。图 9-2 所示为小孔直径为 20 时的模型，图 9-3 所示为小孔直径为 12.5 时的模型，图 9-4 所示为小孔直径为 20 时的模型。

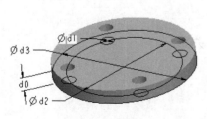

图 9-1　关系模型

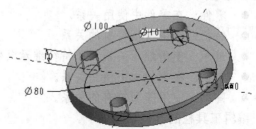

图 9-2　小孔直径为 10

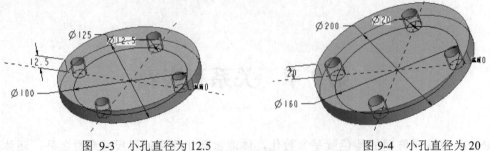

图 9-3　小孔直径为 12.5　　　　　　　　图 9-4　小孔直径为 20

9.1.1　参数关系式

参数关系式影响整个模型的再生和模型中特征以及装配中各零件的尺寸关系，所以首先要理解参数关系式的基本概念。

1.【关系】对话框

参数关系式均在【关系】对话框实施操控，选择菜单【工具】/【关系】命令即可打开【关系】对话框，如图 9-5 所示。

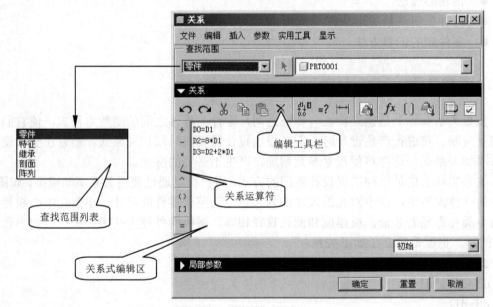

图 9-5　【关系】对话框

在【关系】对话框的关系式编辑区可以完成整个关系式的编辑。在【查找范围】列表中可以选取关系中参数的范围。

- 零件：在零件中使用关系。
- 特征：使用特征特有的关系。
- 继承：使用继承关系，子特征继承父特征的关系。
- 剖面：在剖截面中使用关系。
- 阵列：使用阵列特有的关系。

编辑工具栏的具体功能如下。

- ↶：撤消上一步的操作。

- ：重做误撤消的操作。
- ：将选定的文本剪切到剪贴板。
- ：将选定的文本复制到剪贴板。
- ：将剪贴板中的文本复制到当前位置。
- ：删除选定的项目。
- ：将图形区标注在尺寸和名称之间切换。
- ：计算参数、尺寸或表达式的值，单击工具弹出对话框如图 9-6 所示。在【表达式】编辑框中输入表达式，单击 计算 按钮，在【结果】区显示计算结果。
- ：指定在图形区要显示的尺寸，弹出如图 9-7 所示的对话框，在编辑框输入变量名，单击 确定 按钮，在图形区显示该变量的尺寸。
- ：将关系设置为对参数和尺寸的单位敏感。
- ：在列表中插入函数，选择该工具打开【插入函数】对话框，从列表中选择函数双击鼠标左键即可将该函数插入关系编辑区，如图 9-8 所示。

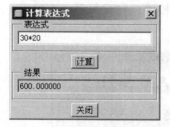

图 9-6　【计算表达式】对话框　　　图 9-7　【显示尺寸】对话框　　　图 9-8　【插入函数】对话框

- ：从列表中插入参数名称，选择此工具弹出【插入参数】对话框。
- ：从可用值列表中选取单位，选择此工具弹出【选择单位】对话框，可从中选择单位。
- ：排序关系，将关系按照计算的先后顺序在关系编辑窗口显示。
- ：执行或者校验关系并且按关系创建新参数。

选择菜单【文件】/【输出关系】可以将关系以纯文本文件的格式输出保存，以备以后使用，也可以通过菜单【文件】/【输入关系】命令将已有的文本关系文件读入关系编辑区。

2. 关系的类型

关系的类型有两种。

- 相等关系：将等式右边的表达式进行计算，其值赋给左边的参数。使用这种关系可以给尺寸或者参数赋值，如 "d0=20"、"d1=30*cos（trajpar*360*3）+20" 等。这是普通设计时使用很多的关系类型。
- 比较关系：对比较运算符两边的表达式值进行运算，得到逻辑值。这种关系一般用来作为一个约束或者用在程序的条件语句中。如 "d1>30+d3*2"。

3. 关系中的几种重要函数

关系中大量使用数学函数，可以单击【编辑工具】栏中的插入函数工具 ，打开【插入函数】对话框，从列表中选择函数双击鼠标左键即可将该函数插入关系编辑区，以下为几种常用的函数。

- sin()：正弦函数，括弧内输入的参数是角度值或者角度尺寸符号，单位为度。
- cos()：余弦函数，括弧内输入的参数是角度值或者角度尺寸符号，单位为度。
- sqrt()：开平方函数，其括号内参数或尺寸的算术平方根，括号内的数值后尺寸不能为负值。
- trajpar：轨迹函数，其值为 0 到 1 之间的数值。一般情况下，该函数用于可变截面扫描特征的创建，它是从 0 到 1 的一个变量（呈线性变化）代表扫描轨迹上的点距离轨迹起点长度占整个轨迹长度的百分比。在扫描的开始时，trajpar 的值是 0；结束时为 1。例如：在草绘的关系中加入关系式 sd#=trajpar+n，此时尺寸 sd#受到 trajpar+n 控制。在 sweep 开始时值为 n，结束时值为 n+1。截面的相应尺寸呈线性变化。若截面的高度尺寸受 sd#=sin(trajpar*360)+n 控制，则截面的相应尺寸呈现正弦曲线变化。

9.1.2　创建关系

创建模型或者草绘之后，选择菜单【工具】/【关系】命令，在弹出的【关系】对话框中输入关系式，选择其中【编辑】工具栏的校验关系☑工具，如果关系中无错误，会出现如图 9-9 所示的完成校验提示，单击 确定 按钮，完成关系校验。如果关系中有错误，会出现如图 9-10 所示的错误提示，需要重新编辑关系。

图 9-9　校验成功

图 9-10　校验出错信息

完成关系校验后，单击 确定 按钮，完成关系编辑。选择标准工具栏再生工具，再生模型，可以看到模型按照关系发生了变化。

完成关系设置之后，如果模型中的尺寸由关系驱动，则不能直接修改，需要通过修改驱动尺寸或者关系式修改。如在关系式"d1=2*d0+8"中，d1 为被驱动尺寸，不能修改，而 d0 为驱动尺寸，可以修改 d0，以驱动 d1 的尺寸。

【例 9-1】利用所给模型，使用关系设定各孔的尺寸，其中所有尺寸均由四个小孔的直径尺寸驱动，尺寸关系为："d3=8d1；d4=d3+2d1；d2=2d1；d0=d1"。

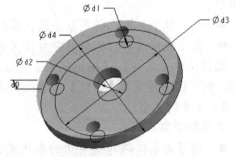

图 9-11　模型参数

📲 打开零件模型

打开名为"liti9-1.prt"的实体模型，如图 9-12 所示。

📲 创建关系

（1）选择菜单【工具】/【关系】命令，出现【关系】对话框。

（2）这时模型中并不显示尺寸参数，在模型中单击模型，显示各尺寸代号，如图 9-13 所示。

图 9-12 拉伸实体

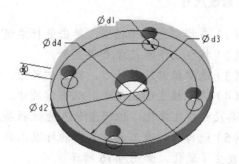

图 9-13 显示尺寸代号

（3）在模型区单击尺寸"φd3"，在【关系】对话框中的【关系编辑区】出现符号"d3"。

（4）使用键盘连续输入"=8*"。

（5）在模型区单击尺寸"φd1"，【关系编辑区】出现关系式"d3=8*d1"。

（6）按回车键，输入下一个关系式，可以根据模型上显示的尺寸符号直接使用键盘输入。

（7）最后的【关系】对话框中的关系式如图 9-14 所示。

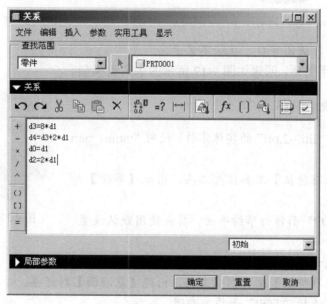

图 9-14 关系

（8）选择【关系】对话框中的【编辑】工具栏中校验关系工具 ，完成校验。

（9）单击【关系】对话框中 确定 按钮，完成关系编辑。这时模型并未发生变化。

再生模型

选择【标准工具栏】中的选择标准工具栏再生工具 ，再生模型，可以看到模型按照关系发生了变化。

修改尺寸

（1）在模型树选择模型，单击鼠标右键，在弹出的快捷菜单中选择【编辑】命令。

（2）模型上所有尺寸都将显示。

（3）选取板的外径尺寸，双击该尺寸，发现不能修改。因为它是被驱动尺寸。

（4）选取板上小孔尺寸，双击该尺寸，出现编辑框。输入"10"，按回车键接受修改。这时其尺寸发生变化，但模型和其他被驱动尺寸并未发生变化，如图 9-15 所示。

（5）选择【标准工具栏】中的标准工具栏再生工具 ，再生模型，可以看到模型按照关系发生了变化，如图 9-16 所示。

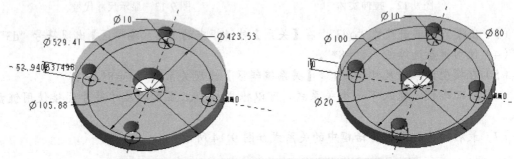

图 9-15　修改驱动尺寸　　　　　　　　图 9-16　模型变化

（6）保存文件，关闭窗口，拭除不显示。

【例 9-2】使用关系，创建如图 9-17 所示的水果盘模型。

创建基准曲线

（1）新建名为"liti9-2.prt"的实体零件，使用"mmns_part_solid"。

（2）选择【基准特征】工具拦 工具，出现【草绘】对话框。

（3）选择"TOP"面作为草绘平面，其余使用默认设置，进入草绘环境。

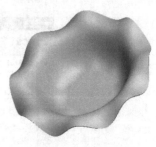

图 9-17　水果盘模型

（4）草绘曲线如图 9-18 所示。

（5）选择【基准特征】工具拦 工具，出现【基准面】对话框。

（6）在图形区选择"TOP"面作为参照。

（7）在【基准面】对话框的【平移】编辑框中输入"60"单击 确定 按钮，完成基准面创建，如图 9-19 所示。

（8）选择【基准特征】工具拦 工具，出现【草绘】对话框。

（9）选择"DTM1"面作为草绘平面，其余使用默认设置，接受默认参照，进入草绘环境。

（10）草绘曲线如图 9-20 所示。

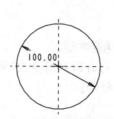
　　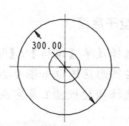

图 9-18　草绘第 1 条曲线　　　图 9-19　创建基准面　　　图 9-20　草绘第 2 条基准线

创建可变截面扫描曲面

（1）在图形区选取如图 9-21 所示的第 1 条曲线。

（2）选择【基础特征】工具栏 工具。

（3）按住 Ctrl 键在图形区选择第 2 条曲线。

（4）选择操控板 工具，进入草绘环境。

（5）使用样条曲线草绘如图 9-22 所示的图形。

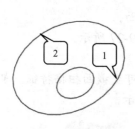

图 9-21　选取曲线

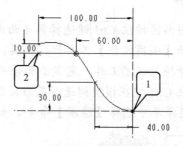

图 9-22　草绘截面

 　　样条曲线要经过点 1，尺寸 "10" 要以第 2 点为参照标注。

（6）选择菜单【工具】/【关系】命令，出现【关系】对话框。

（7）在模型区选取尺寸符号 "sd19"，在【关系编辑区】出现 "sd19" 符号，如图 9-23 所示。

（8）在【关系编辑区】使用键盘输入关系式 "sd19=15*sin(trajpar*8*360)"。

（9）选择【关系】对话框中的【编辑】工具栏中校验关系工具 ，完成校验。

（10）单击【关系】对话框中 确定 按钮，完成关系编辑。

（11）选择操控板 工具完成可变截面扫描，如图 9-24 所示。

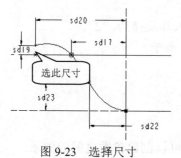

图 9-23　选择尺寸

图 9-24　扫描曲面

创建盘子底面

（1）选择菜单【编辑】/【填充】命令，系统提示 ⬇选取一个封闭的草绘。。

（2）在图形区选取如图 9-24 所示的曲线，预览生成的填充曲面如图 9-25 所示。

（3）选择操控板✓工具完成填充，生成的模型如图 9-26 所示。

图 9-25　预览填充曲面　　　　　　图 9-26　生成底面

曲面合并

（1）在图形区按住 Ctrl 键选择第 1 曲面和第 2 曲面。

（2）选择【编辑特征】工具栏⬡工具，模型如图 9-27 所示。

（3）选择操控板✓工具，完成曲面合并。

（4）按住 Ctrl 键在模型树选择基准曲线，曲面和可变截面扫描特征，单击鼠标右键，在出现的快捷菜单中选择【隐藏】命令，如图 9-28 所示。

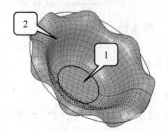

图 9-27　合并曲面　　　　　　　　图 9-28　隐藏特征

曲面加厚

（1）选取最后创建的合并曲面。

（2）选择菜单【编辑】/【加厚】命令。

（3）在操控板【厚度】组合框 ⊢15.00 ▾ 中输入厚度值为"2"。

（4）选择操控板✓工具，完成加厚，如图 9-17 所示。

（5）保存文件，关闭窗口，拭除不显示。

9.2　参数

使用关系可以创建模型中已有尺寸的关系，也可以创建参数之间的关系。

不使用参数，直接创建关系时，参数的名称直接来源于模型中的尺寸符号，不便于记忆与操作，使用参数可以在给变量命名时，创建一个有意义的变量名，便于在以后的零件设计中，直接调用这些参数，达到参数化设计的目的。

下面通过讲解标准直齿渐开线齿轮的创建过程，讲解参数的定义和应用。

标准齿轮的齿廓一般是渐开线，称为渐开线齿轮，这种齿轮广泛应用于传递运动和动力。

齿轮在设计时，最重要的问题是获得渐开线齿廓。因此，在设计过程中应该首先使用方程创建出渐开线曲线作为齿廓线，在利用该渐开线创建出单个轮齿，最后使用阵列功能创建所有轮齿，最后创建其他结构，生成齿轮，这种设计可以使用齿轮的模数、齿数和宽度作为参数，生成符合国标的齿轮模型，在以后的设计之中也可调用，故在齿轮设计之前首先应该给定由用户给定的参数，然后通过关系定义其他各参数。

标准齿轮的主要参数是模数 m、和齿数 Z 及齿宽 B。通过这几个参数可以计算出齿轮各部分的尺寸。具体尺寸和各尺寸之间的关系如表 9-1 所示。

表 9-1　齿轮各尺寸的关系和名称

参 数 含 义	参 数 名	参 数 类 型	参 数 值
模数	m	实数	用户给定
齿数	z	整数	用户给定
压力角	alpha	实数	20
齿顶高系数	ha	实数	1
顶隙系数	c	实数	0.25
分度圆直径	d	实数	d=mz
基圆直径	db	实数	db=mzcos(alpha)
齿顶圆直径	da	实数	da=m(z+2ha)
齿根圆直径	df	实数	df =m(z-2(ha+c))
齿宽	b	实数	用户给定

【例 9-3】 创建齿轮

设置参数

（1）新建名为 "chilun.prt" 的实体零件，使用 "mmns_part _solid"。

（2）选择菜单【工具】/【参数】命令，弹出【关系】对话框，如图 9-29 所示。

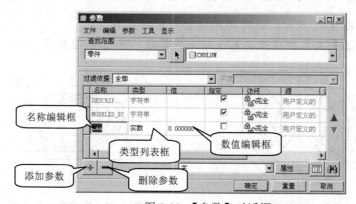

图 9-29 【参数】对话框

（3）在【参数】对话框中选择添加参数工具 ，在列表中出现新添加的参数。

（4）单击新参数【名称】列表对应栏的编辑框，输入新名称"z"。

（5）单击新参数【类型】列表，在列表中选择【整数】选项。

（6）单击新参数【数值】列表对应栏的编辑框，输入新值"30"。

（7）按照步骤（3）—（6）添加其余参数，如图 9-30 所示。

图 9-30　齿轮参数

🔍　设置初始值为 0 的参数，将通过以后的关系式计算确定其数值。

创建基准曲线

本步骤为齿轮创建四个基准圆，分别作为齿轮的基圆、齿顶圆、分度圆和齿根圆，然后通过参数定义其尺寸，通过使用参数方程定义渐开线创建出齿廓线。

（1）选择【基准特征】工具拦 工具，出现【草绘】对话框。

（2）选择"FRONT"面作为草绘平面，其余使用默认设置，接受默认参照，进入草绘环境。

（3）草绘曲线如图 9-31 所示，此处不用理会尺寸的大小。

（4）选择【草绘器】工具栏中工具 ✓ 选项完成草绘，如图 9-32 所示。

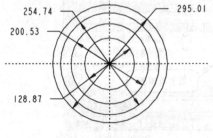

图 9-31　草绘曲线

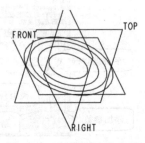

图 9-32　生成的基准曲线

（5）选择菜单【工具】/【关系】命令，弹出【关系】对话框。

（6）在模型区选择刚才创建的基准曲线，曲线显示尺寸符号，如图 9-33 所示。

（7）在【关系】对话框中的【关系编辑区】输入关系式，如图 9-34 所示。

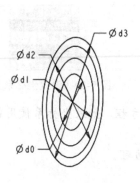

图 9-33　显示尺寸符号

图 9-34　编辑关系式

（8）关系式内容为：

d=m*z

db=m*z*cos(alpha)

da=m*(z+2*ha)

df=m*(z-2*(ha+c))

d0=db

d1=df

d2=d

d3=da

b=0.2*d

（9）选择【关系】对话框中的【编辑】工具栏中校验关系工具☑，完成校验。

（10）单击【关系】对话框中 确定 按钮，完成关系编辑。

（11）选择【标准工具栏】中的标准工具栏再生工具▓，再生模型，可以看到曲线按照关系发生了变化，其尺寸如图 9-35 所示。

（12）选择【基准特征】工具拦～工具，出现【曲线选项】菜单。

（13）选择【曲线选项】菜单【从方程】/【完成】命令，如图 9-36 所示。

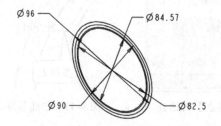

图 9-35　使用关系后的基准曲线尺寸

图 9-36　【曲线选项】菜单

（14）出现【曲线：从方程】对话框和【得到坐标系】菜单，在菜单中选择【选取】命令，如图 9-37 和图 9-38 所示。

（15）在图形区选取基准坐标系"PRT_CSYS_DEF"，出现【设置坐标类型】菜单，选择【柱坐标】选项，如图 9-39 所示。

图 9-37　【曲线：从方程】对话框　　图 9-38　得到坐标系　　图 9-39　设置坐标系类型

（16）弹出文本框，在其中输入如图 9-40a 所示的参数方程，如果坐标系使用笛卡儿坐标系，可以输入如图 9-40b 所示的参数方程。

（17）选择文本框菜单【文件】/【保存】命令，保存方程。

（18）关闭文本框，回到【曲线：从方程】对话框。

（19）单击【曲线：从方程】对话框 确定 按钮，完成曲线创建，如图 9-41 所示。

（20）选择【基准特征】工具栏基准点工具，出现【基准点】对话框，如图 9-42 所示。

（21）在图形区选取刚才创建的渐开线，按住 Ctrl 键选取分度圆，在两圆交点处出现基准点"PNT0"，如图 9-43 所示。

a）　　　　　　　　　　　　　　　　　　b）

图 9-40　渐开线参数方程

a）柱坐标系渐开线方程　b）笛卡儿坐标系渐开线方程

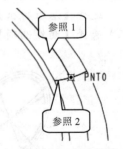

图 9-41　渐开线　　　　　图 9-42　【基准点】对话狂　　　　图 9-43　创建基准点

（22）单击【基准点】对话框中的 确定 按钮，完成基准点创建。

（23）选择【基准特征】工具栏基准点工具 ∕，出现【基准轴】对话框，如图 9-44 所示。

（24）在图形区选取 "TOP" 面，按住 Ctrl 键选取 "RIGHT" 面，在两基准面相交处产生基准轴 "A_3"，如图 9-45 所示。

图 9-44 【基准轴】对话框

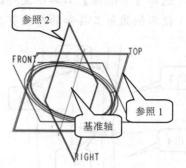

图 9-45 创建基准轴

（25）单击【基准轴】对话框中的 确定 按钮，完成基准轴创建。

（26）在图形区选取 "A_1" 轴，按住 Ctrl 键选取 "PNT0" 点，选择【基准特征】工具栏基准点工具 ▱，过点和轴线产生基准面 "DTM1"，如图 9-46 所示。

（27）选择【基准特征】工具栏基准点工具 ▱，出现【基准面】对话框，如图 9-47 所示。

（28）在图形区选取 "A_1" 轴，按住 Ctrl 键选取 "DTM1" 面。

（29）在【基准面】对话框的【旋转】组合框中输入 "360/（4*z）"，按回车键，在出现的提示框选择 是(Y) 按钮，完成关系定义。

（30）单击【基准平面】对话框中 确定 按钮，完成基准面 "DTM2"，如图 9-48 所示。

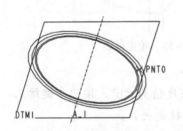

图 9-46 创建基准面

图 9-47 【基准平面】对话框

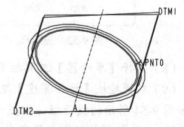

图 9-48 创建基准面

> 基准面 "DTM2" 的方向为由 "TOP" 面到 "DTM1" 的方向，否则在【旋转】组合框输入负值后再输入关系式。

（31）在图形区选择渐开线。

（32）选择【编辑特征】工具栏镜像工具))(。

（33）选取 "DTM2" 面作为镜像面，选择操控板 ✓ 工具完成镜像，如图 9-49 所示。

创建单个轮齿

（1）选择【基础特征】工具栏拉伸工具 ☞。

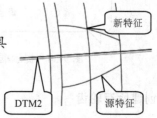

图 9-49 镜像渐开线

（2）选择操控板【放置】命令，在出现的【放置】上滑面板中单击 定义... 按钮。

（3）选择"FRONT"面作为草绘平面，其余使用默认设置，参照使用默认参照，进入草绘环境。

（4）选择【草绘器】工具栏使用边线工具 □ ，草绘截面如图 9-50 所示。

（5）使用倒圆角工具和动态修剪工具完成截面如图 9-51 所示。

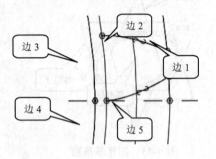

图 9-50　选择边线

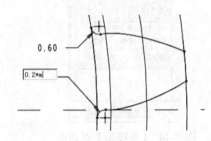

图 9-51　为圆角作关系

（6）约束两圆角相等，双击半径尺寸修改其半径值为"0.2*m"，按回车键结束，出现如图 9-52 所示的提示框，在提示框内单击 是(Y) 按钮，接受关系。

（7）使用动态修剪工具剪掉多余线，截面如图 9-53 所示。

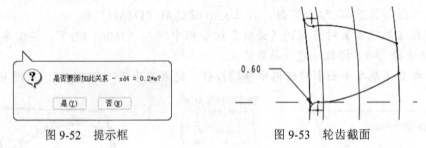

图 9-52　提示框

图 9-53　轮齿截面

（8）选择【草绘器】工具栏单击工具 ✔ 按钮完成草绘。

（9）在操控板【拉伸深度】组合框 ⊥・ 90.00 ▾ 中输入深度值为"b"，按回车键结束，出现如图 9-54 所示的提示框，在提示框内单击 是(Y) 按钮，接受关系。

（10）选择操控板 ✔ 工具完成单个轮齿，如图 9-55 所示。

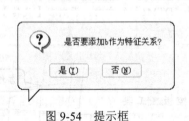

图 9-54　提示框

图 9-55　单个轮齿

🔟 创建所有轮齿

（1）选取刚才创建的轮齿。

（2）选择【编辑特征】工具栏阵列工具▦，出现【阵列】操控板。

（3）在阵列方式列表 轴 ▾ 中选择【轴】。

（4）在图形区选取"A_1"轴线为阵列轴线。

（5）选择包角方式按钮△，变间距方式为包角方式。

（6）在【实例数量】组合框✕|ⅰ　|中输入"30"，选择操控板✓工具完成阵列，如图 9-56 所示。

（7）选择菜单【工具】/【关系】，打开关系对话框。

（8）在【关系编辑区】添加关系式，在模型树选取阵列，阵列的尺寸如图 9-57 所示。

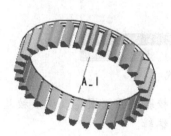

图 9-56　生成模型

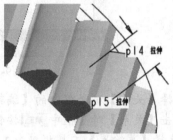

图 9-57　选取关系尺寸

（9）在图形中选取尺寸"p14"，在关系编辑区出现"p14"。

（10）使用键盘输入"p14=z"。

（11）选择【关系】对话框中的【编辑】工具栏中校验关系工具☑，完成校验。

（12）单击【关系】对话框中 确定 按钮，完成关系编辑。

（13）选择【标准工具栏】中的标准工具栏再生工具▦，再生模型.。

创建实体特征

（1）选择【基础特征】工具栏拉伸工具▱。

（2）选择操控板【放置】命令，在出现的【放置】上滑面板中单击 定义... 按钮。

（3）选择"FRONT"面作为草绘平面，其余使用默认设置，参照使用默认参照，进入草绘环境。

（4）草绘截面如图 9-58 所示。

（5）选择菜单【工具】/【关系】命令，弹出【关系】对话框。

（6）在模型区选择刚才草绘截面，截面显示尺寸符号，如图 9-58 所示。

（7）在【关系】对话框中的【关系编辑区】输入关系式，如图 9-59 所示，关系式内容为：

Sd7 = d/2.5

Sd5 = d/6

Sd6 = d/2.5+d/15

Sd8=df

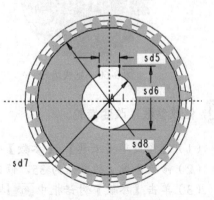

图 9-58　创建草绘关系

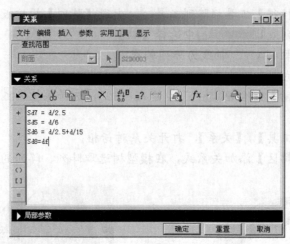

图9-59　编辑关系式

（8）选择【关系】对话框中的【编辑】工具栏中校验关系工具☑️，完成校验。

（9）单击【关系】对话框中 确定 按钮，完成关系编辑。

（10）选择【草绘器】工具栏单击工具✔️按钮完成草绘。

（11）在操控板【拉伸深度】组合框 ⊥▾ 30.00 ▾ 中输入深度值为 "b"，按回车键结束，出现提示框。

（12）在提示框内单击 是(Y) 按钮，接受关系。

（13）选择操控板✔️工具完成拉伸，如图9-60所示。

（14）在模型树按住 Ctrl 键选取前面创建的基准曲线，单击右键，在快捷菜单中选择【隐藏】命令，结果如图9-61所示。

图9-60　完成齿轮

图9-61　隐藏基准线

🔲 修改参数，改变齿轮

（1）选择菜单【工具】/【参数】命令，弹出【关系】对话框。

（2）修改齿数z的数值为35，修改模数数值为4，如图9-62所示。

（3）单击【参数】对话框中 确定 按钮，完成参数设置。

（4）选择【标准工具栏】中的标准工具栏再生工具📷，再生模型，模型如图9-63所示。

图 9-62 修改参数

图 9-63 齿数 35 模数 4

（5）分别修改齿数为 20，模数为 3，生成模型如图 9-64 所示。

（6）分别修改齿数为 25，模数为 4，生成模型如图 9-65 所示。

（7）分别修改齿数为 18，模数为 5，生成模型如图 9-66 所示。

（8）保存文件，关闭窗口，拭除不显示。

图 9-64 齿数 20 模数 3

图 9-65 齿数 25 模数 4

图 9-66 齿数 18 模数 5

本例生成的参数齿轮模型的参数不是任意的，由于本例的基圆直径大于齿根圆直径，故而齿廓由渐开线和圆弧组成，如果是基圆直径小于齿根圆直径，则齿轮会再生失败，需要使用其他建模方法创建参数化齿轮，临界齿数可以使用公式"z0=2*(ha+c)/[1-cos(alpha)]"确定，本例计算得到的 z0 值为 41，当齿数大于 41 时，需要另外建模。

9.3 族表

族表实际上是结构相同的零件集合，但有些参数大小有所不同。如图 9-67 所示的各小轴零件，虽然尺寸大小不同，但结构相同，并且具有相同的功能。这些结构形状相似的零件集合称为族表，族表中的零件称为表驱动零件。在图 9-67 中，图 a 是普通模型，图 b、图 c、图 d、图 e 是族表的实例零件。

a)

b)

c)

d)

e)

图 9-67 族表

使用族表功能可以将设计中经常用到的结构相似的零件生成图库，按照族表的特征参数调用，不必重新设定参数值，直接在表中选取即可。在装配模型中，族表使得装配中的零件和子装配更加容易互换。

下面通过六角头螺母族表的创建过程讲授零件族表的创建步骤。

按照六角头螺母的比例画法创建螺母时，需要用到关系。根据机械制图中规定的螺母的比例画法，可以知道螺母的螺纹公称直径为 D，则螺母的螺纹小径为 0.85D，螺纹孔上的倒角为 C0.15D，螺母六角头外接圆直径为 2D，螺母高度为 0.8D。只要确定了螺母的公称直径，即可根据国家标准的规定创建螺母的族表。

在创建族表之前需要首先根据实际情况创建原始模型，原始模型的尺寸大小可以不做要求，这里利用已经创建好的模型创建族表。

【例 9-4】 利用 "luomu.prt" 按照比例画法创建族表。

🔲 根据螺母各部分的比例，设定各部分尺寸和公称直径的关系

（1）打开文件 "luomu.prt"，如图 9-68 所示。

（2）选择菜单【工具】/【关系】命令，弹出【关系】对话框。

（3）在模型区选择螺母需要设定关系的各部分，模型中显示各部分尺寸符号，如图 9-69 所示，从图中对应尺寸可以看到修饰螺纹的直径 d9 为驱动尺寸。

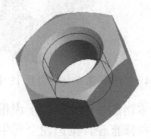

图 9-68　原始模型

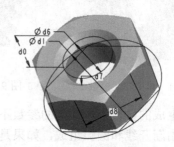

图 9-69　显示尺寸

（4）在【关系】对话框中的【关系编辑区】输入关系式，如图 9-70 所示，关系式内容为：

　　d1=2*d8

　　d0=0.8*d8

　　d7=0.15*d8

　　d6=0.85*d8

（5）选择【关系】对话框中的【编辑】工具栏中校验关系工具 ☑，完成校验。

（6）单击【关系】对话框中 确定 按钮，完成关系编辑。

（7）选择【标准工具栏】中的标准工具栏再生工具 🔄，再生模型。

图 9-70　编辑关系式

增加族表的列

（1）选择菜单【工具】/【族表】命令，出现如图 9-71 所示的【族表】对话框。

（2）在对话框的工具栏中选择插入列工具 ▥，弹出【族项目】对话框，如图 9-72 所示。

图 9-71 【族表】对话框

图 9-72 【族项目】对话框

（3）在【族项目】对话框【添加项目】单选组中选择【尺寸】单选项。

（4）在模型树选取特征"修饰 标识 225"，模型上显示修饰螺纹的尺寸，如图 9-73 所示，这个尺寸将作为参数标志尺寸。

（5）选择该尺寸，在【族项目】对话框的【项目】列表中出现所选尺寸的符号。

（6）单击【族项目】对话框中的 确定 按钮，完成族项目设定，回到【族表】对话框，如图 9-74 所示。

图 9-73 显示修饰螺纹尺寸

图 9-74 插入行

增加族表的行

（1）选择工具栏插入行工具 ▦，在【实例】列表中出现新实例。

（2）单击列表【实例名】对应栏的编辑框，激活可以输入实例名，输入"M3"。

（3）单击列表 d9 对应栏的编辑框，激活可以输入参数值，输入"3"。

（4）重复上面的操作，按照国家标准的规定输入实例名和参数值，如图 9-75 所示。

校验族表实例

（1）选择工具栏校验族的实例工具 ▦，出现【族树】对话框，如图 9-76 所示。

（2）单击对话框中的 校验 按钮，开始校验族表实例，没有错误的话，完成后校验状态由【未校验】变为成功，如图9-77所示。

图9-75　标准螺母名称及公称值

图9-76　校验族表

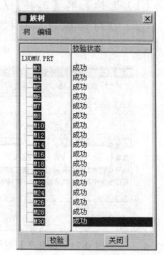

图9-77　校验成功

（3）单击【族项目】对话框中的 确定 按钮，选择【族树】对话框中的 关闭 按钮完成校验，回到【族表】对话框。

（4）单击【族表】对话框中的 确定 按钮，完成族表设计。

（5）选择菜单【文件】/【保存】命令，保存文件。

使用族表

（1）选择菜单【文件】/【打开】命令，出现【打开】对话框。

（2）找到创建的族表零件，单击 打开(0) 按钮，出现如图9-78所示的【选取实例】对话框。

图9-78　选取实例

（3）在【选取实例】对话框中选取适合设计要求的实例，单击 打开 按钮完成操作。

选取实例的方式有【按名称】和按照【参数】两种模式，可以使用【选取实例】对话框中的相应选项卡切换。

在【族表】对话框中还有许多工具，如图 9-79 所示，下面简要介绍。

插入行 插入列 预览选定的实例 使用 EXCEL 编辑当前表

图 9-79 【族表】工具栏

在【族表】对话框实例列表选中实例，选择预览选定的实例工具 可以在出现的小窗口预览选定的实例，如图 9-80 所示。

在【族表】对话框中选择工具栏中用 EXCEL 编辑当前表工具，可以打开 EXCEL 编辑表，如图 9-81 所示。编辑完成后选择保存，可以在【族表】对话框中出现编辑好的表。

图 9-80 预览实例

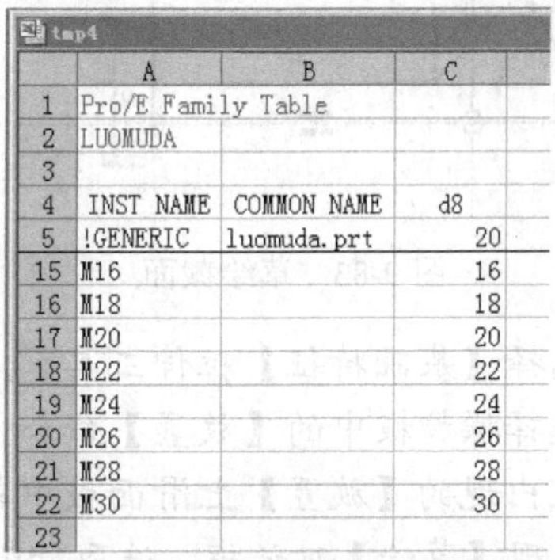

图 9-81 使用 EXCEL 编辑表

9.4 综合实例

 设计要求

按照比例画法创建开槽沉头螺钉的族表，其各部分比例如图 9-82 所示。

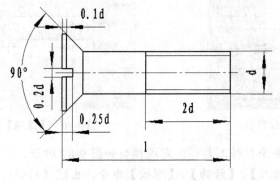

图 9-82 开槽沉头螺钉的尺寸关系

设计思路

（1）创建普通模型。

（2）输入关系，本例由螺钉的公称长度和公称直径驱动所有尺寸，有两个尺寸参数。

（3）创建族表。

创建基础模型

（1）选取"FRONT"面作为草绘平面，草绘平面放置属性和参照都使用默认创建旋转特征，其截面形状和尺寸及约束如图 9-83 所示，完成旋转特征如图 9-84 所示。

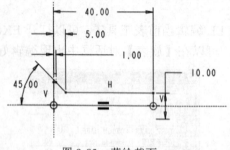

图 9-83　草绘截面

图 9-84　螺钉基体

（2）选择【基础特征】拉伸工具 。

（3）选择操控板中的【放置】命令。

（4）在出现的【放置】上滑面板中单击 定义... 按钮。

（5）出现【草绘】对话框，选取"FRONT"面作为草绘平面，草绘平面放置属性使用默认设置，进入草绘环境。

（6）草绘截面、标注尺寸并使用约束如图 9-85 所示。

（7）选择操控板中的【选项】命令，出现【选项】上滑面板。

（8）在第 1 侧的【拉伸深度】列表中选择【穿透】选项 非 穿透 。

（9）在第 2 侧的【拉伸深度】列表中选择【穿透】选项 非 穿透 ，【选项】上滑面板如图 9-86 所示。

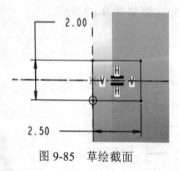

图 9-85　草绘截面

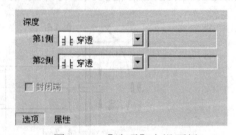

图 9-86　【选项】上滑面板

（10）选择操控板去除材料工具 ，完成模型如图 9-87 所示。

（11）选择菜单【插入】/【修饰】/【螺纹】命令，出现【修饰：螺纹】对话框，如图 9-88 所示。

图 9-87 开槽

图 9-88 【修饰：螺纹】对话框

（12）在图形区选择如图 9-89 所示的曲面作为螺纹曲面。

（13）在图形区选择如图 9-89 所示的曲面作为起始曲面，出现【方向】菜单。

（14）选择【正向】命令，出现【指定到】菜单，如图 9-90 所示。

图 9-89 选择螺纹参数

图 9-90 【指定到】菜单

（15）选择【盲孔】/【完成】命令，消息区提示 "输入深度"，选择☑工具，接受默认的螺纹深度数值。

（16）消息区提示 "输入直径"，选择☑工具，接受默认的螺纹主直径。

（17）在【特征参数】菜单中选择【完成/返回】命令，回到【修饰：螺纹】对话框。

（18）单击 确定 按钮，完成螺纹。

创建关系

（1）选择菜单【工具】/【关系】命令，出现【关系】对话框。

（2）在图形区选取零件上的 3 个特征，显示所有的尺寸代号，长度 d3 和直径 d1 是公称尺寸，作为驱动尺寸，如图 9-91 所示。

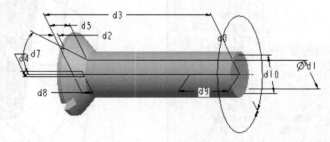

图 9-91 显示尺寸符号

（3）对照图 9-91 所示的尺寸符号输入关系式，如图 9-92 所示。

图 9-92　关系对话框

（4）选择【关系】对话框中的【编辑】工具栏中校验关系工具 ☑，完成校验。

（5）单击【关系】对话框中 确定 按钮，完成关系编辑。

（6）选择【标准工具栏】中的标准工具栏再生工具 ▓，再生模型。

🔳 创建族表

（1）选择菜单【工具】/【族表】命令，出现【族表】对话框。

（2）在对话框的工具栏中选择插入列工具 ▓，弹出【族项目】对话框，如图 9-93 所示。

（3）在【族项目】对话框【添加项目】单选组中选择【尺寸】单选项。

（4）在模型树选取旋转特征，显示该特征的尺寸，如图 9-94 所示，"10" 和 "40" 为参数标志尺寸。

（5）在模型上选择 "10" 和 "40" 尺寸符号，在【族项目】对话框的【项目】列表中出现所选尺寸的符号，如图 9-94 所示。

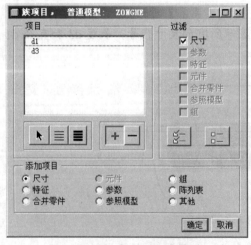

图 9-93　【族项目】对话框

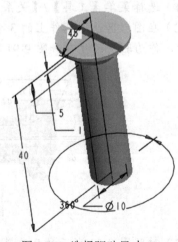

图 9-94　选择驱动尺寸

（6）单击【族项目】对话框中的确定按钮，回到【族表】对话框。

（7）在【族表】对话框中选择工具栏中用 EXCEL 编辑当前表工具，可以打开 EXCEL 编辑表，如图 9-95 所示。

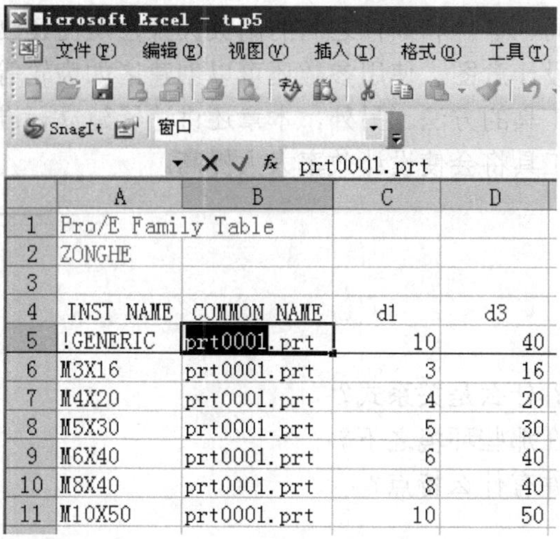

Microsoft Excel - tmp5
文件(F) 编辑(E) 视图(V) 插入(I) 格式(O) 工具(T)
SnagIt 窗口
prt0001.prt
A B C D
Pro/E Family Table
ZONGHE
INST NAME COMMON NAME d1 d3
!GENERIC prt0001.prt 10 40
M3X16 prt0001.prt 3 16
M4X20 prt0001.prt 4 20
M5X30 prt0001.prt 5 30
M6X40 prt0001.prt 6 40
M8X40 prt0001.prt 8 40
M10X50 prt0001.prt 10 50

图 9-95　编辑表

（8）选择 EXCEL 软件中的【文件】/【Update Pro/E】命令，关闭 EXCEL 软件。

（9）回到【族表】对话框如图 9-96 所示。

（10）选择工具栏校验族的实例工具，出现【族树】对话框。

（11）单击对话框中的校验按钮，开始校验族表实例，完成校验，如图 9-97 所示。

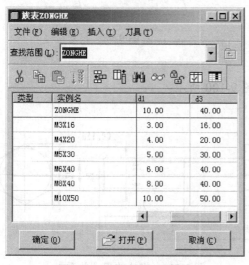

族表ZONGHE
文件(F) 编辑(E) 插入(I) 刀具(T)
查找范围(L): ZONGHE
类型 实例名 d1 d3
ZONGHE 10.00 40.00
M3X16 3.00 16.00
M4X20 4.00 20.00
M5X30 5.00 30.00
M6X40 6.00 40.00
M8X40 8.00 40.00
M10X50 10.00 50.00
确定(O) 打开(P) 取消(C)

图 9-96　【族表】对话框

族树
树 编辑
校验状态
ZONGHE.PRT
M3X16 成功
M4X20 成功
M5X30 成功
M6X40 成功
M8X40 成功
M10X50 成功
校验 关闭

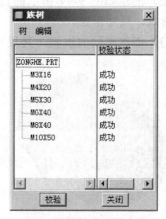

图 9-97　【族树】对话框

（12）单击【族项目】对话框中的确定按钮。

（13）选择【族树】对话框中的关闭按钮完成校验，回到【族表】对话框。

（14）单击【族表】对话框中的确定按钮，完成族表设计。

（15）选择菜单【文件】/【保存】命令，保存文件。

9.5　本章小结

本章讲述了使用参数和关系式的方法和步骤以及创建族表的方法。利用参数及其关系式来建立特征与特征之间、零件和零件之间的函数关系，从而建立它们之间的相关性，进而驱动模型和特征符合设计意图。使用参数还可以创建诸如齿轮等零件的标准化模板，本章详细介绍了使用这些工具的方法。另外，本章还讲述了建立标准库的族表操作和创建快捷键的操作，使用这些工具将会使设计效率大大提高。

9.6　习题

1．概念题

（1）什么叫做关系？什么是关系式？

（2）关系能够应用在那些环境之下？

（3）创建族表的零件有什么特点？

2．操作题

（1）根据所给零件按要求创建关系，尺寸符号如图 9-98 所示，尺寸关系如下。

D0=0.5*D2

D3=2*D2

D1=D3/10

D4=D3/4

D6=D3/4

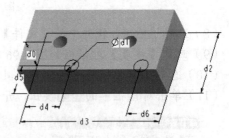

图 9-98　尺寸符号

（2）创建如图 9-99 所示的台灯罩模型，只要求形似，尺寸自定。

（3）创建螺栓的族表，其尺寸关系如图 9-100 所示。

图 9-99　台灯罩图

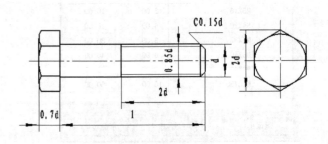

图 9-100　螺栓的尺寸关系

第10章 装 配 基 础

Pro/E 装配模块包含了一系列零部件装配工具，可以方便快捷地建立基于零件或子装配体的装配体，并且提供了丰富的约束条件，完全可以满足工程实践的要求。在装配模式下，用户可以清楚直观地分析模型是否干涉，以检验设计是否合理。同时在装配体环境下也可以很好地对零部件进行编辑和修改。组件级的特征建模方式，可以更好地表现设计意图。

【本章重点】
- 装配约束的类型和使用方法；
- 装配体中零件重新排序的方法；
- 装配体中编辑零件的方法；
- 在装配图中创建零件的方法；
- 装配体分解视图的创建方法。

10.1 创建装配文件

完成零部件的装配需要在装配环境下进行，这就要求首先创建装配文件，进入装配环境。在装配环境中，插入已经创建的零件，按照一定的装配关系和约束类型创建装配体，分析校验零部件设计的合理性。

创建装配文件的步骤如下。

1. 选择命令

新建装配文件的方式有 3 种：
- 选择菜单【文件】/【新建】命令。
- 选择工具栏新建 □ 工具。
- 按住键盘 Ctrl 键同时按下 N 键。

使用上述方法之一打开的【新建】对话框，如图 10-1 所示。

2. 选择文件类型

在【新建】对话框中设置文件的类型。

（1）在【类型】选项组中选择 ⊙ □ 组件 单选项。

（2）在【子类型】选项组中选择 ⊙ 设计 单选项。

（3）在【名称】编辑框内输入文件名。

（4）取消 □ 使用缺省模板 多选项的勾选，不使用默认模板。

图 10-1 【新建】对话框

装配体的文件名和普通零件的命名规则相同，一般使用具有实际意义的英文单词表示，也可以使用相应的汉语拼音。因为装配体的默认模板使用的是英制，一般不使用默认模板。

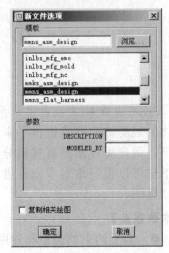

完成【新建】对话框的设置后，单击 确定 按钮，进入【新文件选项】对话框，选择模板。如图 10-2 所示。

3. 选择装配模板

在【新文件选项】对话框的【模板】列表中选取合适的模板文件。也可以单击 浏览... ，搜索可用的模板文件。一般国内进行装配设计时选用 "mmns_asm_design" 模板。

参数 项目组中的两个参数 DESCRIPTION 和 MODELED_BY 与 PDM 有关，用户一般不对其进行设置。

选取包含相同名称绘图的模板后，如果勾选 □复制相关绘图 选项，系统可自动创建新装配体的工程图。因为工程图过于复杂，一般情况下不选此项。

单击 确定 按钮，进入装配设计环境，开始装配体的设计，如图 10-3 所示。

图 10-2 【新文件选项】对话框

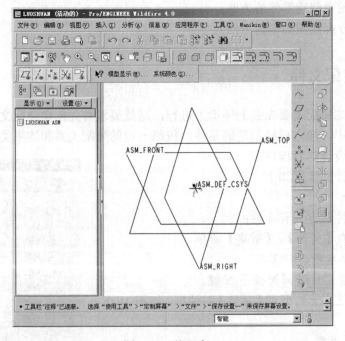

图 10-3 装配窗口

模板已经为装配文件创建了 3 个正交的基准面和 1 个基准坐标系，它们将作为装配基准。

相对于实体零件的建模环境而言，装配环境的最大不同是在图形区右方的【工程特征】工具栏出现了两个装配工具，分别是将元件添加到组件工具 和在组件模式下创建元件工具🔧。使用📐工具可以为装配体添加元件，利用🔧工具可以在装配环境下设计零件。

装配环境下的模型树不再显示组成各个元件的特征，只显示装配体中包含的零件和部件。

10.2　装配约束关系

通过设置装配约束，可以指定一个元件相对于装配体中另外一个元件的放置方式和位置关系。装配约束的类型包括自动、匹配、对齐、插入、相切、坐标系、线上点、曲面上点、曲面上边、默认和固定 11 种。绝大多数情况下需要使用两个或三个约束才能完全确定装配关系，完成装配，否则将会出现元件不完全约束的情况。

1．匹配

匹配约束使两个装配元件的对应平面相互平行或者重合，两平面的法向量相反，两个平面之间的偏移方式有重合、定向和偏移距离 3 种，如图 10-4 所示。

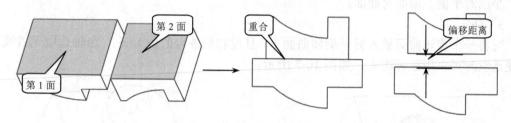

图 10-4　匹配

匹配可以确定元件的表面之间，或者元件表面与基准平面之间以及元件基准面之间的装配关系。对于元件表面而言，其法向量只有正方向，指向模型外部；对于基准面而言，有两个法向，分别用不同的颜色表示，默认外观情况下，棕黄色方向为正方向，灰色方向为负方向。当选用基准面作为匹配平面时，系统默认平面的正方向相反。

3 种偏移方式的含义如下：

● 重合：两平面重合。

● 定向：只确定两平面法向相反，忽略其距离关系。

● 偏移距离：通过输入的距离值确定两匹配平面的距离，紫色箭头方向为偏移的正方向，可以输入负值使偏移方向相反。

2．对齐

对齐约束使两个装配元件的对应平面相互平行或重合，两平面的法向量相同，两个平面之间的偏移方式有重合、定向和偏移距离 3 种，如图 10-5 所示。

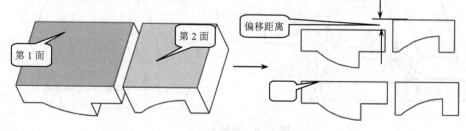

图 10-5　面对齐

还可以使用两根轴线或者两个点重合，也可以使用两条边或者两个回转面对齐。当使用两个回转面对齐时，实际上对齐的是它们的轴线。图 10-6 是使用轴对齐的情况。

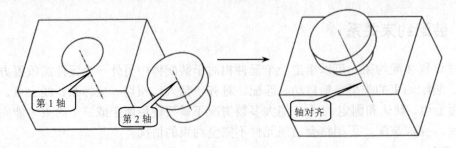

图 10-6　轴对齐

使用匹配和对齐定义装配关系时，必须选择两个同一类型的元件参照，点对点、线对线、平面对平面、曲面对曲面。

3. 插入

可将一个旋转曲面插入另一旋转曲面中，且使它们各自的轴对齐。当轴选取无效或不方便选取时可以用这钟约束。如图 10-7 所示。

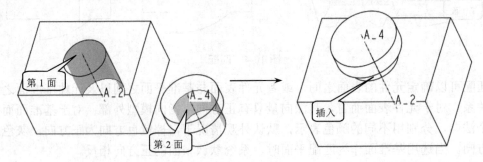

图 10-7　插入

4. 坐标系

将元件的坐标系与组件的坐标系对齐（既可以使用组件坐标系又可以使用零件坐标系），将该元件放置在组件中。可以用名称从名称列表菜单中选取坐标系，也可以即时创建。通过对齐所选坐标系的相应轴来装配元件，如图 10-8 所示。

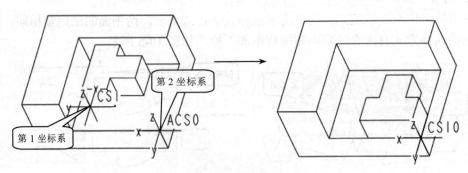

图 10-8　坐标系

5. 相切

控制两个曲面在切点接触。需要注意的是，该放置约束的功能类似于匹配，但是它只能设置匹配曲面，不能对齐曲面。如图 10-9 所示的球面和锥面的相切约束。该约束的一个应用实例为凸轮与其传动装置之间的接触面或接触点。

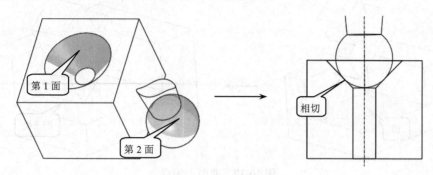

图 10-9　相切约束

6. 线上点

点落在线上。点可以是零件或组件上的基准点或顶点，线可以是零件或组件的边、轴或基准曲线，如图 10-10 所示。

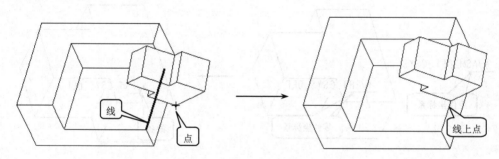

图 10-10　线上点

7. 曲面上点

点落在曲面上。点可以是零件或组件上的基准点或者顶点，面可以是零件或组件上的曲面、基准平面或零件的表面，如图 10-11 所示。

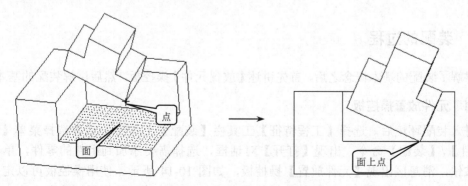

图 10-11　曲面上的点

8. 曲面上的边

边落在曲面上。边为零件或组件的边线，曲面可以用基准平面、平面零件或组件的曲面特征，或任何平面零件的表面，如图 10-12 所示。

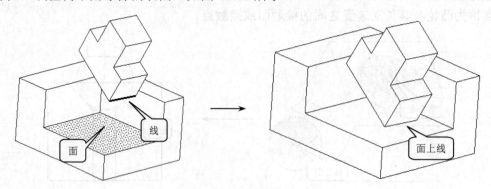

图 10-12　曲面上的点

9. 默认

将元件的默认坐标系与组件的默认坐标系对齐，当向装配体中添加第 1 个零件时使用这种约束，如图 10-13 所示。

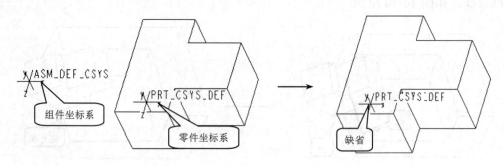

图 10-13　曲面上的点

10. 固定

将被移动或封装的元件固定到当前位置，当向装配体添加第 1 个元件时也可使用这种约束形式。

10.3　装配的过程

讲解了装配的基本概念之后，首先讲述【放置元件】操控板，然后讲解装配的基本步骤。

10.3.1　元件放置操控板

进入装配环境后，选择【工程特征】工具栏【装配】工具 📌，或者选择菜单【插入】/【元件】/【装配】命令，出现【打开】对话框，选择需要添加到组件的零件，单击【打开】按钮，消息区出现【元件放置】操控板，如图 10-14 所示。使用操控板可以定义元件的放置位置，装配关系，如果不便选择装配参照，还可移动元件位置以选取。

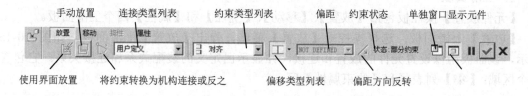

图 10-14 元件放置操控板

1. 操控板

使用【元件放置】操控板可以完成大部分装配工作，其中有以下工具。

● : 使用界面放置元件。

● : 手动放置元件。

● : 将约束转换为机构连接或反之。

●【连接类型】列表 用户定义 : 单击出现下拉列表，可在其中显示连接关系，读者可参阅有关运动仿真的书籍。

●【约束类型】列表: 单击出现能适用于所选参照的约束，在其中选取【约束】类型。当选取一个参照时，默认值为【自动】，但可以手动更改该值。共有下列选项可用:

（1）默认: 用默认的组件坐标系对齐元件坐标系。

（2）固定: 将被移动或封装的元件固定到当前位置。

（3）曲面上的边: 在曲面上定位边。

（4）曲面上的点: 在曲面上定位点。

（5）直线上的点: 在直线上定位点。

（6）相切: 定位两种不同类型的参照，使其彼此相向。接触点为切点。

（7）坐标系: 用组件坐标系对齐元件坐标系。

（8）插入: 将元件的回转曲面插入组件回转曲面，将其轴线对齐。

（9）匹配: 定位两个相同类型的参照，使其彼此相向。

（10）对齐: 将两个平面定位在同一平面上（重合且面向同一方向），两条轴同轴或两点重合。

●【偏移类型】列表 对齐 : 单击出现下拉列表，指定【匹配】或【对齐】 约束的偏移类型。

（1）: 使元件参照和组件参照彼此重合。

（2）: 使元件参照位于同一平面上且平行于组件参照。

（3）: 根据在【偏距】框中输入的值，从组件参照偏移元件参照。

（4）: 根据在【偏距】框中输入的角度值，从组件参照偏移元件参照。

● : 在【匹配】和【对齐】约束之间切换，或反向元件的定向。

● 状态区 状态:部分约束 : 显示约束状态，有【无约束】、【部分约束】、【完全约束】、【约束无效】四种。

● 工具选项: 有两个窗口选项。

（1）: 定义约束时，在独立的窗口中显示元件。

（2）:（默认）在图形窗口中显示元件，并在定义约束时更新元件放置。

2. 上滑面板

【元件放置】操控板包括【放置】、【移动】、【挠性】和【属性】四个上滑面板。

【放置】上滑面板：选择操控板【放置】菜单，弹出【放置】上滑面板，如图 10-15 所示，该面板用以设置元件的放置和连接，并显示已定义的装配关系和连接关系。它包含两个区域：【集】列表区和【约束属性】区。

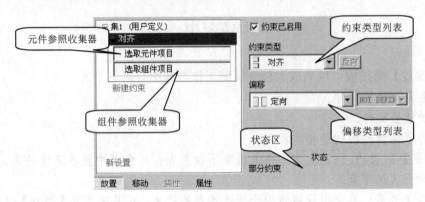

图 10-15　放置上滑面板

● 【集】列表区：在该区域中显示已经设置的约束集，以【集#】的形式出现（#是约束的序号），在每个集下面，出现该装配所用约束。在每种约束的下面，有【元件参照】收集器和【组件参照】收集器，单击激活收集器可在图形区选择或替换相应参照定义装配关系。单击【集】列表中【新建约束】可以在相应约束集中添加约束，单击【新设置】可以为装配设置新约束集。

● 【约束属性】区：该区工具对应操控板相应工具。

（1）【约束已启用】复选框：勾选该复选框，启用在【集】列表中选中的约束，否则，禁用选中的约束。

（2）【已启用集】复选框：勾选该复选框，启用选中的约束集，否则，禁用选中的约束集。

（3）【约束类型】列表：对应操控板的【约束类型】列表，单击激活在出现的下拉列表选择相应约束。

（4）【反向】按钮：单击该按钮在【配对】和【对齐】约束之间切换，或反向元件的定向，对应于操控板☒工具。

（5）【偏移】列表：对应操控板【偏移类型】列表。在其后的【偏距】组合框可定义偏移的距离或角度。

（6）状态栏：对应操控板状态区。

【移动】上滑面板：选择操控板【移动】菜单，弹出【移动】上滑面板，如图 10-16 所示，使用该面板可移动正在装配的元件，使元件的取放更加方便。当【移动】面板处于活动状态时，将暂

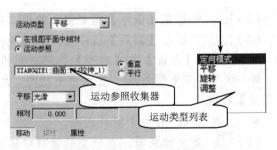

图 10-16　移动上滑面板

停所有其他元件的放置操作。

在【移动】面板中，可使用下列选项：

● 【活动类型】列表：指定运动类型。默认值是【平移】。

（1）定向模式：重定向视图。

（2）平移：按指定方向移动元件。

（3）旋转：按指定轴向旋转元件。

（4）调整：调整元件的位置。

● 【在视图平面中相对】单选框：这是系统的默认选项，元件相对于视图平面移动或旋转。

● 【运动参照】单选项：点选该单选项，相对于参照移动元件，此时激活【运动参照】收集器。

● 【运动参照】收集器：单击激活该收集器，收集元件运动的参照。拖动元件时将相对于所选的参照移动。选取参照后可激活【垂直】和【平行】选项。

● 【垂直】单选项：点选该单选项，垂直于选定参照移动元件。

● 【平行】单选项：点选该单选项，平行于选定参照移动元件。

● 【平移/旋转/调整】参照框：用于每一种运动类型的元件运动选项，可以输入数值定义移动的微调数值。

● 【相对】框：显示元件当前位置相对于移动前位置的相对坐标。不能输入，仅供参照。

【属性】上滑面板：选择操控板【放置】菜单，弹出【属性】上滑面板，可在其中的【名称】框显示元件名称，单击 🔟，将在浏览器中提供详细的元件信息。

10.3.2 装配的步骤

完成装配的步骤如下：

1. 新建装配文件

按照第 1 节的方法创建装配文件，进入装配环境。

2. 添加第一个元件

进入装配环境后，选择【工程特征】工具栏【装配】工具 📐，或者选择菜单【插入→元件→装配】命令，出现【打开】对话框，选择需要添加到组件的零件，单击【打开】按钮，消息区出现【元件放置】操控板。一般第一个元件的装配约束设置为默认，即其坐标系和组件坐标系对齐。要使用默认约束，只要在【元件放置】操控板的【约束类型】列表中选择【默认】约束即可。

3. 添加第二个元件

再次选择【工程特征】工具栏【装配】工具 📐，在出现的【打开】对话框选择需要添加到组件的第二个元件。

4. 定义装配关系

在【元件放置】操控板的【约束类型】列表中选择合适的约束，打开【放置】上滑面板，在其【集】列表中激活对应约束的【元件参照】收集器，在图形区选择元件参照；接下来单击激活【组件参照】收集器在图形区选择组件参照，完成装配关系定义。

　　如果参照不好选取，可以使用【移动】上滑面板移动元件到便于选取参照的位置，或者选择【🖾】工具打开元件窗口在其中选取元件参照。

　　5．定义偏移类型和偏距

　　完成约束定义后，在操控板或【放置】上滑面板中的【偏移类型】列表中选择相应偏移类型，在【偏距】组合框中输入相应角度或距离数值。

　　6．定义其他约束

　　使用一个约束不能将元件和组件完全约束，使用步骤3~6定义其他约束，直至操控板状态区提示【完全约束】。

　　7．添加其他元件

　　按照步骤3~6完成其他元件装配。

　　8．完成装配

　　选择操控板【完成】工具✔，完成装配。

　　【例 10-1】　利用放在"……\liti\chap10\liti10-1"中的零件创建名为"luoshuan.asm"的装配体，完成后如图 10-17 所示。

图 10-17　螺栓装配图

🔲 新建装配文件

　　（1）将工作目录设置到"……\liti\chap10\liti10-1"。

　　（2）选择【文件】工具栏新建文件工具🗋，打开【新建】对话框。

　　（3）设置【新建】对话框如图 10-18 所示，单击 确定 按钮，进入【新文件选项】对话框。

　　（4）进入【新文件选项】对话框选择模板，设置【新文件选项】对话框如图 10-19 所示。

　　（5）单击 确定 按钮，进入装配体设计环境。

图 10-18 新建螺栓文件

图 10-19 选择装配模板

添加第 1 个装配零件

（1）在装配环境中选择菜单【插入】/【元件】/【装配】命令或者选择【工程特征】工具栏插入元件工具，出现如图 10-20 所示的【打开】对话框。

（2）在对话框中选择 "jian1.prt"，单击 预览 按钮，在对话框下部出现该零件的模型预览。

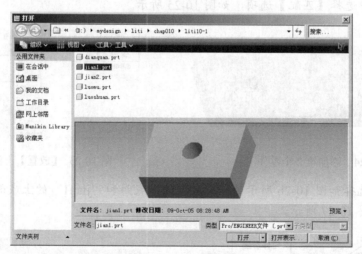

图 10-20 选择零件

（3）确认无误后，单击 打开① 按钮插入第 1 个装配零件，在消息区出现【元件放置】操控板，如图 10-21 所示。此时装配窗口中图形如图 10-22 所示，模型显示为暗色。

图 10-21 【元件放置】操控板

（4）在操控板的【约束类型】列表中选择【默认】选项 ![默认]，此时模型显示为亮色，元件和装配体的坐标系对齐，约束状态区显示为"完全约束"，如图 10-23 所示。

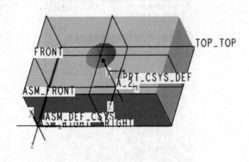
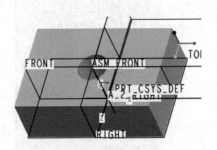

图 10-22　引入第 1 个零件　　　　图 10-23　设定第 1 个零件的约束

（5）选择操控板 ✔ 工具，完成第一个零件的装配。

装配第 2 个零件

（1）选择【工程特征】工具栏插入元件工具 ![图标]，出现【打开】对话框。

（2）在对话框中选择 "jian2.prt"，单击 打开(0) 按钮插入第 2 个装配零件，装配窗口中图形如图 10-24 所示。

（3）出现【元件放置】操控板，选择【放置】命令，出现【放置】上滑面板，在【约束类型】列表中选择【匹配】选项，如图 10-25 所示。

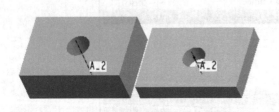
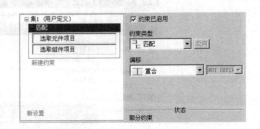

图 10-24　添加第 2 个零件　　　　图 10-25　【放置】上滑面板

（4）分别选择如图 10-26 所示的 "jian2" 的下底面和 "jian1" 的上底面作为参照，此时装配窗口如图 10-27 所示。

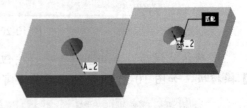

图 10-26　选择匹配参照　　　　图 10-27　完成匹配约束

（5）在【放置】上滑面板的【集】列表中单击 ➡ 新建约束，【集】列表中出现第 2 个约束，在【约束类型】列表中选择【对齐】选项。

（6）分别选择"jian2"的"A_2"轴和"jian1"的"A_2"轴作为参照，如图 10-28 所示。此时【放置】上滑面板如图 10-29 所示。

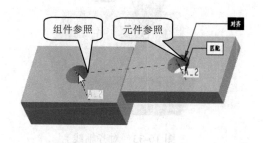

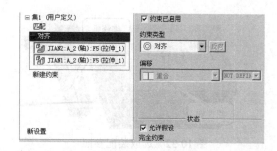

　　图 10-28　选择轴对齐参照　　　　　　　　　图 10-29　【放置】上滑面板

（7）注意到此时状态区显示为"完全约束"，且【允许假设】复选项被勾选，表示第 2 个零件被假设为完全约束，但是最好使用第三个约束使其完全约束，而不使用允许假设。

　　　　　在装配过程中，在没有完全约束的装配状态下，可以使用"允许假设"，假定某个装配约束的存在完成完全约束。如果使用了完全约束条件，允许假设复选框消失。

（8）在【放置】上滑面板的【集】列表中单击→新建约束，【集】列表中出现第 3 个约束，在【约束类型】列表中选择【对齐】选项。

（9）分别选择"jian2"的"FRONT"轴和装配体的"ASM_FRONT"面作为参照，如图 10-30 所示。

（10）选择操控板✔工具，完成第 2 个零件的装配，如图 10-31 所示。

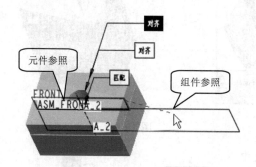

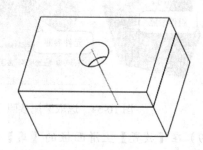

　　图 10-30　设置第三个约束　　　　　　　图 10-31　完成第 2 个零件的装配

装配第 3 个零件

（1）选择【工程特征】工具栏插入元件工具，出现【打开】对话框。

（2）在对话框中选择"luoshuan.prt"，单击　　打开(O)　　按钮插入第 3 个零件。

（3）在图形区选取螺栓的轴线作为元件参照，选取组件的轴线作为组件参照，如图 10-32 所示。

（4）注意到操控板中的【约束类型】列表中自动选取了【对齐】选项，为轴对齐约束，此时图形区如图 10-33 所示。

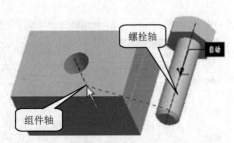

图 10-32　选取装配参照

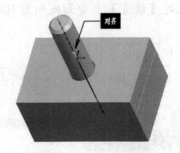

图 10-33　对齐轴线

（5）在【元件放置】操控板中选择【放置】命令，出现【放置】上滑面板。

（6）在【放置】上滑面板的【集】列表中单击➜新建约束，【集】列表中出现第 2 个约束，在【约束类型】列表中选择【匹配】选项，此时不容易选取参照。

（7）选择操控板【在单独的窗口中显示元件】工具，螺栓出现在单独的窗口中，选取如图 10-34 所示的元件参照。

（8）在装配窗口中选择组件参照如图 10-34 所示，再次选择操控板【在单独的窗口中显示元件】工具，使其处于浮起状态，关闭单独显示螺栓的窗口，图形区如图 10-35 所示。

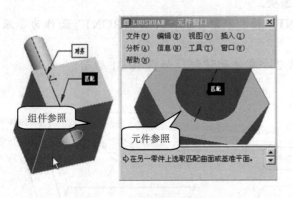

图 10-34　选取装配参照

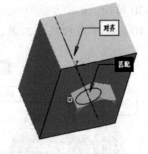

图 10-35　完成匹配约束

（9）在【放置】上滑面板的【集】列表中单击➜新建约束，【集】列表中出现第 3 个约束，在【约束类型】列表中选择【对齐】选项。

（10）在装配窗口中选择螺栓的"TOP"面作为元件参照，选取组件的"ASM_FRONT"面作为组件参照，如图 10-36 所示。

（11）注意到此时状态区显示为"完全约束"，选择操控板✓工具，完成第 3 个零件的装配，如图 10-37 所示。

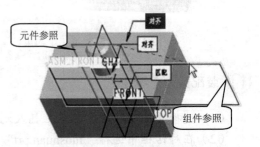

图 10-36　设置对齐约束参照

装配第 4 个零件

（1）选择【工程特征】工具栏插入元件工具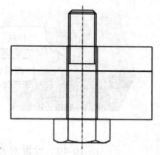，出现【打开】对话框。

（2）在对话框中选择"dianquan.prt"，单击 `打开(0)` 按钮插入第 4 个装配零件，装配窗口中图形如图 10-38 所示。

图 10-37　完成第 3 个零件的装配

（3）在【元件放置】操控板中选择【放置】命令，出现【放置】上滑面板，在【约束类型】列表中选择【匹配】选项。

（4）在图形区选择垫圈的下底面作为元件参照，选取被连接件的上表面作为组件参照，如图 10-38 所示。

（5）在【放置】上滑面板的【集】列表中单击 ➡新建约束，【集】列表中出现第 2 个约束，在【约束类型】列表中选择【对齐】选项。

（6）在图形区选取垫片的轴线作为元件参照，选择组件的轴线作为组件参照，如图 10-39 所示。

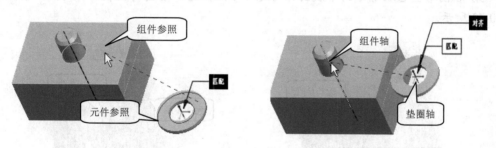

图 10-38　设置匹配约束　　　　　　　　图 10-39　对齐轴线

（7）注意到此时状态区显示为"完全约束"，选择操控板✔工具，完成第 4 个零件的装配。

插入第 5 个零件

（1）选择【工程特征】工具栏插入元件工具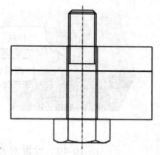，出现【打开】对话框。

（2）在对话框中选择"luomu.prt"，单击 `打开(0)` 按钮插入第 5 个装配零件，装配窗口中图形如图 10-40 所示。

（3）在【元件放置】操控板中选择【放置】命令，出现【放置】上滑面板，在【约束类型】列表中选择【对齐】选项。

（4）在图形区选取螺母的轴线作为元件参照，选择组件的轴线作为组件参照，如图 10-40 所示，完成螺母放置在被连接件内，不容易选取参照。

（5）在操控板上选取【移动】命令，出现【移动】上滑面板，设置【移动】上滑面板的选项如图 10-41 所示，单击激活【运动参照】收集器。

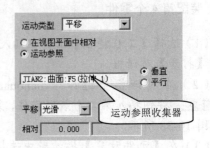

图 10-40   设置对齐参照   图 10-41   移动上滑面板

（6）在图形区选取被连接件的上表面作为运动参照，鼠标在图形区单击选中螺母，移动鼠标到上表面的位置，再次单击完成螺母移动，如图 10-42 所示。

（7）在【元件放置】操控板中选择【放置】命令，出现【放置】上滑面板，退出移动模式。

（8）在【放置】上滑面板的【集】列表中单击➜新建约束，【集】列表中出现第 2 个约束，在【约束类型】列表中选择【匹配】选项。

（9）在图形区选取螺母的下底面作为元件参照，选择垫圈的上表面作为组件参照，如图 10-43 所示。

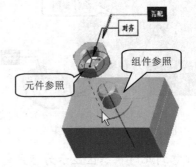

图 10-42   移动螺母   图 10-43   设置匹配约束参照

（10）注意到此时状态区显示为"完全约束"，选择操控板✔工具，完成第 5 个零件的装配，最后结果如图 10-17 所示。

    当元件处于不便选取参照的位置时，有两种方法可以实现便于选取，一是将其移动到方便选取的位置，二是将其显示在单独的窗口之中。

（11）保存文件，关闭窗口，拭除不显示。

通过上面的例题，可以熟悉装配体设计的一般流程，注意到可以相对于相邻元件（元件或组件特征）来确定元件的位置，以便当其相邻元件移动或变化时其位置也可相应更新，假定没有违反组件约束，这就称为参数组件。可在组件放置对话框中使用约束，指定元件相对于组件的放置方式和位置。

在元件放置过程中，可以按住键盘的 Ctrl+Alt 组合键同时拖动鼠标左键在屏幕上移动并放置活动的元件。这样操纵元件可加速在组件中正确放置并建立约束的进程。

10.4　装配体中的零件操作

完成零部件的装配后，有时需要对零部件进行隐藏、更改零部件之间的装配关系、零件重新排序等操作，这些操作一般使用鼠标右键快捷菜单实现。

10.4.1　隐藏和显示零件

在零部件装配的过程中，有时为了便于选择参照或观察零部件，常常需要将一些零部件隐藏。在选择或观察结束后再恢复被隐藏的零部件。其操作十分简单，操作步骤如下。

（1）在模型树上选中需要隐藏的零件，选中的项目在图形区域内会加亮显示。

（2）单击鼠标右键，在弹出的快捷菜单中选择【隐藏】命令，图形区域中，选中的零件将被隐藏。被隐藏的零部件在模型树中将以灰色显示。

> 按住 Shift 键可以进行连续选择，按住 Ctrl 键选择多个不连续的项目。

恢复隐藏的零件，其操作和隐藏零件的操作很相似，唯一不同的地方就是需要在单击鼠标右键之后，在弹出的快捷菜单中选择【取消隐藏】命令。

【例 10-2】　利用文件夹"liti10-2"中的装配文件练习隐藏零件和取消隐藏文件。

设计步骤

（1）打开文件"……\liti\chap10\liti10-2\slider_crank.asm"，模型如图 10-44 所示，图中所有文件都处于显示状态，其模型树如图 10-45 所示。

图 10-44　原装配体

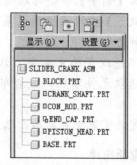

图 10-45　装配体模型树

（2）在模型树中使用鼠标左键选取零件"BLOCK.PRT"，模型区该零件加亮显示，如图 10-46 所示。

（3）单击鼠标右键，在弹出的快捷菜单中选择【隐藏】命令，模型树如图 10-47 所示，图形区选中的零件被隐藏，如图 10-48 所示。

（4）在模型树选择被隐藏的零件"BLOCK.PRT"。

（5）单击鼠标右键，在弹出的快捷菜单中选择【取消隐藏】命令，模型树回到图 10-45 所示的样子，模型显示如

图 10-46　选中件加亮显示

图 10-44 所示。

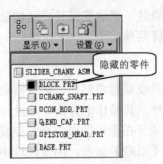

图 10-47　隐藏零件后的模型树　　　　　图 10-48　隐藏零件的模型

10.4.2　重定义元件装配关系

在零部件的装配过程中，不能保证用户一次操作即可完成零件装配。通常需要根据装配设计意图的变更，对零部件的装配关系进行更改、重新定义。

重新定义零部件之间的装配关系的操作步骤如下。

（1）在模型树上选择要重新定义装配关系的元件。

（2）单击鼠标右键，在弹出的快捷菜单中选择【编辑定义】命令。

（3）出现【元件放置】操控板，在操控板中选择【放置】命令，出现【放置】上滑面板。

（4）在【放置】上滑面板的【集】列表中选中需要删除的约束，右键单击，在出现的快捷菜单中选择【删除】命令可以删除该约束。

（5）在【放置】上滑面板的【集】列表中单击 ➔ 新建约束，【集】列表中出现新约束，可以为装配添加新约束。

（6）如果不想改变约束类型，只想重新选取参照，只需单击激活相应约束的元件参照收集器重新选取元件参照，或者单击激活相应约束的组件参照收集器重新选取组件参照即可。

（7）重新定义完装配关系后，选择操控板 ✓ 工具即可完成装配关系的重新定义。

10.4.3　零件重新排序

在保证父子关系的前提下，可以在装配体中重新安排零件装配的顺序。

调整零件装配顺序的操作方法主要有两种：

- 拖动法：直接在模型树中使用鼠标拖动。
- 命令法：通过【重新排序】命令进行。

使用"拖动法"改变零件的装配顺序非常简单，其步骤如下。

（1）在模型树中选择需要改变装配顺序的零件。

（2）按住鼠标左键，根据需要在模型树中向上或向下拖动鼠标，如图 10-49 所示。

（3）在拖动鼠标的过程中，零件装配顺序动态改变，符合设计要求后放开鼠标左键，即完成了对零件装配顺序的调整。

相对"拖动法"而言，"命令法"调整零件装配顺序要复杂很多，其具体步骤如下。

（1）选择菜单【编辑】/【元件操作】命令，弹出【元件】菜单，如图 10-50 所示。

（2）在【元件】菜单中选择【重新排序】/【选取】命令，弹出【选取特征】菜单，如图 10-51 所示。

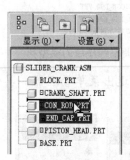

图 10-49　拖动改变装配顺序　　　图 10-50　【元件】菜单　　图 10-51　【选取特征】菜单

（3）在模型树或者图形区选取需要重新排序的零件，被选中的零件将加亮显示。

（4）选取零件完毕后，选择【选取特征】菜单的【完成】命令。

（5）弹出【重新排序】菜单。该菜单有两个命令，分别为【之前】和【之后】，可以根据设计需要选择其中的一个，如图 10-52 所示。

（6）选择另外一个零件作为零件的插入位置。此时，系统自动对零件进行重新排序。在模型树中可以查看到所选零件的装配顺序已经调整到了指定位置。

图 10-52　重新排序命令

（7）选取【完成/返回】命令关闭菜单管理器。

【例 10-3】　利用"slider_crank.asm"文件，练习调整装配体中的元件的装配顺序。

设计步骤

（1）打开文件"……\liti\chap10\liti10-3\slider_crank.asm"，模型显示在图形区，其模型树如图 10-53 所示。

（2）选择菜单【编辑】/【元件操作】命令，打开【元件】菜单。

（3）在【元件】菜单中选择【重新排序】命令，然后在图形区选中"base"元件或在模型树中选择，选中的零件加亮显示。

（4）选择【选择特征】菜单中的【完成】命令，打开【重新排序】菜单。

（5）在【重新排序】菜单中选择【之前】。

（6）在图形区选中"crank_shaft"元件。

（7）系统自动调整"base"元件的排序，将"base"元件调整到"crank_shaft"元件之前，模型树如图 10-54 所示。

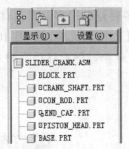

图 10-53　slider_crank 的模型树　　　　　图 10-54　调整顺序后的模型树

（8）单击【元件】菜单中的 ▼ ，选择【完成/返回】命令退出菜单管理器，具体选择菜单过程如图 10-55 所示。

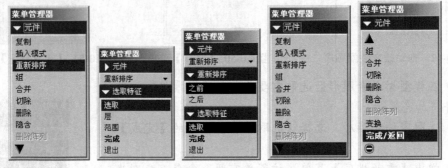

图 10-55　菜单选取过程

（9）关闭文件窗口，拭除不显示。

10.5　在装配环境中编辑零件

基于 Pro/E 的"全相关"的设计理念，零件与装配体之间是相互关联的，也就是说，对零件的任何修改都会引起装配体的改变，同样，在装配体中对零件进行的修改同样也反映到零件。

10.5.1　显示零件特征

在装配环境下，可以通过对模型树的设置让零件的所有特征都显示在模型树中，以便于编辑修改零件，具体步骤如下。

（1）单击模型树中的 设置(G)▼ 按钮，弹出命令列表，如图 10-56 所示。

（2）选择 树过滤器(F) 命令，打开【模型树项目】对话框，如图 10-57 所示。

图 10-56　模型树显示命令列表　　　　　图 10-57　【模型树项目】对话框

（3）在【显示】选项组，勾选☑特征选项。

在【显示】复选项组，勾选的项目都会显示在模型树中，因此，可以通过勾选所需的项目，达到显示和隐藏部分模型树项目的目的。

（4）单击【模型树项目】对话框中的 应用 按钮，使对【模型树项目】所做的更改生效，此时模型树显示的项目发生了变化，图 10-58 所示为显示零件特征前后的模型树对比。

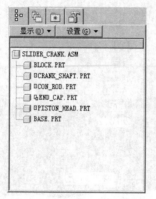

图 10-58　显示零件特征前后的模型树对比

（5）单击 确定 按钮关闭【模型树项目】对话框，完成模型树项目设置。

10.5.2　编辑修改零件特征

在装配环境下完成对零件编辑修改后，系统会自动更新和该零件相关的"零件"和"工程图"文件。本节主要讲述如何在装配环境下编辑修改零件特征。

10.5.2.1　编辑零件特征尺寸

显示装配体各零件的特征后，若要编辑零件特征的尺寸，可以在模型树中选择该特征，然后单击鼠标右键，在弹出的快捷菜单中选择【编辑】命令，调出特征尺寸，进行修改即可。下面通过例题讲解如何修改尺寸值。

【例 10-4】　修改螺栓装配图中"jian1"的长度尺寸如图 10-59 所示。

设计步骤

（1）打开文件 "……\liti \chap10 \liti10-4\luoshuan.asm"，模型显示如图 10-60 所示。

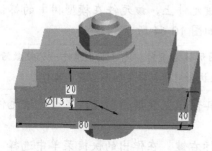

图 10-59　螺栓连接中的尺寸修改　　　　　　图 10-60　原装配体

（2）利用 10.5.1 讲述的步骤在模型树中显示装配零件的特征，此时模型树如图 10-61 所示。

（3）选择"jian1.prt"零件的特征"拉伸 1"，单击鼠标右键，在弹出的快捷菜单选择【编辑】命令，图形区显示"拉伸 1"的所有参数，如图 10-62 所示。

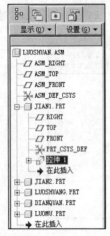

图 10-61　显示零件特征的模型树

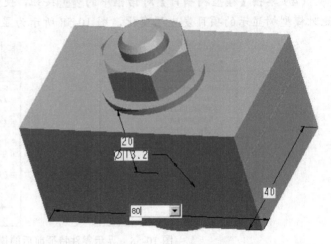

图 10-62　修改特征尺寸

（4）选中长度尺寸，双击鼠标左键，在出现的编辑框中输入新的长度值为"80"，按下鼠标中键接受输入值。

> 也可以在调出特征尺寸之后，在模型上选中需要修改的特征尺寸，单击鼠标右键，在弹出的快捷菜单中选择【值】命令，在出现的编辑框输入新的尺寸值，然后按 Enter 键确认。

（5）选择【编辑】工具栏再生模型工具 ，完成模型再生如图 10-59 所示。

（6）保存文件，关闭窗口，拭除不显示。

10.5.2.2　为零件添加特征

仅仅编辑修改特征的尺寸还是不够，很多情况下，用户希望能够在装配环境下直接对零件进行二次建模，为零件添加新特征或者其他模型数据。在 Pro/E 中可以通过以下的操作方法为元件添加特征和模型数据，具体步骤如下。

（1）在模型树中或者图形区选择需要添加特征的元件，单击鼠标右键，在弹出的快捷菜单中选择【激活】命令，如图 10-63 所示。

（2）选中的元件被激活，模型焦点切换到该元件上，该元件在模型树中的标识转换为活动模型的标识，其右下侧有一绿色的菱形，如图 10-64 所示。

> 在图形区，被激活的元件的名称显示在图形区右下角。元件或子组件一旦被激活，即可添加特征、重定义特征、编辑关系和族表，以及执行对活动零件的某些设置操作。

（3）对被激活的零件添加新特征或者进行其他模型数据的创建，直至对该元件的编辑完成。

（4）在模型树中选择整个装配体，单击鼠标右键，在弹出的快捷菜单中选择【激活】命令，将模型焦点转换到装配体，否则无法编辑装配体，如图 10-65 所示。

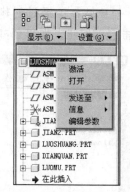

图 10-63 激活元件 　　　图 10-64 激活标识 　　　图 10-65 激活装配体

10.5.3 在装配体中创建新零件

Pro/E 允许设计者在装配体中创建新的零件，操作步骤如下。

（1）选择【插入】/【元件】/【创建】命令，或者单击【基础特征】工具栏中创建元件工具 ，打开【元件创建】对话框，如图 10-66 所示。

（2）在【类型】选项组选择 零件 单选项，在【子类型】选项组中选中 实体 单选项，在【名称】编辑框中输入新建零件的名称。

图 10-66 【元件创建】对话框

> 【类型】选项组列举了所有可以在装配体中创建的新元件的类型；【子类型】选项组列举了每一类元件下所包含的子类型。

（3）单击 确定 按钮，打开【创建选项】对话框，如图 10-67 所示。

（4）在【创建选项】对话框的【创建方法】选项组内列举了 4 种创建新零件的方法。

● 复制现有：通过复制现有的零件特征来创建新零件。单击【复制自】选项组中的 浏览 按钮，打开【选中模板】对话框。在【选择模板】对话框中选取已有的零件，单击 打开(O) 按钮进行复制，即可在装配体中创建新零件，如图 10-68 所示。

● 定位默认基准：通过确定定位基准来创建新零件。选择该种创建方法时【创建选项】对话框中将出现【定位基准的方法】选项组，如图 10-69 所示。根据需要，选择一种确定零件定位基准的方法，然后按照选取的定位基准方法来确定零件的定位基准，即可在装配体中创建新零件。

● 空：该方法将创建一个新的空零件。选择【空】单选按钮，然后单击 确定 按钮，系统自动在装配体中创建一个空零件。该空零件不含有任何的特征，只有零件名字。虽然在装配体图形区域中看不到该零件，但是其名字会出现在装配体的模型树中。

图 10-67 【创建选项】对话框

● 创建特征：通过创建第一特征来创建一个新零件。选择【创建特征】单选按钮，然后单击 确定 按钮，即可创建新零件的特征。

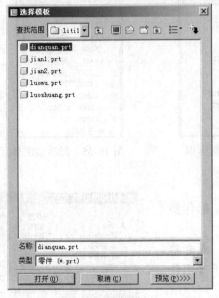

图 10-68　选择模板

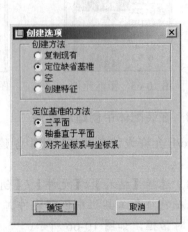

图 10-69　定位默认基准创建零件

（5）选取一种创建方法后，单击 确定 按钮，就可以在装配体中创建新零件了。

10.6　装配体的分解

通常情况下，用户要完成的工作是将零部件装配在一起，构成一个有机的整体，以校验设计的合理性。但是，有时为了说明各零件之间的装配关系，或进行产品演示，需要将已经装配好的零件分解开来。在 Pro/E 中，通过"分解"工具，用户可以轻松地实现零部件的分解过程。下面通过实例讲解分解装配体的步骤。

【例 10-5】　利用"slider_crank.asm"文件，练习分解零件。

设计步骤

（1）打开文件"……\liti\chap10\liti10-5\slider_crank.asm"，模型显示在图形区，其模型树如图 10-70 所示。

（2）选择菜单【视图】/【分解】/【分解视图】命令，系统自动将当前装配体的零部件进行分解，如图 10-71 所示。

> 系统的自动分解是随机进行的，它是一种创建分解视图的最简单的方式，但是这种方法创建的分解视图一般不符合设计要求。分解视图创建完毕后，系统会在图形区域的右下角标注"分解状态：默认分解"的文字，以标识当前装配体的状态。

（3）选择菜单【视图】/【分解】/【取消分解视图】命令，可以结束装配体的分解状态，使其恢复到默认装配状态。

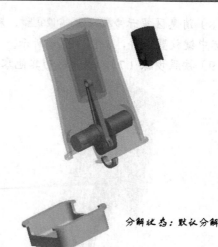

分解状态：默认分解

　　图 10-70　原装配模型　　　　　　　　　　图 10-71　默认分解

　　（4）选择菜单【视图】/【分解】/【编辑位置】命令，打开【分解位置】对话框，如图 10-72 所示。

　　●　选取的元件：点击按钮选择需要编辑分解位置的元件，其名称将出现在其后的文本框中。

　　●　运动类型：设置需要编辑分解位置的元件采用的运动类型

　　●　运动参照：在下拉列表中选择运动参照的类型，然后选择相应类型的运动参照，名称在其后的文本框中列出。

　　（5）在【运动参照】下拉列表中选择【平面法向】类型。其下的选取参照工具▶被激活，消息区提示 ⇨ 选取法向是运动参照的平面。

　　（6）在图形区选取 "ASM_TOP" 作为参照面，在其后列出了参照面 "ASM_TOP:F2（基准平面）"，元件将沿着 "ASM_TOP" 的方向进行移动，如图 10-73 所示。

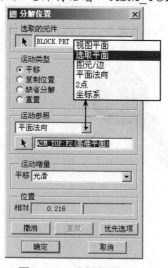

　　图 10-72　分解位置

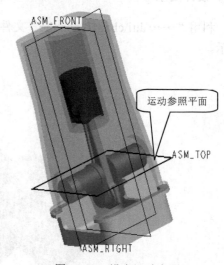

　　图 10-73　设定运动参照

　　（7）消息区提示 ⇨ 选取要移动的元件。，在模型树选取 "BLOCK.PRT" 零件。

（8）消息区提示 ⇨左键放置。中键中止。，移动鼠标左键观察零件动态移动到适当位置，按下鼠标中键放置零件，如图 10-74 所示。

（9）按照步骤（7）、（8）移动其他零件到合适的位置，如图 10-75 所示。

 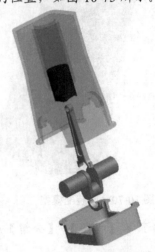

图 10-74　放置第 1 个零件　　　　　　图 10-75　放置所有元件

（10）在所有元件位置都编辑完毕后，单击 确定 按钮，关闭【分解位置】对话框。在模型区域中，所有元件已经按照指定的位置进行了分解。

在产品展示、工作原理的说明和演示工作中，分解视图是一个极其有用和直观的表现方式，可以让用户迅速了解装配体的组成和装配关系等各项内容。

10.7　综合实例

设计要求

利用 "……\liti\chap10\zonghe" 文件夹中的零件，创建手动气阀的装配体，如图 10-76 所示。

图 10-76　手动气阀装配体

设计思路

（1）创建阀杆组件，将密封圈插入阀杆，命名为"fangan"。
（2）创建装配体，命名为"qifa"。
（3）插入零件阀体。
（4）插入组件阀杆。
（5）插入芯杆。
（6）插入螺母。
（7）插入手柄球。

创建阀杆组件

（1）选择【文件】工具栏新建文件工具 ，打开【新建】对话框。
（2）设置【新建】对话框如图 10-81 所示，单击 确定 按钮，进入【新文件选项】对话框。
（3）进入【新文件选项】对话框选择模板，设置【新文件选项】对话框如图 10-78 所示。

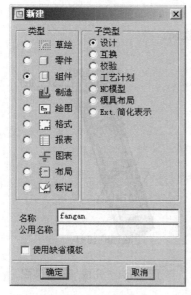

图 10-77　新建组件

图 10-78　选择模板

（4）单击 确定 按钮，进入装配体设计环境。
（5）在装配环境中选择【工程特征】工具栏插入元件工具 ，出现【打开】对话框。
（6）在对话框中选择"qifangan.prt"，单击 预览▲ 按钮，在对话框下部出现该零件的模型预览，如图 10-79 所示。

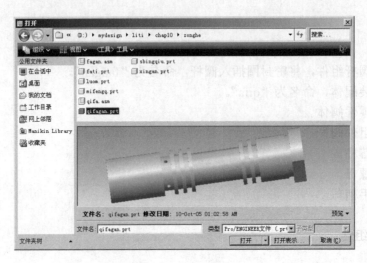

图 10-79　选择气阀杆零件

（7）准确无误后，单击 打开(O) 按钮插入第 1 个装配零件，在消息区出现【元件放置】操控板，此时装配窗口中图形如图 10-80 所示。

（8）在操控板的【约束类型】列表中选择【默认】选项 默认 ，此时模型显示为亮色，元件和装配体的坐标系对齐，约束状态区显示为"完全约束"，如图 10-81 所示。

（9）选择操控板 工具，完成第一个零件的装配。

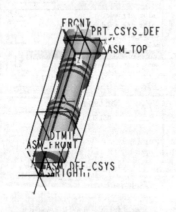

图 10-80　引入第 1 个零件

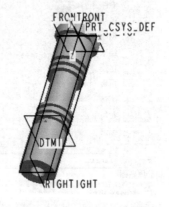

图 10-81　完成气阀杆装配

（10）选择【工程特征】工具栏插入元件工具，出现【打开】对话框。

（11）在对话框中选择"mifengq.prt"，单击 打开(O) 按钮插入第 1 个密封圈，装配窗口中图形如图 10-82 所示。

（12）出现【元件放置】操控板，选择【放置】命令，出现【放置】上滑面板，在【约束类型】列表中选择【对齐】选项。

（13）选择如图 10-82 所示的元件轴和组件轴作为参照，图形区如图 10-83 所示。

（14）在【放置】上滑面板的【集】列表中单击 新建约束，【集】列表中出现第 2 个约束，在【约束类型】列表中选择选择【匹配】选项，此时不容易选取参照。

图 10-82 选择轴线　　　　　　　　图 10-83 对齐轴线

（15）选择操控板 ▣，密封圈出现在单独的窗口中，选取如图 10-84 所示的元件参照。

（16）在装配窗口中选择组件参照如图 10-84 所示，再次选择操控板 ▣，使其处于浮起状态，关闭单独显示密封圈的窗口。

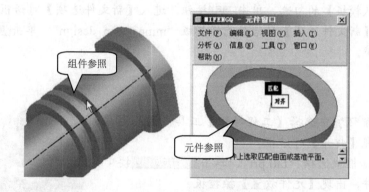

图 10-84 选取装配参照

（17）此时状态区显示为"完全约束"，【放置】上滑面板如图 10-85 所示。

（18）选择操控板 ✓ 工具，完成第一个密封圈的装配，如图 10-86 所示。

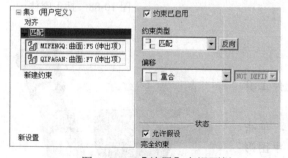

图 10-85 【放置】上滑面板

图 10-86 装配完成第一个密封圈

（19）按照上面的步骤完成其余 3 个密封圈的装配。完成装配后装配体如图 10-87 所示。

图 10-87　完成组件

（20）保存文件，关闭窗口。

创建装配体文件

（1）选择【文件】工具栏新建文件工具 □，打开【新建】对话框。

（2）在【类型】选区选取【组件】选项 ⊙ □ 组件，在【名称】编辑框中输入 "fati"，取消【使用默认模板】的勾选，单击 确定 按钮，进入【新文件选项】对话框。

（3）进入【新文件选项】对话框选择模板 "mmns_asm_design"，单击 确定 按钮，进入装配体设计环境。

插入阀体

（1）在装配环境中选择【工程特征】工具栏插入元件工具 ☒，出现【打开】对话框。

（2）在对话框中选择 "fati.prt"，单击 打开(0) 按钮插入阀体零件，出现【元件放置】操控板。

（3）在操控板的【约束类型】列表中选择【默认】选项 □ 默认 ▼，此时模型显示为亮色，元件和装配体的坐标系对齐，约束状态区显示为 "完全约束"。

（4）选择操控板 ✔ 工具，完成阀体零件的装配，如图 10-88 所示。

图 10-88　插入阀体

装配组件

（1）选择【工程特征】工具栏插入元件工具 ☒，出现【打开】对话框。

（2）在对话框中选择 "fagan.asm"，单击 打开(0) 按钮插入阀杆零件，装配窗口中图形如图 10-89 所示。

（3）出现【元件放置】操控板，选择【放置】命令，出现【放置】上滑面板，在【约束类型】

图 10-89　插入阀杆

列表中选择【对齐】选项。

（4）选择如图 10-90 所示的元件轴和组件轴作为参照，此时图形区如图 10-91 所示。

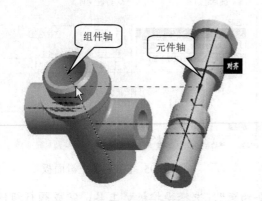

图 10-90　选取轴对齐参照　　　　　　　　图 10-91　插入阀杆

（5）在【放置】上滑面板的【集】列表中单击➡新建约束，【集】列表中出现第 2 个约束，在【约束类型】列表中选择选择【匹配】选项，此时不容易选取参照。

（6）选择操控板 🔲，密封圈出现在单独的窗口中，选取如图 10-92 所示的元件参照。

（7）在装配窗口中选择组件参照，再次选择操控板 🔲，使其处于浮起状态，关闭单独显示阀杆的窗口。

（8）此时方向不对，单击【放置】上滑面板中【约束类型】列表后的 反向 按钮，【约束类型】变为【对齐】，再次单击 反向 按钮，【约束类型】重新变为【匹配】，此时图形符合要求，如图 10-93 所示。

（9）此时状态区显示为"完全约束"，但【允许假设】选项处于勾选状态，最好不出现【允许假设】选项。

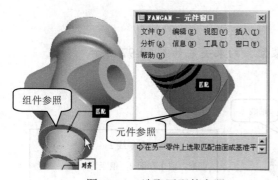

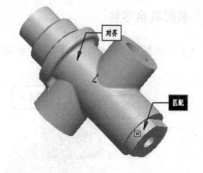

图 10-92　选取匹配的参照　　　　　　　　图 10-93　完成匹配约束设置

（10）在【放置】上滑面板的【集】列表中单击➡新建约束，【集】列表中出现第 3 个约束，在【约束类型】列表中选择【对齐】选项，此时不容易选取参照。

（11）在装配窗口中选择阀杆的"ASM_RIGHT"面作为元件参照，选取组件的"ASM_FRONT"面作为组件参照，如图 10-94 所示。

（12）在【放置】上滑面板的【偏移】列表中的【角度偏移】选项修改为【重合】，【放置】上滑面板如图 10-95 所示。

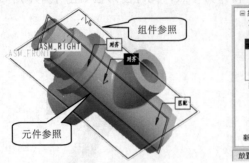

图 10-94　选取对齐参照

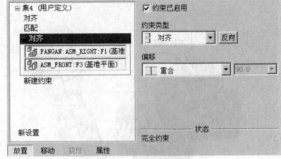

图 10-95　【放置】上滑面板

（13）注意到此时状态区显示为"完全约束"，选择操控板✔工具，完成阀杆组件的装配，如图 10-96 所示。

图 10-96　完成阀杆组件装配

装配其余零件

（1）按照装配组件的步骤完成芯杆的装配，约束关系如图 10-97 所示。

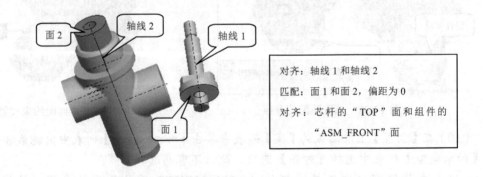

对齐：轴线 1 和轴线 2
匹配：面 1 和面 2，偏距为 0
对齐：芯杆的"TOP"面和组件的
　　　"ASM_FRONT"面

图 10-97　装配芯杆

（2）按照装配组件的步骤完成螺母的装配，约束关系如图 10-98 所示。

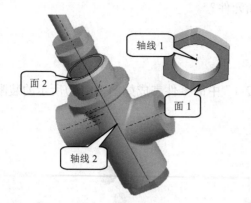

对齐：轴线 1 和轴线 2

匹配：面 1 和面 2，偏距为-8

对齐：螺母的"FRONT"面和组件的

　　　　"ASM_FRONT"面

图 10-98　装配螺母

（3）按照装配组件的步骤完成手柄球的装配，约束关系如图 10-99 所示。

对齐：轴线 1 和轴线 2

匹配：面 1 和面 2，偏距为 0

对齐：手柄球的"FRONT"面和组件

　　　　的"ASM_FRONT"面

图 10-99　装配手柄球

（4）保存文件，关闭窗口，拭除不显示。

10.8　本章小结

通过本章学习，读者应该掌握创建装配体的步骤和基本的操作过程，对元件约束的类型和使用范围有了一定的了解和认识，了解了装配体设计的基本流程和操作。学完本章，读者掌握了装配体的基本知识和技巧，可以快速准确地创建并完成装配体的装配。另外，本章还讲述了在装配环境下修改编辑零件以及创建新零件的方法。

10.9　习题

1. 概念题

（1）如何创建一个新的装配体？

（2）何谓元件，如何向装配体内添加元件？

（3）简述装配体建立的一般过程。

（4）放置约束有哪些类型。

2．操作题

（1）使用文件夹"\xiti\chap10\xiti10-2-1"中的零件完成如图 10-100 所示的装配体并生成如图 10-101 所示的分解视图。

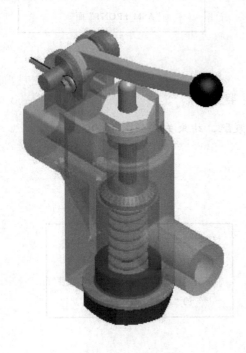

图 10-100　手压阀装配图　　　　　　　　　图 10-101　手压阀分解视图

（2）使用文件夹"\xiti\chap10\xiti10-2-2"中的零件完成如图 10-102 所示的虎钳装配体并生成如图 10-103 所示的分解视图。

图 10-102　虎钳装配图　　　　　　　　　图 10-103　虎钳分解视图

（3）利用"\xiti\chap10\xiti10-2-3"目录中的文件完成装配体如图 10-104 所示。

（4）利用"\xiti\chap10\xiti10-2-4"目录中的文件完成如图 10-105 所示的分解视图。

图 10-104　夹金卡爪装配图

图 10-105　分解视图

第11章 工　程　图

使用 Pro/E 的强大功能可以直接建立三维模型，形象直观，这对机械设计来说无疑是划时代的进步。但在生产实践中，往往要把立体图转化为工程图。工程图是进行生产加工和技术交流的一个重要工具，它不仅直接用于指导现场加工，而且也是表达设计者设计思想的重要技术文件。在生产和设计部门，工程图被称为"工程师的语言"。本章主要讲授工程图的制作和细化。

【本章重点】
- 各种工程图的制作方法；
- 工程图设置文件的制作方法；
- 工程图尺寸标注方法；
- 工程图各种技术要求的注法。

11.1　工程图基础

图纸在工程设计中占有很重要的地位，每个国家、每个单位的图纸格式有所不同，用户依据自己公司的要求制作图纸格式，作为标准格式在工程图中使用。本节讲述图纸格式文件和图纸文件及模板的创建。

11.1.1　新建工程图

新建工程图的步骤如下。

1. 新建工程图文件

（1）选择菜单【文件】/【新建】命令或者单击标准工具栏新建文件工具 🗋，弹出如图 11-1 所示的【新建】对话框。

（2）在【新建】对话框中的【类型】单选组中选择 ⊙ 🖳 绘图 单选项。

（3）在【名称】编辑框内输入文件名，取消 ☐ 使用默认模板 的勾选，单击 确定 按钮，出现如图 11-2 所示的【新制图】对话框。

　　　　　一般情况下，在创建工程图时不使用默认模板，因为这些默认模板大多不符合国家标准，需要自己制作适合国家标准的模板以备使用。

---

2. 设置工程图零件文件和图纸格式

（1）在【新制图】对话框的【默认模型】项目组选择需要创建工程图的零件文件。

如果有零件窗口处于活动状态，系统在【默认模型】编辑框直接显示该模型的名称，作为工程图的零件文件，也可以单击 浏览... 按钮弹出【打开】对话框，在其中选择已有的文件作为工程图的零件文件。

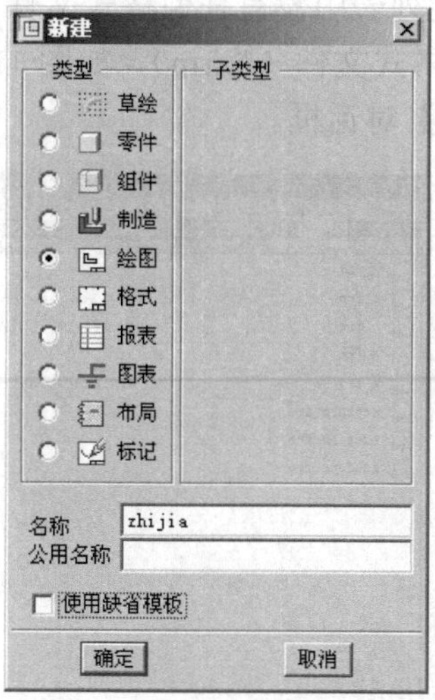

图 11-1　【新建】对话框

图 11-2　【新制图】对话框

（2）在【指定模板】项目组设定图纸模板。

　　选择 ⊙空 单选项，【新制图】对话框如图 11-2 所示，这是【新制图】对话框的默认设置。在【方向】项目组中可以根据零件的形式和结构设定标准图纸的放置方向，【纵向】指图纸竖放，【横向】指图纸横放，选择此两项后，可以在【标准大小】列表中选择标准图纸。也可以选择【可变】工具自定义图纸的单位制和大小，如图 11-3 所示。单位制可以选择 ⊙英寸 或者 ⊙毫米，在【宽度】编辑框中可以输入图纸的宽度，在【高度】编辑框中可以输入图纸的高度。

　　选择 ⊙使用模板 单选项，【新制图】对话框如图 11-4 所示。在【模板】选项组根据零件的尺寸大小选定工程图使用的模板文件。可以单击 浏览... 按钮在弹出【打开】对话框中选择合适的模板文件（*.drw），也可以在【模板】列表中直接在其中选择系统自带的模板文件作为工程图的模板文件。

图 11-3　设定图纸单位制和大小

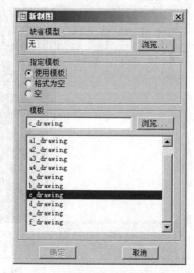

图 11-4　使用模板的【新制图】对话框

选择 ⊙ 格式为空 单选项,【新制图】对话框如图 11-5 所示。在【新制图】对话框下部出现【格式】选项组,如果首次使用此项,在【格式】下拉列表中没有任何格式文件,单击 浏览... 按钮弹出【打开】对话框,在其中可以选择合适的格式文件(*.frm),如图 11-6 所示,在列表中选择一种格式,单击 打开⑩ 按纽回到【新制图】对话框。

图 11-5　格式为空的【新制图】对话框

图 11-6　选择格式文件

(3) 在【新制图】对话框中单击 确定 按钮,进入工程图环境,如图 11-7 所示。
这里使用的是【指定模板】项目组选择,【方向】选项为【横向】,【大小】为 A3 的情况。

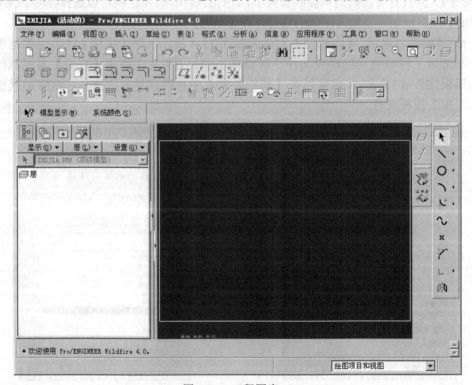

图 11-7　工程图窗口

11.1.2　创建图纸格式

Pro/E 提供的图纸格式一般不适合国家标准，需要根据国家标准的规定或者用户公司的规定设定自己的图纸格式。

创建图纸格式的步骤如下：

1. 新建工程图文件

（1）选择菜单【文件】/【新建】命令或者单击标准工具栏新建文件工具 ，弹出如图 11-8 所示的【新建】对话框。

（2）在【新建】对话框中的【类型】单选组中选择 格式 选项。

（3）在【名称】编辑框内输入文件名，单击 确定 按钮，出现【新格式】对话框。

2. 设置图纸的大小和格式

（1）在【新格式】对话框的【指定模板】项目组设定图纸模板。

选择 空 单选项，【新格式】对话框如图 11-9 所示，其中各选项的含义和【新制图】的相应选项完全相同。

图 11-8　【新建】对话框

图 11-9　【新格式】对话框

选择 截面空 单选项，【新格式】对话框如图 11-10 所示。【新格式】对话框下部出现【截面】项目组。如果首次使用此项，在【截面】下拉列表中没有任何截面文件，单击 浏览… 按钮在弹出【打开】对话框中选择合适的截面文件（*.sec），如图 11-11 所示。在列表中选择一个截面文件，单击 打开⑩ 按钮回到【新格式】对话框。

图 11-10　设定图纸截面

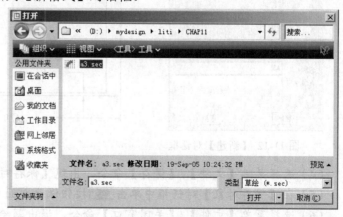

图 11-11　选择截面

（2）在【新格式】对话框中单击 确定 按钮，进入绘制图纸格式环境，这个环境和工程图环境基本相同。

3．设置工程图格式文件。

将符合国家标准的各变量（箭头大小、文字大小等）设置成符合国标的形式，保存在"format.dtl"文件中，选择【工具】/【选项】命令给"config.pro"文件中添加"format_setup_file"选项，设置其值为某个目录下的"format.dtl"文件，以备调用。

4．绘制图框和标题栏。

在工程图环境绘制图框和标题栏，并且根据图纸的要求设定边框和标题栏的线型和线宽。

5．利用增加注释的方式填写标题栏中的文本。

6．选择菜单【文件】/【保存】命令完成图纸格式设置。

7．调用图纸格式。

图纸格式将保存在系统的工作目录中，在制作工程图时，在【新制图】对话框中 ⊙格式为空 单选项，对话框下部出现【格式】项目组，单击 浏览... 按钮在弹出【打开】对话框中选择已设好的格式文件（*.frm）即可使用格式。

【例 11-1】　创建学生用 A3 标准格式图纸。

创建截面文件

（1）选择菜单【文件】/【新建】命令，出现【新建】对话框，如图 11-12 所示。

（2）在【新建】对话框的【类型】选项组中选择 ⊙ 草绘 选项，在【名称】编辑框中输入 "A3"，单击 确定 按钮进入草绘环境。

（3）草绘如图 11-13 所示的图框，标题栏的尺寸如图 11-14 所示。

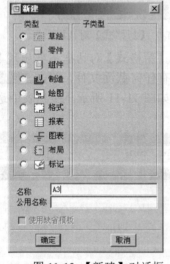

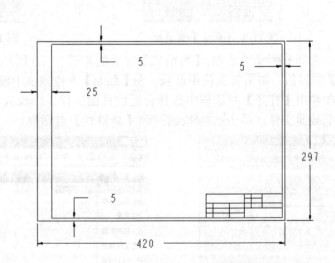

图 11-12　【新建】对话框　　　　　　　　　　图 11-13　图框格式和尺寸

（4）选择菜单【文件】/【保存】命令，出现【保存对象】对话框。

（5）在【保存对象】对话框中单击 确定 按钮保存截面文件。

（6）选择菜单【文件】/【关闭窗口】命令，退出草绘环境。

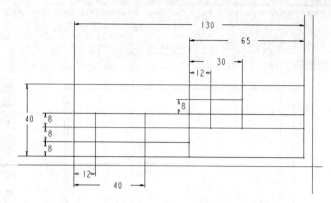

图 11-14　标题栏格式和尺寸

创建格式文件

（1）单击标准工具栏新建文件工具□，弹出【新建】对话框，如图 11-15 所示。

（2）在【新建】对话框中的【类型】单选组中选择⊙ 格式选项。

（3）在【名称】编辑框内输入 "A3HENG"，单击 确定 按钮，出现【新格式】对话框。

（4）在【新格式】对话框中的【指定模板】项目组选择⊙ 截面空选项。

（5）单击【截面】项目组 浏览... 按钮，在弹出【打开】对话框中选择刚才创建的截面文件 "A3.SEC"，单击 打开(0) 按钮，回到【新格式】对话框，如图 11-16 所示。

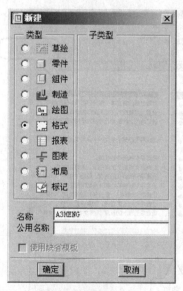

图 11-15　新建格式文件

图 11-16　使用截面文件

（6）在【新格式】对话框中单击 确定 按钮，进入格式设置环境，界面基本和草绘环境一样，如图 11-17 所示。

> 截面文件出现在屏幕上时，所有的几何尺寸和约束都被删除，线条也变为白色，表示截面转化为格式文件。

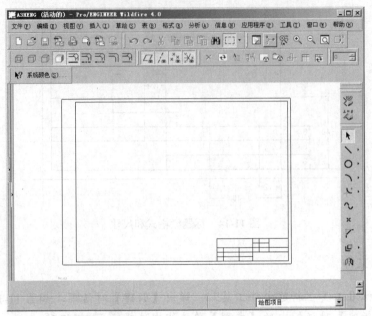

图 11-17 设置格式环境

设置 "format.dtl" 文件

（1）选择菜单【文件】/【属性】命令，出现【选项】对话框，如图 11-18 所示。

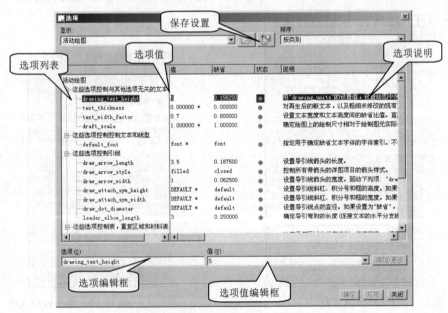

图 11-18 【选项】对话框

（2）在【选项】列表中选择欲修改的变量，这时在【选项】编辑框内显示该变量名。

（3）在【值】组合框中选择或者输入变量的值。

（4）单击 添加/更改 按钮，在【选项值】列表中可以看到变量值的变化。

（5）单击 应用 按钮，新变量值应用于当前文件。

（6）按照表 11-1 的设置值完成变量的设置。

表 11-1 设置文件"format.dtl"变量值

变 量 名	变 量 值	变 量 名	变 量 值
drawing_text_height	5	draw_dot_diameter	DEFAULT
text_thickness	0.2	leader_elbow_length	3
text_width_factor	0.8	draw_attach_sym_width	DEFAULT
draft_scale	1	sort_method_in_region	delimited
default_font	font	drawing_units	mm
draw_arrow_length	3.5	line_style_standard	std_ansi
draw_arrow_style	filled	node_radius	DEFAULT
draw_arrow_width	1	sym_flip_rotated_text	yes
draw_attach_sym_height	DEFAULT	yes_no_parameter_display	true_false

（7）选择【选项】对话框中的保存工具 ，出现【另存为】对话框，如图 11-19 所示。

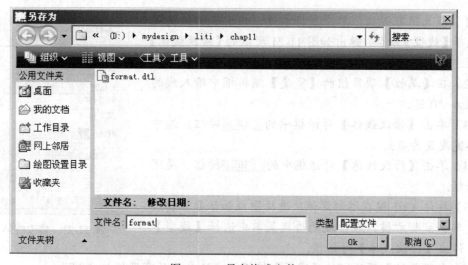

图 11-19 另存格式文件

（8）在【名称】编辑框中输入"format"，单击 Ok 按钮，回到【选项】对话框。

（9）在【选项】对话框中单击 关闭 按钮关闭对话框。

（10）选择菜单【工具】/【选项】命令，出现【选项】对话框。

（11）在【选项】编辑框中输入变量"format_setup_file"，在【变量值】编辑框中输入"format.dtl"文件的位置"……\liti\chap11\format.dtl"，如图 11-20 所示。

（12）单击 添加/更改 按钮，在【选项值】列表中可以看到变量值的变化。

（13）单击 应用 按钮，新变量值应用于当前文件。

（14）选择【选项】对话框中的保存设置工具，将其保存在启动目录的"config.pro"文件中。

（15）在【选项】对话框中单击 关闭 按钮关闭对话框。

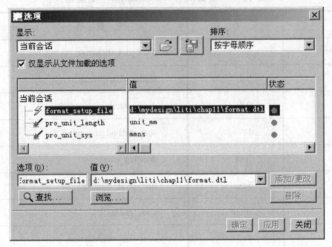

图 11-20　设置格式文件目录

定义线型

（1）框选所有图线，单击鼠标右键，在出现的快捷菜单中选择【线型】命令。弹出如图 11-21 所示的【修改线体】对话框。

（2）在【属性】项目组的【宽度】编辑框中输入线的宽度值为"0.3"。

（3）单击【修改线体】对话框中的 应用 按钮，选中的线体宽度变为 0.3。

（4）单击【修改线体】对话框中的 关闭 按钮，关闭该对话框。

（5）按住 Ctrl 键在图形区依次选择图框和标题栏的最外框，单击鼠标右键，在出现的快捷菜单中选择【线型】命令，弹出【修改线体】对话框。

图 11-21　修改线体

（6）在【属性】项目组的【宽度】编辑框中输入线的宽度值为"0.7"。

（7）单击【修改线体】对话框中的 应用 按钮，选中的线体宽度变为 0.7。

（8）单击【修改线体】对话框中的 关闭 按钮，关闭该对话框。

对视图进行适当的放缩可以看出图线的粗细。

填写标题栏

（1）选择菜单【插入】/【注释】命令，出现【注释类型】菜单，如图 11-22 所示。

（2）选择【无引线】/【输入】/【水平】/【标准】/【默认】/【制作注释】命令，出现【获得点】菜单，如图 11-23 所示。

（3）在【获得点】菜单中选择【选出点】命令，在图形区标题栏的相应位置单击鼠标左键拾取点。

（4）在消息区提示"输入注释"，在其后的编辑框输入"制图"，按 Enter 键消息区再次出现提示"输入注释"，直接按 Enter 键回到【注释类型】菜单。

（5）选择【完成/返回】命令，完成文字输入。

（6）如果文字大小不符合要求，可以用鼠标左键在图形区选取刚才输入的文字，单击鼠标右键，在弹出的快捷菜单中选择【属性】命令，出现【注释属性】对话框。

（7）选择【注释属性】对话框中的【文本样式】选项卡，如图 11-24 所示。

图 11-22 【注释类型】 菜单　图 11-23 【获得点】菜单　　图 11-24 【注释样式】对话框

（8）在【字符】项目组，取消【高度】选项 ![高度 5.000000 默认] 后面的【默认】复选项的勾选，在编辑框输入文字高度为"7"。

（9）在图形区选择刚才创建的文字，按住鼠标左键拖动到合适的位置，在拖动文字时可以将图形区视图适当缩放以使文字放置精确。

（10）按照上述方法创建标题栏中所有不需要改动的文字，如图 11-25 所示。

图 11-25　填写标题栏

（11）保存文件，关闭窗口，拭除不显示。

11.1.3　工程图模板

工程图中有许多项目要素，如尺寸文本高度、文本字型，箭头长度、箭头宽度、字体属性、拔模标准及公差标准等，都是由工程图的设置文件来控制的，在该设置文件中，每个要素对应一个参数选项，系统为这些参数赋予了默认值，但是一般情况下这些设置不符合国家标准，需要用户根据国家标准和公司的需要进行定制。

如果用户每次绘制工程图都需要重新设置这些选项，重复劳动太多，Pro/   E 系统提供了一种文件格式，可以将这些配置保存在固定文件中，使用选项中的"drawing_setup_file"的参数值设置访问该配置文件的路径，一般情况下，该配置文件保存在"pro.dtl"中。

11.1.3.1　设置工程图配置文件

下面以修改工程图配置文件中的参数选项"drawing_text_height"（该选项用"drawing _units"的设置值，设置绘图中所有文本的默认文本高度）为例，说明修改工程图配置文件的操作过程。

修改工程图配置文件

（1）在工程图环境中，选择菜单【文件】/【属性】命令，出现【文件属性】菜单，如图 11-26 所示。

（2）选择菜单中【绘图选项】命令，出现绘图【选项】对话框，如图 11-27 所示。

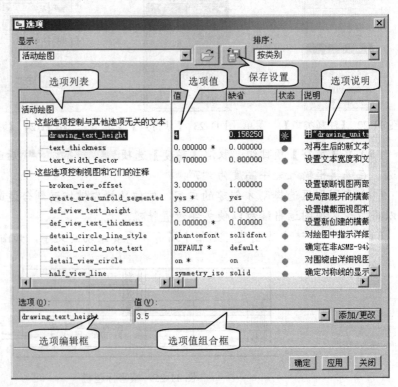

图 11-26　【文件属性】菜单　　　　　　　　图 11-27　设置绘图选项

（3）在【选项】列表中选择 "drawing_text_height" 选项，在【选项】编辑框显示该变量名。

（4）在【值】组合框输入文字高度值为 "3.5"。

（5）单击 添加/更改 按钮，在【选项值】列表中可以看到变量值的变化。

（6）单击 应用 按钮，新变量值应用于当前文件。

（7）如需设置其他选项，重复步骤（3）-（6）。

（8）选择【选项】对话框中的保存设置工具 ，出现【另存为】对话框，在【名称】编辑框中输入文件名，单击 Ok 按钮，完成设置文件保存，回到【选项】对话框。

（9）在【选项】对话框中单击 关闭 按钮关闭对话框。

（10）选择【文件属性】菜单中【完成/返回】命令完成设置。

有些选项的值可以从【值】组合框列表中选取，如 "drawing_units" 选项列表中有 inch、mm、foot、cm、m 等。

11.1.3.2 符合国标的工程图配置文件参数选项列表

符合国家标准的工程图各选项取值及其含义如表 11-2 所示，用户可以参照该表配置工程图选项。

表 11-2 符合国标的工程图配置文件参数取值及含义列表

变 量 名	变 量 值	变 量 含 义
这些选项控制与其他选项无关的文本		
drawing_text_height	3.5	设置绘图中所有文本的默认高度
text_thickness	0	设置默认文本粗细，数值以绘图单位表示
text_width_factor	0.7	设置文本宽度和文本高度间的默认比值
这些选项控制视图和它们的注释		
broken_view_offset	5	设置破断视图两部分间的偏距距离
create_area_unfold_segmented	yes	局部展开图和全展开图的尺寸显示是否相似
def_view_text_height	5	设置剖视图和局部放大图中注释的文本高度
def_view_text_thickness	0	设置剖视图和局部放大图中注释的文本粗细
default_view_label_placement	top_center	设置视图标签的默认位置和对齐方式
detail_circle_line_style	phantomfont	对绘图中指示局部放大图的圆设置线型
detail_circle_note_text	DEFAULT	设置局部放大图参照注释中显示的文本
detail_view_boundary_type	circle	确定局部放大图的父视图上的默认边界类型
detail_view_circle	on	表明局部放大图中模型部分的圆的显示方式
detail_view_scale_factor	2	确定局部放大图及父视图间的默认比例因子

（续）

变　量　名	变　量　值	变　量　含　义
half_view_line	symmetry_iso	设置半视图中的对称线的显示
model_display_for_new_views	hidden_line	确定创建视图时，模型线的显示样式
projection_type	first_angle	确定创建投影视图的方法
show_total_unfold_seam	no	旋转剖视图中的接缝是否显示
tan_edge_display_for_new_views	no_disp_tan	确定创建视图时，模型相切边的显示
view_note	std_iso	设置与视图相关的注释是否显示
view_scale_denominator	100	设置视图比例的分数显示
view_scale_format	ratio_colon	确定比例以小数、分数或比值（如1:2）显示
这些选项控制横截面和它们的箭头		
crossec_arrow_length	5	设置剖视方向箭头的长度
crossec_arrow_style	tail_online	剖视箭头的一端、头部或尾部接触到剖面线
crossec_arrow_width	1.5	设置剖视方向箭头的尾部宽度
crossec_text_place	above_line	设置剖视图文本相对于剖视方向箭头的位置
crossec_type	old_style	控制剖面的外观
cutting_line	std_iso	控制切割线的显示
cutting_line_adapt	no	控制剖视方向箭头线型的显示方式
cutting_line_segment	5	指定剖切符号加粗部分的长度
def_xhatch_break_around_text	yes	决定剖面/剖面线是否围绕文本分开
def_xhatch_break_margin_size	1	设置剖面线和文本之间的默认偏移距离
default_show_2d_section_xhatch	assemble_and_part	控制2D剖截面默认的剖面线显示状态
default_show_3d_section_xhatch	no	控制3D剖截面默认的剖面线显示状态
draw_cosms_in_area_xsec	no	控制局部剖视图中是否显示修饰与基准曲线
remove_cosms_from_xsecs	total	控制从剖视图中删除螺纹、修饰特征等图元
show_quilts_in_total_xsecs	no	确定剖视图中是否包括如曲面和面组等几何图形
这些选项控制在视图中显示的实体		
datum_point_shape	cross	控制基准点的显示
datum_point_size	1	控制模型基准点和草绘的二维点的大小
hidden_tangent_edges	default	控制对绘图视图中隐藏相切边的显示

（续）

变　量　名	变　量　值	变　量　含　义
hlr_for_datum_curves	no	控制基准曲线的显示
hlr_for_pipe_solid_cl	no	控制管道中心线的显示
hlr_for_threads	yes	控制螺纹的显示
location_radius	DEFAULT（2.）	修改指示位置的节点半径，使节点清晰可见
mesh_surface_lines	off	控制蓝色曲面网格线的显示
pipe_insulation_solid_xsec	no	控制剖面中的管道保温材料是否显示为实体.
ref_des_display	no	控制参照指示器在电缆组件绘图中的显示
show_sym_of_suppressed_weld	no	显示隐含焊缝的符号
thread_standard	std_iso	控制带有轴的螺纹孔显示
weld_light_xsec	no	确定是否显示轻重量焊接 x 截面
weld_solid_xsec	no	确定横截面中的焊缝是否显示成实体区域
这些选项控制尺寸		
allow_3d_dimensions	yes	确定是否在等轴视图中显示尺寸
angdim_text_orientation	horizontal	控制绘图中角度尺寸文本的放置
associative_dimensioning	yes	使草绘尺寸与草绘图元相关
chamfer_45deg_leader_style	std_jis	控制倒角尺寸的导引类型而不影响文本
chamfer_45deg_dim_text	jis	控制 45°倒角尺寸的显示
clip_diam_dimensions	yes	控制局部放大图中直径尺寸的显示
clip_dimensions	yes	确定是否显示处于局部放大图边界外的尺寸
clip_dim_arrow_style	none	控制被修剪尺寸的箭头样式
default_dim_elbows	yes	确定是否显示带弯肘的尺寸
dim_fraction_format	std	控制分数尺寸在绘图中的显示
dim_leader_length	6	当导引箭头在尺寸界线外时，导引线的长度
dim_text_gap	1	控制尺寸文本与尺寸导引线间的距离
dim_trail_zero_max_places	same_as_dim	控制尺寸文本显示的小数位数
draft_scale	1	绘图上的绘制尺寸和实际长度的比值
draw_ang_units	ang_deg	确定绘图中角度尺寸的显示
draw_ang_unit_trail_zeros	yes	角度以度/分/秒格式显示时是否删除尾随零

（续）

变　量　名	变　量　值	变　量　含　义
dual_digits_diff	1	辅助尺寸小数点右边的数字位数
dual_dimensioning	no	尺寸值是否应以主单位和/或辅助单位显示
dual_dimension_brackets	yes	确定辅助尺寸单位是否带括号显示
dual_metric_dim_show_fractions	no	主单位是分数时，公制尺寸是否显示为分数
dual_secondary_units	mm	设置显示辅助尺寸的单位
iso_ordinate_delta	yes	纵坐标尺寸线与尺寸界线间偏距的显示
lead_trail_zeros	std_metric	控制尺寸中前导零与尾随零的显示
lead_trail_zeros_scope	all	控制 lead_trail_zeros 值是否只对尺寸起作用
orddim_text_orientation	parallel	控制纵坐标尺寸文本的方向
ord_dim_standard	std_iso	控制纵坐标尺寸的显示
parallel_dim_placement	above	确定尺寸值显示在导引线上面还是下面
radial_dimension_display	std_iso	以 ASME 、ISO 或 JIS 标准显示半径尺寸
shrinkage_value_display	percent_shrink	显示按百分比缩小的尺寸
text_orientation	parallel_diam_horiz	控制尺寸文本的方向
use_major_units	no	分数尺寸是否用英寸显示
witness_line_delta	1.5	设置尺寸界线在尺寸导引箭头上的延伸量
witness_line_offset	0.4	设置尺寸线与标注尺寸的对象之间的偏距
这些选项控制控制文本和线型		
default_font	font	指定用于确定默认文本字体的字体索引
这些选项控制引线		
dim_dot_box_style	default	只控制线性尺寸导引点和框的箭头样式
draw_arrow_length	3.5	设置导引线箭头的长度
draw_arrow_style	filled	控制所有带箭头的详图项目的箭头样式
draw_arrow_width	1	设置导引线箭头的宽度
draw_attach_sym_height	DEFAULT	设置导引线斜杠、积分号和框的高度
draw_attach_sym_width	DEFAULT	设置导引线斜杠、积分号和框的宽度
draw_dot_diameter	1	设置导引线点的直径
leader_elbow_length	5	确定导引弯肘的长度

（续）

变 量 名	变 量 值	变 量 含 义
leader_extension_font	SOLIDFONT	设置引线延长线的线型
set_datum_leader_length	7	确定基准的引线默认长度
这些选项控制轴		
axis_interior_clipping	no	是否可以从中间修剪轴
axis_line_offset	2	设置直轴线延伸超出其相关特征的默认距离
circle_axis_offset	2	设置圆十字叉丝轴延伸超出圆边的默认距离
radial_pattern_axis_circle	yes	径向特征中，旋转轴的显示模式
这些选项控制几何公差信息		
asme_dtm_on_dia_dim_gtol	on_dim	控制连接到直径尺寸的设置基准的放置
gtol_datum_placement_default	on_bottom	确定基准和几何公差控制框的相对位置
gtol_datums	std_iso_jis	设置绘图中显示参照基准所遵循的草绘标准
gtol_dim_placement	on_bottom	当几何公差连接到尺寸时，确定控制框位置
gtol_display_style	std	设置轮廓几何形状的显示样式
gtol_lead_trail_zeroes	by_model_units	控制几何公差中前导零和尾随零的显示
new_iso_set_datums	yes	根据 ISO 标准控制设置基准的显示
set_datum_triangle_display	filled	控制基准标签中基准三角形的显示
stacked_gtol_align	yes	控制堆叠的几何公差控制框的对齐
这些选项控制表，重复区域和材料清单球标		
2d_region_columns_fit_text	no	确定是否自动调整栏以适应最长的文本段
all_holes_in_hole_table	ye	控制孔表中是否包括标准孔和草绘孔
dash_supp_dims_in_region	yes	表重复区域中尺寸值是否隐含显示
def_bom_balloons_attachment	edge	控制 BOM 球标的默认连接方法
def_bom_balloons_snap_lines	no	显示 BOM 球标时，是否围绕视图创建捕捉线
def_bom_balloons_stagger	no	BOM 球标是否要交错显示
def_bom_balloons_stagger_value	10	BOM 球标交错，连续偏移线之间的距离
def_bom_balloons_view_offset	20	控制 BOM 球标距视图边界的默认偏移距离
def_bom_balloons_edge_att_sym	filled_dot	当 BOM 球标连接到边时默认使用的引线头
def_bom_balloons_surf_att_sym	filled_dot	BOM 球标连接到曲面时默认使用的引线头
min_dist_between_bom_balloons	5	控制 BOM 球标之间默认的最小距离
model_digits_in_region	no	控制数字位数在二维重复区域中的显示
reference_bom_balloon_text	DEFAULT	控制参照球标文本标识符

（续）

变 量 名	变 量 值	变 量 含 义
show_cbl_term_in_region	yes	对于电缆组件是否显示连接器
show_dim_sign_in_tables	yes	控制表中正负公差符号的显示
sort_method_in_region	delimited	决定重复区域的排序机制
zero_quantity_cell_format	empty	指定在重复区域单元格内使用的字符
这些选项控制层		
draw_layer_overrides_model	No1	控制绘图层的显示设定值
ignore_model_layer_status	yes	是否忽略在绘图模型中对层状态所作的改动
这些选项控制模型网格		
model_grid_balloon_display	yes	确定是否围绕模型网格文本来绘制圆
model_grid_balloon_size	4	指定带模型网格显示的球标的默认半径
model_grid_neg_prefix	-	控制显示在模型网格球标中负值的前缀
model_grid_num_dig_display	0	控制显示在网格坐标中的数字位数
model_grid_offset	DEFAULT	控制新模型网格球标与绘图视图的偏距
model_grid_text_orientation	horizontal	文本方向平行于网格线，还是总保持水平
model_grid_text_position	centered	确定模型网格文本放置位置
这些选项控制理论管道折弯交截		
pipe_pt_line_style	default	在管道绘图中，控制理论折弯交点的形状
pipe_pt_shape	cross	控制管道绘图中，理论折弯交点的形状
pipe_pt_size	DEFAULT	控制管道绘图中，理论折弯交点的大小
show_pipe_theor_cl_pts	bend_cl	控制管道绘图中的中心线和理论交点的显示
这些选项控制尺寸公差		
blank_zero_tolerance	yes	如果公差值设置为零，确定是否显示公差值
display_tol_by_1000	no	公差是否显示为乘以1000后的数值
symmetric_tol_display_standard	std_iso	控制对称公差的显示形式
tol_display	yes	控制尺寸公差的显示
tol_text_height_factor	0.6	公差文本高度与尺寸文本高度间的默认比值
tol_text_width_factor	0.6	公差文本宽度与尺寸文本宽度间的默认比值
杂项选项		
decimal_marker	period	指定在辅助尺寸中用于小数点的字符
Default_pipe_bend_note	NO	控制管道折弯注释在绘图中的显示
Drawing_units	mm	设置所有绘图参数的单位

（续）

变 量 名	变 量 值	变 量 含 义
Harn_tang_line_display	no	是否打开电缆所有内部段的显示
Line_style_standard	std_iso	控制绘图中的文本颜色
Max_balloon_radius	8	设置球标最大的允许半径
Min_balloon_radius	8	设置球标最小的允许半径
Node_radius	DEFAULT	设置显示在符号中的节点大小
Pos_loc_format	%s%x%y, %r	控制&pos_loc 文本在注释和报表中的显示
Sym_flip_rotated_text	yes	是否任何颠倒旋转的文本将被反向右侧向上
Weld_symbol_standard	std_iso	按何种标准，在绘图中显示焊接符号
Weld_spot_side_significant	yes	设置焊接符号放置
yes_no_parameter_display	true_false	控制"是/否"参数在绘图注释和表中的显示

【例 11-2】创建标准 A3 图纸的模板文件并调用。

新建模板文件

（1）选择菜单【文件】/【新建】命令，出现【新建】对话框。

（2）在【新建】对话框中的【类型】单选组中选择 ⊙ 绘图 选项。

（3）在【名称】编辑框内输入名称为"A3HENG"，取消 □ 使用默认模板 的勾选，如图 11-28 所示。

（4）单击 确定 按钮，出现【新制图】对话框。

（5）在【新制图】对话框中的【指定模板】项目组中选择 ⊙ 格式为空 单选项。

（6）单击 浏览... 按钮，在出现的【打开】对话框中选择【例 11-1】创建的格式文件 "a3heng.frm"，回到【新制图】对话框，如图 11-29 所示。

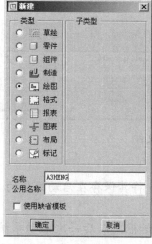

图 11-28　新建制图模板

图 11-29　选择格式文件

（7）单击 确定 按钮进入绘图环境。

设置工程图配置文件

（1）选择菜单【文件】/【属性】命令，出现【文件属性】菜单。

（2）选择菜单中【绘图选项】命令，出现绘图【选项】对话框。

（3）按照表11-2给定的选项值设定各选项的值。

（4）设置完成后，单击 应用 按钮，新变量值应用于当前文件。

（5）选择【选项】对话框中的保存设置工具 ，出现【另存为】对话框，在【名称】编辑框输入"pro.dtl"，单击 0k 按钮，完成设置文件保存，回到【选项】对话框。

（6）在【选项】对话框中单击 关闭 按钮关闭对话框。

（7）选择【文件属性】菜单中【完成/返回】命令完成设置。

配置选项文件

（1）选择菜单【工具】/【选项】命令，出现【选项】对话框。

（2）在【选项】编辑框中输入"drawing_setup_file"，在【值】组合框中输入"……liti\chap11\pro.dtl"。

（3）单击 添加/更改 按钮，在【选项值】列表中可以看到变量值的变化，如图 11-30 所示。

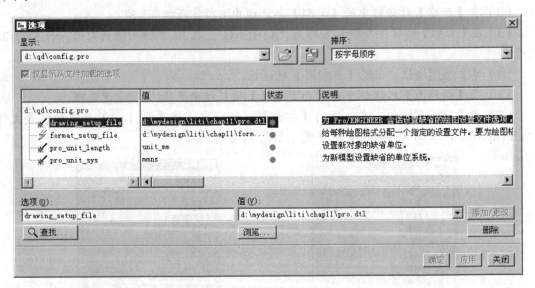

图 11-30   设置配置文件

（4）单击 应用 按钮，新变量值应用于当前文件。

（5）选择【选项】对话框中的保存设置工具 ，将其保存在启动目录的"config.pro"文件中。

（6）在【选项】对话框中单击 关闭 按钮关闭对话框，以后每次启动系统将自动加载设置。

填写标题栏

（1）选择菜单【插入】/【注释】命令，出现【注释类型】菜单，如图 11-31 所示。

（2）选择【无方向指引】/【输入】/【水平】/【标准】/【默认】/【制作注释】命令，出现【获得点】菜单，如图 11-32 所示。

图 11-31　【注释类型】菜单　　　　　图 11-32　【获得点】菜单

（3）在【获得点】菜单中选择【选出点】命令，在图形区标题栏的相应位置单击鼠标左键拾取点。

（4）在消息区提示"输入注释"，在其后的编辑框输入"&设计者"，按 Enter 键消息区再次出现提示"输入注释"，直接按 Enter 键回到【注释类型】菜单。

（5）按照步骤（2）～（4）创建其他文字。

（6）选择【完成/返回】命令，完成文字输入，如图 11-33 所示。

图 11-33　填写标题栏

　文字前加"&"符号，是指该项作为参数出现，在调用模板时，将提示用户输入参数值。

（7）按住 Ctrl 键在图形区选择文字"&图名"和"&图号"，单击鼠标右键，在出现的快捷菜单中选择【文本样式】命令，出现【文本样式】对话框，如图 11-34 所示。

图 11-34   设置文本样式

（8）在【字符】选项组中取消【高度】编辑框后 □默认值 的勾选，在【高度】编辑框输入 "10"。

（9）单击 确定 按钮完成文本修改。

（10）按住 Ctrl 键在图形区选择其他文本，修改文本高度为 "7"，如图 11-35 所示。

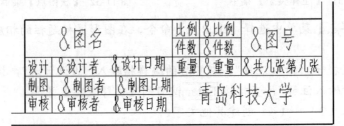

图 11-35   修改文字大小后的标题栏

（11）选择要移动的文字，拖动鼠标左键到符合设计要求的地方，放开鼠标左键，完成文本移动，最后结果如图 11-36 所示。

图 11-36   完成的标题栏

（12）选择工具栏显示全部工具 回 显示整个标准图纸。

（13）选择菜单【文件】/【保存】命令，将标准图纸模板保存在 "……
\liti\chap11\a3heng.drw" 中，以备使用。

调用工程图模板

（1）选择菜单【文件】/【新建】命令，出现【新建】对话框，设置如图 11-37 所
示。

（2）单击 确定 按钮，出现【新制图】对话框。

（3）单击【默认模型】项目组中的 浏览... 按钮，在出现的【打开】对话框中选择 "……
\liti\chap02\zhijia.prt"。

（4）单击【模板】项目组中的 浏览... 按钮，在出现的【打开】对话框中选择 "……
\liti\chap11\a3heng.drw"，如图 11-38 所示。

图 11-37　使用模板新建绘图

图 11-38　设定新制图选项

（5）单击 确定 按钮进入绘图环境，在消息区根据提示用户输入标题栏各参数，最后进
入工程图环境。

11.2　工程图视图操作

根据国家标准的有关规定，机件的表达方法有视图、剖视图、断面图、局部放大图
等。

视图根据表达的需要，分为基本视图、向视图、斜视图、局部视图等。

根据剖切范围的不同，剖视图分为全剖视图、半剖视图和局部剖视图。

根据剖切面的不同，又将剖视图分为单一剖面剖切、旋转剖和阶梯剖以及复合剖。

如此种类繁多的表达方法，使用 Pro/E 的工程图模块都可顺利完成。在 Pro/E 中，其
二维图主要有投影视图、辅助视图、一般视图、详细视图和旋转视图五种类型，根据表达
范围的不同，又可以分为全视图、半视图、破断视图和局部视图，各种类型都可以制作为
剖视图或者断面图。

11.2.1 创建绘图视图的步骤

首先创建绘图文件，然后在视图中插入绘图视图，进行修改，标注尺寸，即可创建工程图。创建工程图的一般步骤如下。

1. 创建工程图文件

按照【例 11-2】调用工程图模板的步骤在创建工程图的过程之中选择合适的模型和图纸模板，进入工程图环境。

2. 创建视图

选择菜单【插入】/【绘图视图】命令，出现【绘图视图】下一级菜单，通过选取不同的选项可以创建不同类型的视图，如图 11-39 所示。

● 一般：由模型直接生成，它是一切视图的父视图，工程图的第 1 个视图一定是一般视图，如图 11-40 所示。选择此项目后，消息区提示选取绘图视图的中心点，在图形区选取中心点后，出现【绘图视图】对话框，在其中可以设置视图的各个项目。

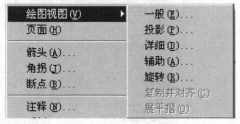

图 11-39　绘图视图菜单

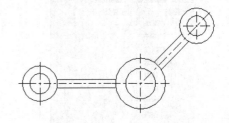

图 11-40　一般视图

● 投影：投影视图是由一般视图或其他投影视图按照一定的投影规则投影而产生的视图，系统根据用户给定的放置位置自动投影生成各种视图，如图 11-41 所示。

● 详图：就是局部放大图，以较大的比例显示现有视图的一部分，以便更加清楚地查看几何形状和尺寸，如图 11-42 所示。

● 辅助：是指斜视图，沿着垂直于某指定参照的方向投影产生的视图，如图 11-43 所示。

● 旋转：就是断面图，切割平面绕切割平面线旋转 90 度且对父视图偏移一定距离形成的断面图，它只显示被切割立体的剖切面和材料接触部分。如图 11-44 所示。

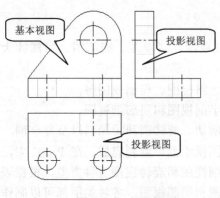

图 11-41　投影视图

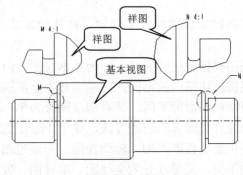

图 11-42　祥图

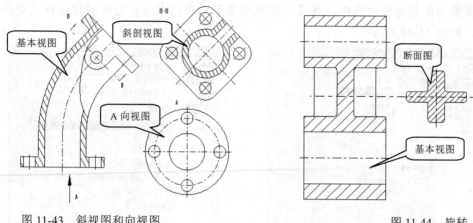

图 11-43 斜视图和向视图　　　　　　　　图 11-44 旋转

　　第 1 次创建的视图只能是一般视图，再次创建的视图可以是各种视图。

3. 设置视图属性

按照零件表达的要求修改视图属性，这些属性包括视图类型、可见区域、比例、剖面、视图状态、视图显示、原点和对齐等，通过【绘图视图】对话框进行设置，如图 11-45 所示。

在【类别】列表中可以选择要进行设置的项目，通过对话框操作进行相应的设置。

（1）视图类型：确定插入视图的类型和模型的视图方向以及插入模型的默认方向。

● 在【视图名】编辑框中输入视图名，按照投影关系配置视图时可以不输此项。

● 在【类别】列表中选择视图类别。如果

图 11-45 【绘图视图】对话框

插入的是一般视图，不能选择视图类别，如果是其他视图，可以选择视图类别，有【一般】、【投影】、【祥图】、【辅助】、【旋转】和【复制并与视图对齐】六种类别。

● 在【选定定向方法】单选组中选择视图定向的方法，一般选择 ● 查看来自模型的名称。

● 在【模型视图名】列表中选择预先设定的视图定向方式，一般选择 "FRONT"方向。

● 在【默认方向】列表中可以选择插入一般视图时视图的默认方向，有【斜轴测】、【正等测】和【用户定义】三种方向，一般选择【斜轴测】或【正等测】方向。

● 如果绘图视图不是一般视图，对话框会有所不同，可以根据情况设置。

（2）可见区域：设定视图的可见区域，对话框如图 11-46 所示。

● 在【视图可见性】列表中选择可见性类别，有【全视图】、【半视图】、【局部视图】和【破断视图】四个选项。

●【视图可见性】为【半视图】时，对话框如图 11-47 所示。此时【半视图参照平面】收集器被激活，在图形区选择对称平面或基准面作为半视图的边界，选择【保持侧】工具可以对保留的侧指向相反方向。在【对称线标准】列表框中可以选择对称线样式遵循的国家标准，如图 11-48 所示。

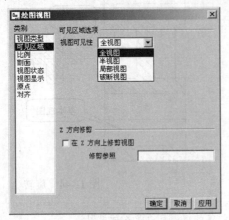

图 11-46　设置可见区域

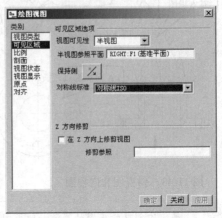

图 11-47　设置半视图

● 【视图可见性】为【局部视图】时，对话框如图 11-49 所示。此时【几何上的参照点】收集器被激活，在图形区选择局部视图保留部分边线上的一点作为参照点，此时【样条边界】收集器被激活，在图形区围绕刚才的参照点根据保留的范围绘制样条曲线作为局部视图的边界。勾选 ☑ 在视图上显示样条边界 选项在局部视图上显示波浪线，否则将不显示波浪线，如图 11-50 所示。

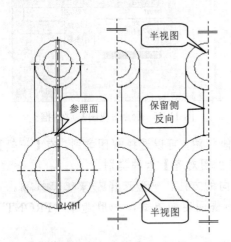

图 11-48　半视图

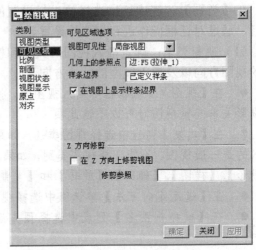

图 11-49　局部视图

● 【视图可见性】为【破断视图】时，对话框如图 11-51 所示。此时单击添加断点工具 ＋，在消息区提示"草绘一条水平或竖直的破断线"，在图形区选择图形上一点，然后移动鼠标单击第二点绘制一条破断线，此时消息区提示"拾取一个点定义第二条破断线"，在适当的位置选择视图上的第 2 点确定第二条破断线的位置，两破断线中间的部分将被切除。这时在添加断点工具 ＋ 下方出现项目列表，显示破断线的方向等。在【破断线线体】列表中可以选择破断线的样式，如图 11-52 所示。也可以再次选择添加断点工具 ＋ 为视图添加更多破断。

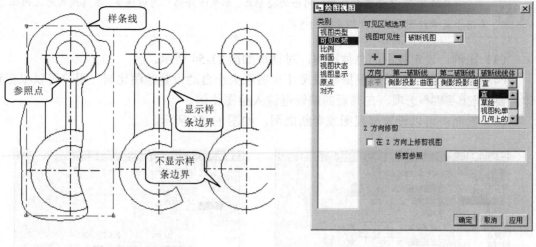

图 11-50 局部视图　　　　　　　　　　　　图 11-51 破断视图

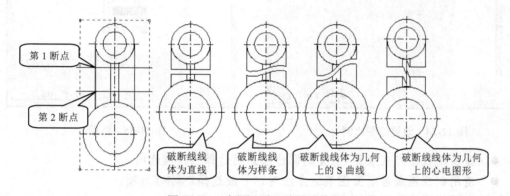

图 11-52 破断视图及破断线线体

● 在【Z方向修剪】选项组设置显示的范围，勾选 ☑ 在 Z 方向上修剪视图 选项，【修剪参照】收集器被激活，可以在图形区选择参照作为 Z 方向的修剪边界，视图将保留参照边界内的部分，隐藏其外视图部分，如图 11-53 所示。

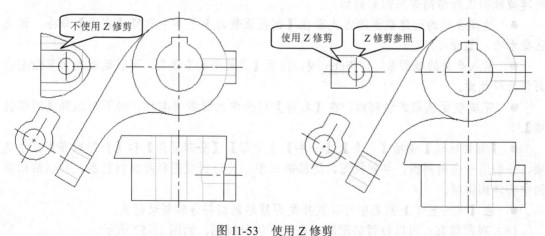

图 11-53 使用 Z 修剪

一般情况下，Z 修剪参照为一闭合的轮廓线，参照线外的几何被隐藏，参照线内的几何保留，多用于局部视图中有封闭轮廓线的情况。

（3）比例：设定视图的总体比例，对话框如图 11-54 所示。

（4）插入视图后，系统根据模型尺寸和图纸大小自动设置绘图比例，用户可以根据设计需要选取 ⊙ 定制比例 选项，在其后的编辑框输入绘图比例。

（5）剖面：可以设置剖视图或者断面图，如图 11-55 所示。

图 11-54　设置绘图比例　　　　　　　　　图 11-55　剖面

- 当使用视图方式表达时，【剖面选项】组选择 ⊙ 无剖面 选项。
- 使用剖视图或者断面图表达方法时，一般选择 ⊙ 2D 截面 选项。
- 在【模型边】可见性选择 ⊙ 全部 选项时创建剖视图。
- 在【模型边】可见性选择 ⊙ 区域 选项时创建断面图。
- 选择将横截面添加到视图工具 ＋ 可以为视图添加截面，这时出现【剖截面创建】菜单，如图 11-56 所示。其中【平面】选项可以创建单一剖面剖切，而【偏距】选项可以创建旋转剖或阶梯剖等多剖面剖切。
- 选择合适的创建截面的方式后在【剖截面创建】菜单中选择【完成】命令，消息区提示输入截面名。
- 输入合适的截面名，按 Enter 键，出现【设置平面】菜单，可以选取或者草绘基准面作为横截面。
- 完成截面选取或绘制后，在【名称】列表中出现截面名称。接下来选择【剖切区域】。
- 【剖切区域】包括【完全】、【一半】、【局部】、【全部展开】和【全部对齐】五个选项，分别用于全剖视图、半剖视图、局部剖视图、旋转剖视图和阶梯剖视图，在以后的实例中将详细讲解。
- 在【箭头显示】列表中可以选择是否显示剖切符号和剖切箭头。

（6）视图状态：可以设置装配图中是否产生分解图，如图 11-57 所示。

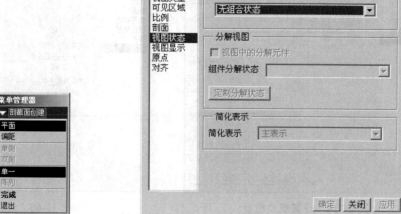

图 11-56 【剖截面创建】菜单　　　　　　　图 11-57 视图状态

（7）视图显示：设置绘图视图的显示状态，如图 11-58 所示。

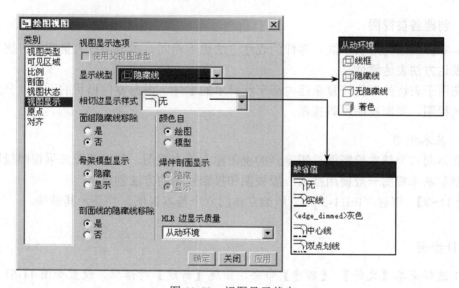

图 11-58 视图显示状态

● 【显示线型】列表控制视图的显示状态，如果是从动环境，按照绘图选项的设置显示图线。选用线框模式，所有的图线以实线显示，选用隐藏线模式，不可见图线显示为灰色线，打印后为虚线，选用无隐藏线模式，只显示可见轮廓线。

● 【相切边显示样式】样式控制模型上是否显示相切边以及在显示时以什么线型显示。

（8）原点：设置视图的原点位置，对话框如图 11-59 所示。

（9）对齐：设置视图之间的对齐方式，一般选取默认的对齐方式，如图 11-60 所示。

 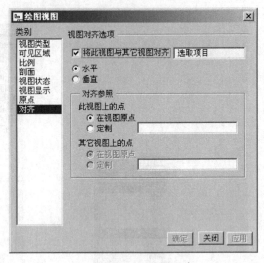

图 11-59　设置原点位置　　　　　　　　图 11-60　设置对齐

4．细化视图

移动视图的位置，显示视图的轴线和尺寸，最后完成整个视图，详细内容将在后面的章节讲述。

11.2.2　创建各类视图

根据零件的结构形状不同，零件的表达方法也不相同，本节通过大量实例讲述如何使用各种表达方法表达零件。

视图用于表达外形比较复杂而内部形状简单的零件，根据零件形状的不同，分为基本视图、向视图、局部视图和斜视图。

11.2.2.1　基本视图

将立体向六个基本投影面投影得到的视图称为基本视图。基本视图必须按照投影关系配置。创建基本视图一般使用插入一般视图和投影视图的方法创建。

【例 11-3】　创建"liti11-3.prt"所给立体的六个基本视图，并显示其轴线。

设计步骤

（1）选择菜单【文件】/【新建】命令，出现【新建】对话框，设置如图 11-61 所示。

（2）单击 确定 按钮，出现【新制图】对话框。

（3）单击【默认模型】项目组中的 浏览… 按钮，在出现的【打开】对话框中选择"liti11-3.prt"文件。

（4）单击【模板】项目组中的 浏览… 按钮，在出现的【打开】对话框中选择"……\liti\chap11\a3heng.drw"，如图 11-62 所示。

（5）单击 确定 按钮进入绘图环境，在消息区根据提示用户输入标题栏各参数，最后进入工程图环境。

（6）选择【插入】/【绘图视图】/【一般】命令，消息区提示 ⇨选取绘制视图的中心点。。

图 11-61　使用模板新建绘图

图 11-62　设定新制图选项

（7）在图纸页面中鼠标左键单击拾取视图中心点，图形区出现默认的斜轴测图，并弹出【绘图视图】对话框，分别如图 11-63 和 11-64 所示。

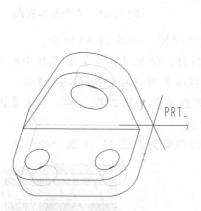

图 11-63　斜轴测图

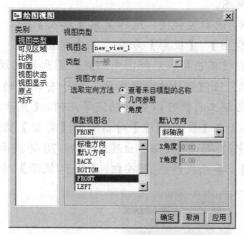

图 11-64　【绘图视图】对话框

（8）在【类别】列表中选择【视图类型】选项。

（9）在【模型视图名】列表中选择【FRONT】，这时，【模型视图名】下面的编辑框显示 "FRONT" 字样。

（10）单击 应用 按钮图形区显示主视图，如图 11-65 所示。

（11）单击 关闭 按钮关闭【绘图视图】对话框，回到绘图环境，完成主视图创建。

（12）选择【基准显示】工具栏各工具，隐藏各基准特征，如图 11-66 所示。

（13）在图形区选取主视图，主视图周围出现中心线边框，如图 11-67 所示。

（14）选择菜单【插入】/【绘图视图】/【投影】命令，在主视图右侧鼠标左键单击拾取左视图中心点，图形区出现左视图。

（15）选取主视图，选择菜单【插入】/【绘图视图】/【投影】命令，在主视图下侧鼠标左键单击拾取俯视图中心点，图形区出现俯视图。

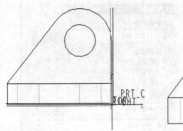

图 11-65　主视图

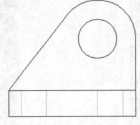

图 11-66　取消基准显示

图 11-67　选择主视图

（16）选取主视图，选择菜单【插入】/【绘图视图】/【投影】命令，在主视图左侧鼠标左键单击拾取右视图中心点，图形区出现右视图。

（17）选取主视图，选择菜单【插入】/【绘图视图】/【投影】命令，在主视图上侧鼠标左键单击拾取顶视图中心点，图形区出现仰视图。

（18）选取左视图，选择菜单【插入】/【绘图视图】/【投影】命令，在左视图右

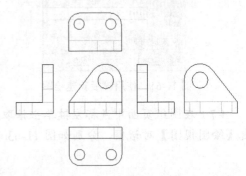

图 11-68　六个基本视图

侧鼠标左键单击拾取后视图中心点，图形区出现后视图，如图 11-68 所示。

（19）任何回转体都有轴线，对于有轴线的特征，使用【绘制】工具栏中的打开显示/拭除对话框工具 可以显示轴线等几何，【显示/拭除】对话框如图 11-69 所示。

（20）在【显示/拭除】对话框的【类型】项目组选取轴线工具 ┄┄A.1，单击【显示方式】项目组中的 显示全部 按钮，出现如图 11-70 的提示框。

（21）单击提示框 按钮，【显示/拭除】对话框变为如图 11-71 所示的形式。

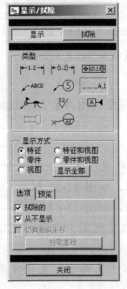

图 11-69　【显示/拭除】对话框

图 11-70　确认显示

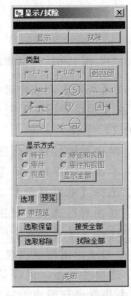

图 11-71　接受显示

（22）单击提示框 <u>接受全部</u> 按钮，图形区显示所有回转体的轴线，单击<u>关闭</u>按钮，关闭【显示/拭除】对话框，图形如图 11-72 所示。

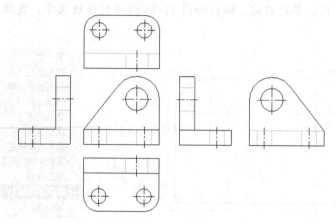

图 11-72 显示轴线

（23）选择标准工具栏保存文件工具 保存文件。

11.2.2.2 向视图

当基本视图按照投影关系配置时，将占用大量的图纸空间，为了合理配置视图，节省图纸空间，可将除主、俯、左视图外的其余视图移动到合适的地方放置，称为向视图。向视图需要标注，一般情况下取消锁定视图移动选项后将视图移动到合适的位置即可。

【**例 11-4**】 将"liti11-3"的仰视图和右视图适当移动，合理配置。

🔳 **设计步骤**

（1）选择菜单【文件】/【打开】命令，出现【文件打开】对话框。

（2）选择文件"liti11-3.drw"，如图 11-73 所示。单击<u>打开⑩</u>按纽，打开文件，进入工程图环境。

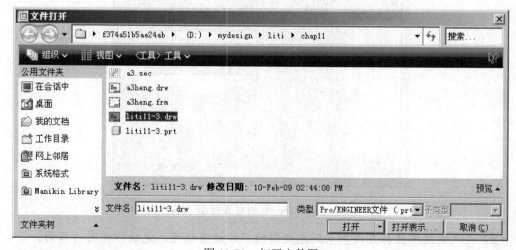

图 11-73 打开文件图

（3）在图形区选取仰视图，顶视图周围出现加亮边框，如图 11-74 所示。当拖动鼠标试图移动视图时，发现视图不能移动，因为视图移动被锁定。

（4）选择仰视图，单击右键，弹出如图 11-75 所示的快捷菜单，发现【锁定视图移动】被勾选。

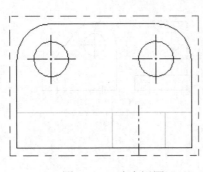

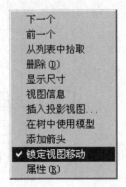

图 11-74　选中视图　　　　　　　　图 11-75　快捷菜单

（5）选择【锁定视图移动】命令，勾选被取消，再次拖动鼠标左键移动顶视图，发现只能在竖直方向移动，因为这个投影视图和主视图保持对齐状态。

（6）选取仰视图之后，单击右键，在弹出的快捷菜单选择【属性】命令，出现【绘图视图】对话框。在【类别】列表中选择【对齐】选项，对话框如图 11-76 所示。

（7）在【视图对齐选项】项目组中取消□ 将此视图与其它视图对齐 的勾选，单击 确定 按钮，这时，视图可以使用鼠标左键拖动产生移动。

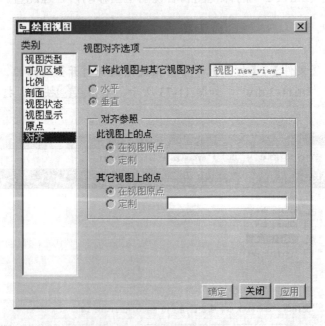

图 11-76　取消对齐视图

（8）将视图使用鼠标左键拖动到左视图的下方适当位置，完成仰视图的移动。

（9）按照上面（4）～（8）的步骤移动右视图到适当位置，如图 11-77 所示。

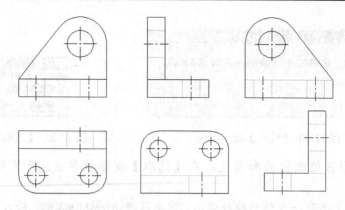

图 11-77　完成视图移动

（10）选择菜单【插入】/【绘图符号】/【自调色板】命令，出现【符号实例调色板】对话框，在图中可以使用和图形区一样的鼠标操作缩放、平移图形，使用鼠标调整显示大小和位置后，如图 11-78 所示，显示符号库。

（11）在对话框中选择箭头符号，将来插入到图形中作为投影方向符号，此时该符号加亮显示。

（12）在图形区需要标注投影方向的位置单击鼠标左键，在该位置插入了投影方向符号，在消息区提示 ⇨输入coordinate的文本，输入投影方向名称"A"，按 Enter 键确认，如图 11-79 所示。

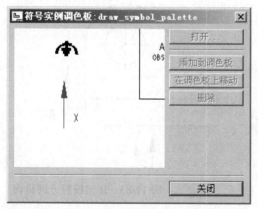

图 11-78　【符号实例调色板】对话框

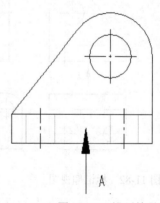

图 11-79　插入符号

（13）单击鼠标右键结束插入符号，回到【符号实例调色板】对话框，选择 关闭 按钮完成插入。

　　此时符号太大，需要通过比例缩放，适当缩小箭头，并调整字母位置，符号作为一个整体，不允许进行缩放操作，需要先将其转化为图元。

（14）在图形区选取刚插入的符号，选择菜单【编辑】/【转换为绘制图元】命令，在弹出的【确认】提示框中单击 是 按钮，将符号转化为绘制图元，如图 11-80 所示。

（15）选择菜单【编辑】/【变换】/【重定比例】命令，消息区提示 ⇨选择细节项目重新缩放。，并出现【选取】提示框，如图 11-81 所示。

图 11-80 【确认】提示框图   图 11-81 【选取】提示框

（16）在图形区框选箭头和箭尾，在【选取】提示框单击 确定 按钮，消息区提示 ⇨为缩放选择源点。

（17）在箭头上选取一点作为缩放中心，消息区提示 ⇨输入比例[退出]，输入 "0.7"，按 Enter 键确认，符号缩小到原来的 0.7 倍。

（18）分别选择箭头和符号，按住鼠标左键拖动移动到适当位置，如图 11-82 所示。

（19）选择菜单【插入】/【注释】命令，出现【注释类型】菜单。

（20）选择【无方向指引】/【输入】/【水平】/【标准】/【默认】/【制作注释】命令，在仰视图上方单击鼠标左键，确定插入位置。

（21）消息区提示 ⇨输入注释:，输入 "A"，按 Enter 键确认，再次提示 ⇨输入注释:，不输入任何值，按 Enter 键确认。

（22）选择【注释类型】菜单【完成/返回】命令，标记完成的仰视图如图 11-83 所示。

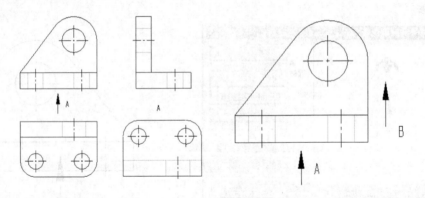

图 11-82 标记仰视图   图 11-83 B 向投影方向错误

（23）按照（10）～（22）的步骤标记右视图，完成后 B 向的箭头如图 11-84 所示，必须旋转其方向。

（24）选择菜单【编辑】/【变换】/【旋转】命令，消息区提示 ⇨选择细节项目来旋转。，并出现【选取】提示框。

（25）在图形区框选 B 向的箭头和箭尾，在【选取】提示框单击 确定 按钮，消息区提示 ⇨选取旋转中心点。

（26）在箭头上选取一点作为旋转中心，消息区提示 ⇨输入逆时针方向的旋转角[退出]，输入 "90"，按 Enter 键确认。

（27）分别选择箭头和符号，按住鼠标左键拖动移动到适当位置，最后结果如图 11-84 所示。

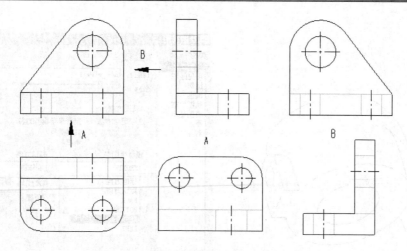

图 11-84 完成标记

（28）选择菜单【文件】/【保存】命令保存文件。

（29）选择菜单【文件】/【关闭窗口】命令，关闭当前窗口。

（30）选择菜单【文件】/【拭除】/【不显示】命令，将内存中的文件释放。

11.2.2.3 局部视图

将零件的某一部分向基本投影面投影所得到的视图，成为局部视图。局部视图可以按照投影关系配置，也可以按向视图的配置方式配置和标记。

【例 11-5】 用适当的方法表达如图 11-85 所示的压紧杆零件。

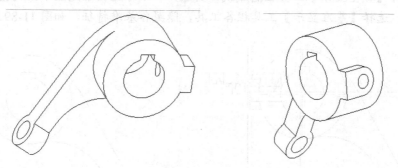

图 11-85 压紧杆

设计步骤

（1）新建绘图文件，名称为"liti11-5"，默认模型选择为"……\liti\chap11\liti11-5.prt"，选择模板为"……liti\chap11\a3heng.drw"，进入绘图环境，在消息区根据提示用户输入标题栏各参数，最后进入工程图环境。步骤如【例 11-3】。

（2）选择菜单【插入】/【绘图视图】/【一般】命令，消息区出现 选取绘制视图的中心点。提示。

（3）在图纸页面中鼠标单击左键拾取视图中心点，图形区出现默认的斜轴测图，并弹出【绘图视图】对话框，分别如图 11-86 和 11-87 所示。

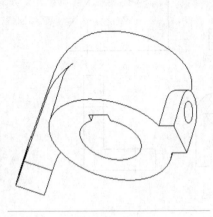

图 11-86　斜轴测图　　　　　　　　　图 11-87　【绘图视图】对话框

（4）在【类别】列表中选择【视图类型】选项。

（5）在【模型视图名】列表中选择【FRONT】，这时，【模型视图名】下面的编辑框显示"FRONT"字样。

（6）单击 应用 按钮图形区显示主视图如图 11-88 所示。

（7）单击 关闭 按钮关闭【绘图视图】对话框，回到绘图环境，完成主视图。

（8）选择【模型显示】工具栏隐藏线工具 ▢ ，将不可见轮廓线显示为灰色隐藏线，打印时为虚线，选择【基准显示】工具栏各工具，隐藏各基准特征，如图 11-89 所示。

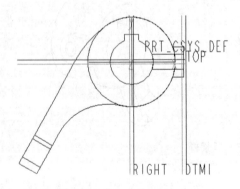

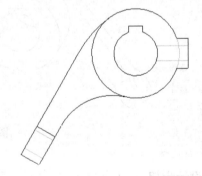

图 11-88　主视图　　　　　　　　　图 11-89　取消基准显示显示隐藏线

（9）在图形区选取主视图，主视图周围出现中心线边框，单击鼠标右键，在出现的快捷菜单中选择【插入投影视图】命令。

（10）在主视图下方单击鼠标左键拾取插入点，生成俯视图如图 11-90 所示，压紧杆小头部分不能反映实形，可以使用其他方法表达，使用局部视图表达大头部分。

（11）鼠标左键双击俯视图，出现【绘图视图】对话框，在【类别】列表中选择【可见区域】选项，在【视图可见性】列表中选择【局部视图】，对话框如图 11-91 所示。

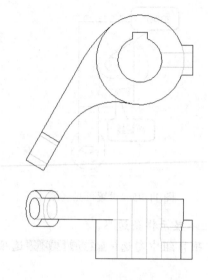

图 11-90　插入俯视图

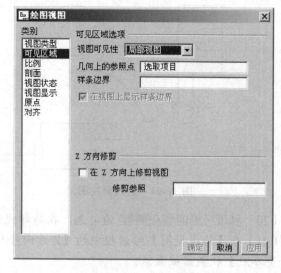

图 11-91　设置可见区域

（12）此时【几何上的参考点】收集器处于激活状态，消息区提示 为样条创建要经过的点。，在俯视图要保留的图形中的边界上选取一点，如图 11-92 所示。

（13）消息区提示 在当前视图上草绘样条来定义外部边界。，在俯视图中绘制封闭的样条曲线，单击鼠标中键完成绘制，如图 11-93 所示。样条曲线要包围住刚才选取的点。

（14）在【绘图视图】对话框中单击 确定 按钮，完成局部视图如图 11-93 所示。

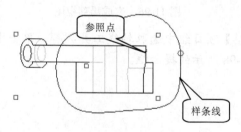

图 11-92　设置局部视图的范围

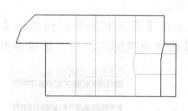

图 11-93　完成局部视图

（15）在图形区选取主视图，主视图周围出现中心线边框，单击鼠标右键，在出现的快捷菜单中选择【插入投影视图】命令。

（16）在主视图左方单击鼠标左键拾取插入点，生成右视图如图 11-94 所示，将用来生成凸台部分的局部视图。

（17）鼠标左键双击右视图，出现【绘图视图】对话框，在【类别】列表中选择【可见区域】选项，在【视图可见性】列表中选择【局部视图】。

（18）此时【几何上的参考点】收集器处于激活状态，消息区提示 为样条创建要经过的点。，在右视图中要保留的凸台边界上选取一点，如图 11-95 所示。

（19）根据消息区提示，在右视图中绘制封闭的样条曲线，单击鼠标中键完成绘制，如图 11-95 所示。

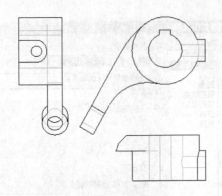

图 11-94　插入俯视图

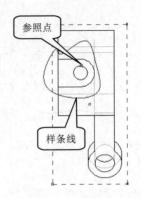

图 11-95　设置可见区域

（20）取消 ☑ 在视图上显示样条边界 的勾选，在局部视图上不显示样条边界。

（21）在【绘图视图】对话框中的【Z 方向修剪】项目组中勾选 ☑ 在 Z 方向上修剪视图 选项，【修剪参照】收集器被激活。

（22）在图形区选择凸台的边界，凸台外轮廓线以外的图线被修剪掉，单击 确定 按钮，完成局部视图如图 11-96 所示。

（23）选择【绘制】工具栏中的打开显示/拭除对话框工具 ，出现【显示/拭除】对话框，如图 11-97 所示。

图 11-96　完成局部视图

（24）在【显示/拭除】对话框的【类型】项目组中选取轴线工具 ⎯⎯ A.1 ，单击【显示方式】项目组中的 显示全部 按钮，出现如图 11-98 所示的提示框。

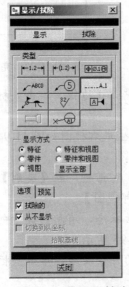

图 11-97　【显示/拭除】对话框

图 11-98　确认显示

（25）单击提示框 <u>是</u> 按钮，【显示/拭除】对话框变为如图 11-99 所示的形式。

（26）单击提示框 <u>接受全部</u> 按钮，图形区显示所有回转体的轴线，单击 <u>关闭</u> 按钮，关闭【显示/拭除】对话框，图形如图 11-100 所示。

图 11-99　接受中心线显示

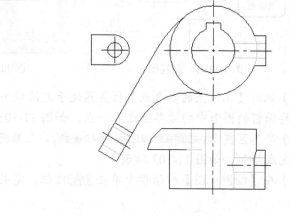

图 11-100　局部视图

（27）选择标准工具栏保存文件工具 <u>日</u> 保存文件。

（28）关闭窗口，拭除不显示。

11.2.2.4　斜视图

对于有倾斜结构的零件，可以设立新的投影面，新投影面垂直于基本投影面和倾斜结构平行，将倾斜结构向新投影面投影得到的视图，称为斜视图。斜视图一般是零件倾斜结构局部的投影，如【例题 11-5】的零件的小头部分在上面例题中并未表达清楚，需要使用斜视图表达。

【例 11-6】　使用斜视图的方法表达【例题 11-5】中的压紧杆零件的小头部分

🔲 **设计步骤**

（1）打开工程图文件 "……\liti\chap11\liti11-5.drw"，进入绘图环境。

（2）选择菜单【插入】/【绘图视图】/【辅助】命令，消息区出现提示 ⇨ 在主视图上选取穿过前侧曲面的轴或作为基准曲面的前侧曲面的基准平面。。

（3）在主视图上选择倾斜的面，消息区提示 ⇨ 选取绘制视图的中心点，在主视图左方适当位置选取视图中心点，如图 11-101 所示。

（4）鼠标左键双击斜视图，出现【绘图视图】对话框，在【类别】列表中选择【可见区域】选项，在【视图可见性】列表中选择【局部视图】，对话框如图 11-102 所示。

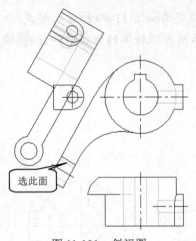

选此面

图 11-101　斜视图

图 11-102　设置可见区域

（5）此时【几何上的参考点】收集器处于激活状态，消息区提示 ⇨ 为样条创建要经过的点。，在斜视图要保留的图形中的边界上选取一点，如图 11-103 所示。

（6）消息区提示 ⇨ 在当前视图上草绘样条来定义外部边界。，在俯视图中绘制封闭的样条曲线，单击鼠标中键完成绘制，如图 11-103 所示。

（7）在【绘图视图】对话框中单击 确定 按钮，完成斜视图如图 11-104 所示。

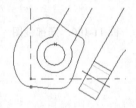

图 11-103　设置斜视图的范围

图 11-104　完成斜视图

（8）按照【例题 11-5】显示轴线，最后结果如图 11-105 所示。

（9）按照【例题 11-4】的方法调整视图位置并标记视图，如图 11-106 所示。

（10）选择菜单【文件】/【保存副本】命令，把文件保存为"liti11-6.drw"。

（11）关闭窗口，拭除不显示。

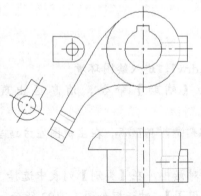

图 11-105　完成压紧杆视图

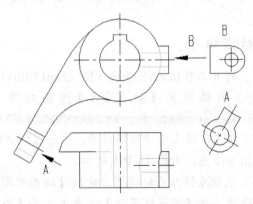

图 11-106　调整并标记视图

11.2.3 创建剖视图

剖视图主要用以表达机件的不可见部分。当视图中存在虚线与虚线，虚线与实线重叠而难以用视图表达机件的不可见部分的形状时，以及视图中虚线较多，影响到清晰读图和标注尺寸时，常使用剖视图表达。

根据剖切面不同程度地剖开物体的情况，剖视图分为全剖视图、半剖视图和局部剖视图三种，按照剖切面的多少可以分为单一剖切面剖和多剖切面剖。其中多剖切面剖又分为由几个平行面剖切的阶梯剖、由具有公共轴线的相交面剖切的旋转剖以及包含了阶梯剖和旋转剖的复合剖。这些剖切方法的实现通过设置【绘图视图】对话框的【剖面】选项实现，下面详细讲述。

11.2.3.1 全剖视图

全剖视图用以表达外形简单，内形复杂的机件，使用剖切面将机件完全剖开得到视图。

【例 11-7】将如图 11-107 所示的模型用全剖视图的表达方法表达清楚

📋 设计步骤

图 11-107 零件原型

（1）新建工程图文件，名称为 "liti11-7.drw"，选择 "……\liti\chap11\liti11-7.prt"，作为默认模型，选择 "……\liti\chap11\a3heng.drwt" 作为模板，进入工程图环境。

（2）按照前面讲述的方法创建主视图和俯视图，隐藏所有的基准，并且设置边线为隐藏线方式，图形如图 11-108 所示。

（3）显示基准面，鼠标左键双击主视图，弹出【绘图视图】对话框。

（4）在【类别】列表中选择【剖面】选项，对话框和各项目含义如图 11-109 所示。

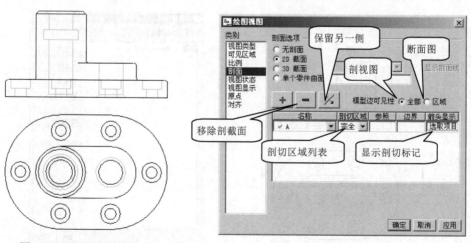

图 11-108 视图表达方法   图 11-109 设置剖截面

（5）在【剖面选项】项目组中选择 ⊙ 2D 截面 单选项，选择将横截面添加到视图工具 ➕，为零件添加横截面，出现【剖截面创建】菜单，如图 11-110 所示。

（6）在【剖截面创建】菜单中选择【平面】/【单一】/【完成】命令。

（7）消息区提示 ⇨ 输入截面名[退出]，在编辑框输入大写字母 "A" 作为剖截面名称，按 `Enter` 键确认，出现【设置平面】菜单，如图 11-111 所示。

图 11-110　【剖截面创建】菜单　　　　　图 11-111　【设置平面】菜单

（8）选择【平面】命令，在俯视图上选取 "FRONT" 面作为剖截面。

（9）在【绘图视图】对话框中选择【箭头显示】下面的方格，激活该收集器。

（10）消息区提示 ⇨ 给箭头选出一个截面在其处垂直的视图。中键取消。，选择剖切符号和箭头欲放置的俯视图。

（11）单击【绘图视图】对话框 确定 按钮，视图如图 11-112 所示，注意到剖面线的间距太大，投影方向箭头太长并且标注不符合国标。

（12）在图形区选取箭头，箭头加亮显示，按住鼠标左键拖动可以改变其位置和箭尾的长度，将其移动到合适的位置。

（13）选择文字 "剖面 A-A"，按住鼠标左键将其拖动到主视图上方。

（14）双击文字 "剖面 A-A"，出现【注释属性】对话框，在【文本】编辑框中删除文字 "剖面"，如图 11-113 所示。

（15）单击其中 确定 按钮，生成的视图和标记如图 11-114 所示。

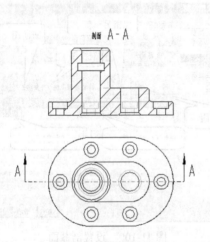

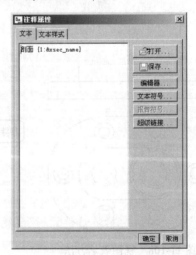

图 11-112　生成剖视图　　　　　图 11-113　【注释属性】对话框

（16）双击主视图出现【绘图视图】对话框，在【类别】列表中选择【视图显示】选项，在【显示线型】列表中选择【无隐藏线】选项，单击 确定 按钮完成主视图线型设置。

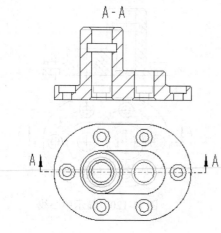

图 11-114　修改标记

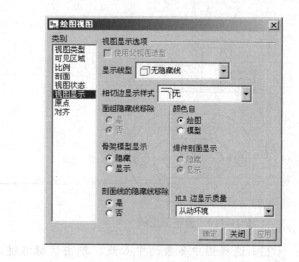

图 11-115　改变显示的线型

（17）使用同样的方法将俯视图的线型也设置为无隐藏线模式，视图如图 11-116 所示。

（18）在视图中选择主视图的剖面线，单击鼠标右键，在出现的快捷菜单中选择【属性】命令，出现【修改剖面线】菜单，如图 11-117 所示。

（19）选择【间距】命令，出现【修改模式】菜单，如图 11-118 所示。

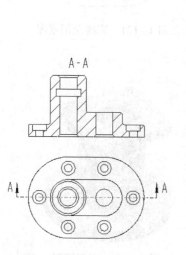

图 11-116　修改线型显示

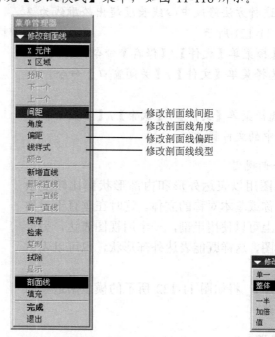

图 11-117　修改剖面线　　图 11-118　修改剖面线间距

（20）选择【整体】/【一半】命令，剖面线间距变为原来的一半，在【修改剖面线】菜单中选择【完成】命令，完成剖面线间距设置，如图 11-119 所示。

（21）按照前面例题讲述的方法显示全部特征的中心线，如图 11-120 所示。这时有许多中心线重合，需要擦除。

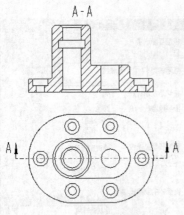

图 11-119　调整剖面线

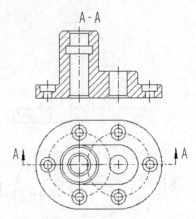

图 11-120　显示中心线

（22）选择图中多余的中心线，单击鼠标右键，在出现的快捷菜单中选择【拭除】命令，该中心线被拭除。

（23）使用同样的方法拭除所有多余的中心线。

（24）选择长度不够的中心线，加亮显示，在断点处出现红色方框，拖动该小方框可以修改中心线的长度，利用这种方法修改中心线长度超出轮廓线为 3 左右，如图 11-121 所示。

（25）选择菜单【文件】/【保存】命令保存文件。

（26）选择菜单【文件】/【关闭窗口】命令，关闭当前窗口。

（27）选择菜单【文件】/【拭除】/【不显示】命令，将内存中的文件释放。

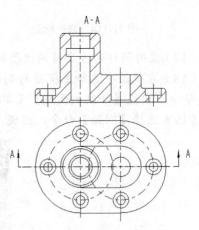

图 11-121　完成全剖视图

11.2.3.2　半剖视图

半剖视图用以表达外形和内部形状都比较复杂而又完全对称或基本对称的立体。这时在垂直于对称面的投影面上可以使用半剖，一半用视图表达，另一半使用剖视图，这样既能表达外部形状，也可以表达内部形状。

【例 11-8】　将如图 11-122 所示的模型用适当的方法表达清楚。

设计步骤

图 11-122　半剖模型

（1）新建工程图文件，名称为 "liti11-8.drw"，选择 "……\liti\chap11\liti11-8.prt"，作为默认模型，选择 "……\liti\chap11\a3heng.drwt" 作为模板，进入工程图环境。

（2）按照前面讲述的方法创建主视图、俯视图和左视图，隐藏所有的基准，并且设置边线为隐藏线方式，图形如图 11-123 所示。

（3）显示基准面，鼠标左键双击主视图，弹出【绘图视图】对话框。

（4）在【类别】列表中选择【剖面】选项，对话框如图 11-124 所示。

（5）在【剖面选项】项目组中选择 ⊙ 2D 截面 单选项，选择将横截面添加到视图工具 ➕，为零件添加横截面，出现【剖截面创建】菜单。

（6）在【剖截面创建】菜单中选择【平面】/【单一】/【完成】命令。

（7）消息区提示 ⇨ 输入截面名[退出]：，在编辑框输入大写字母"A"作为剖截面名称，按 Enter 键确认，出现【设置平面】菜单。

（8）选择【平面】命令，消息区提示 ⇨ 选取平面或基准平面。，在俯视图上选取"FRONT"面作为剖截面。

（9）在【绘图视图】对话框的【剖切区域】列表中选择【一半】。

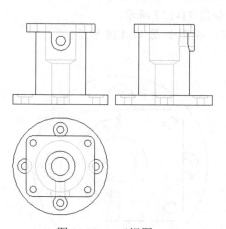

图 11-123　三视图

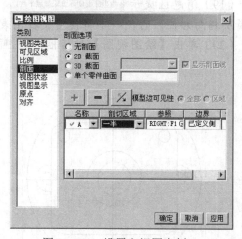

图 11-124　设置主视图半剖

（10）消息区提示 ⇨ 为半截面创建选取参照平面。，在主视图选择"RIGHT"面作为参照面，加亮的箭头指向剖掉的一半，如图 11-125 所示。如果想剖掉另一半，可以在另一侧单击鼠标左键。

（11）单击【绘图视图】对话框中的 确定 按钮，视图如图 11-126 所示。

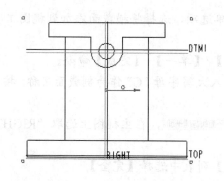

图 11-125　选择剖掉侧

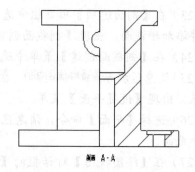

图 11-126　完成主视图半剖

（12）显示基准面，鼠标左键双击俯视图，弹出【绘图视图】对话框。

（13）在【类别】列表中选择【剖面】选项。

（14）在【剖面选项】项目组中选择 2D 截面单选项，选择将横截面添加到视图工具 +，为零件添加横截面，出现【剖截面创建】菜单。

（15）在【剖截面创建】菜单中选择【平面】/【单一】/【完成】命令。

（16）消息区提示 输入截面名[退出]，在编辑框输入大写字母 "B" 作为剖截面名称，按 Enter 键确认，出现【设置平面】菜单。

（17）选择【平面】命令，消息区提示 选取平面或基准平面。，在主视图上选取 "DTM1" 面作为剖截面。

（18）在【绘图视图】对话框的【剖切区域】列表中选择【一半】。

（19）消息区提示 为半截面创建选取参照平面。，在俯视图选择 "RIGHT" 面作为参照面，加亮的箭头指向右侧，右侧一半将使用剖视图表达，如图 11-127 所示。

（20）单击【绘图视图】对话框中的 确定 按钮，视图如图 11-128 所示。

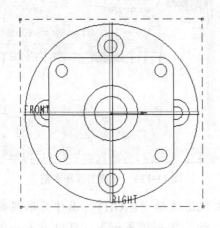

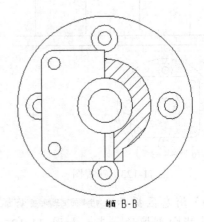

图 11-127　选择剖掉侧　　　　　图 11-128　完成俯视图半剖

（21）显示基准面，鼠标左键双击左视图，弹出【绘图视图】对话框。

（22）在【类别】列表中选择【剖面】选项。

（23）在【剖面选项】项目组中选择 2D 截面单选项，选择将横截面添加到视图工具 +，为零件添加横截面，出现【剖截面创建】菜单。

（24）在【剖截面创建】菜单中选择【平面】/【单一】/【完成】命令。

（25）消息区提示 输入截面名[退出]，在编辑框输入大写字母 "C" 作为剖截面名称，按 Enter 键确认，出现【设置平面】菜单。

（26）选择【平面】命令，消息区提示 选取平面或基准平面。，在主视图上选取 "RIGHT" 面作为剖截面。

（27）在【绘图视图】对话框的【剖切区域】列表中选择【完全】。

（28）单击【绘图视图】对话框 确定 按钮，视图如图 11-129 所示。

（29）按照前面例题讲述的方法显示全部特征的中心线并适当调整，如图 11-130 所示。

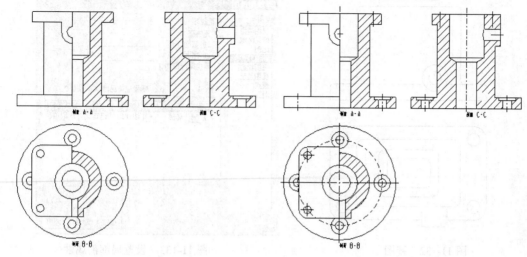

图 11-129　生成剖视图　　　　　　　　图 11-130　显示轴线

（30）保存文件，关闭窗口，拭除不显示。

11.2.3.3　局部剖视图

用剖切平面局部的剖开物体所得到的视图，称为局部剖视图。局部剖视图用于内部形状和外部形状都比较复杂且不对称的机件。

【例 11-9】　将如图 11-131 所示的模型用适当的方法表达清楚

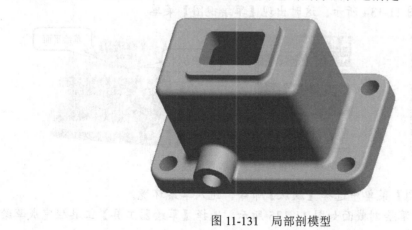

图 11-131　局部剖模型

设计步骤

（1）新建工程图文件，名称为 "liti11-9.drw"，选择 "……\liti\chap11\liti11-9.prt"，作为默认模型，选择 "……\liti\chap11\a3heng.drwt" 作为模板，进入工程图环境。

（2）按照前面讲述的方法创建主视图和俯视图，隐藏所有的基准，并且设置边线为隐藏线方式，图形如图 11-132 所示。

（3）显示基准面，鼠标左键双击主视图，弹出【绘图视图】对话框。

（4）在【类别】列表中选择【剖面】选项，对话框如图 11-133 所示。

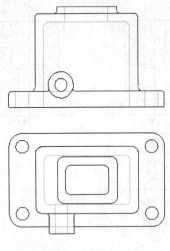

图 11-132　视图

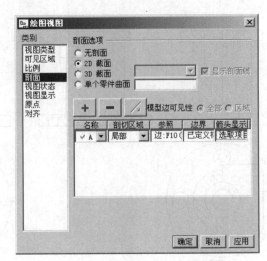

图 11-133　设置局部剖属性

（5）在【剖面选项】项目组中选择 2D 截面 单选项，选择将横截面添加到视图工具 ＋ ，为零件添加横截面，出现【剖截面创建】菜单。

（6）在【剖截面创建】菜单中选择【偏距】/【双侧】/【单一】/【完成】命令。

（7）消息区提示 输入截面名[退出]，在编辑框输入大写字母 "A" 作为剖截面名称，按 Enter 键确认，进入零件建模界面，出现【设置草绘平面】菜单。

（8）在零件上选取草绘平面，出现【新设置】菜单，选择【正向】命令，接受箭头方向作为看图方向，如图 11-134 所示。这时出现【草绘视图】菜单。

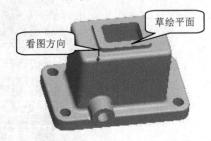

图 11-134　设置草绘平面放置属性

（9）在【草绘视图】菜单中选择【默认】命令，进入草绘环境。

（10）选取参照，草绘剖截面如图 11-135 所示，选择【草绘器工具】工具栏完成草绘工具 ✓ 选项回到工程图界面。

（11）在【绘图视图】对话框【剖切区域】列表中选择【局部】，其后的【参照】收集器被激活。

（12）消息区提示 选取截面间断的中心点〈A〉。，在图形区主视图上选择要剖开部分的边界上任意一点。

（13）【绘图视图】对话框中【边界】收集器被激活，根据消息区出现的提示 草绘样条，不相交其它样条，来定义一轮廓线。，在图形区包含刚才选取的点草绘闭合的样条曲线，按鼠标中键完成局部剖边界，如图 11-136 所示。

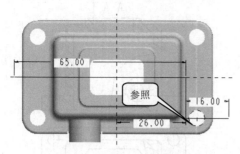

图 11-135 绘制剖截面

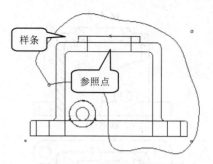

图 11-136 设置局部剖区域

（14）选择【绘图视图】工具栏【箭头显示】下面的方格，收集器被激活，消息区提示 ⇨给箭头选出一个截面在其处垂直的视图。中键取消。，选择俯视图作为显示剖切符号的视图。

（15）单击【绘图视图】对话框 确定 按钮，视图如图 11-137 所示。

（16）显示基准面，鼠标左键双击俯视图，弹出【绘图视图】对话框。

（17）在【类别】列表中选择【剖面】选项。

（18）在【剖面选项】项目组中选择 ⊙ 2D 截面单选项，选择将横截面添加到视图工具 ＋，为零件添加横截面，出现【剖截面创建】菜单。

（19）在【剖截面创建】菜单中选择【平面】/【单一】/【完成】命令。

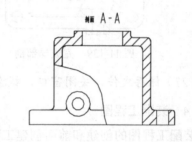

图 11-137 完成局部剖主视图

（20）消息区提示 ⇨输入截面名[退出]。，在编辑框输入大写字母 "B" 作为剖截面名称，按 Enter 键确认，进入零件建模界面，出现【设置平面】菜单。

（21）选择【平面】命令，消息区提示 ⇨选取平面或基准平面。，在主视图上选取 "DTM1" 面作为剖截面。

（22）在【绘图视图】对话框【剖切区域】列表中选择【局部】，其后的【参照】收集器被激活。

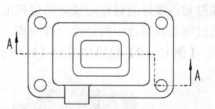

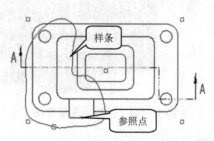

图 11-138 设定局部剖区域

（23）消息区提示 ⇨选取截面间断的中心点〈 A 〉。，在图形区俯视图上选择要剖开部分的边界上任意一点。

（24）【绘图视图】对话框中【边界】收集器被激活，消息区提示 "草绘样条，不相交其他样条，来定义一轮廓线"，在图形区包含刚才所选取的点草绘闭合的样条曲线，按鼠标中键完成局部剖边界，如图 11-138 所示。

（25）单击【绘图视图】对话框 确定 按钮，视图如图 11-139 所示。

（26）按照前面例题讲述的方法拭除文字 "剖面 B-B"，显示轴线并修改文字 "剖面 A-A" 为 "A-A" 移动到适当位置，完成剖视图如图 11-140 所示。

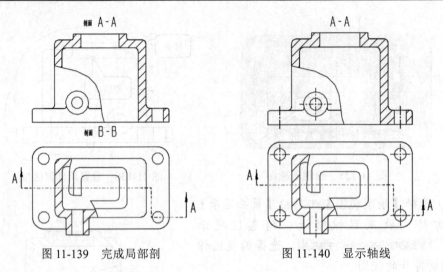

图 11-139　完成局部剖　　　　　　　图 11-140　显示轴线

（27）保存文件，关闭窗口，拭除不显示。

11.2.4　装配工程图

装配工程图的创建和前面创建工程图的方法基本一样，不过装配工程图中，当剖切面通过实心零件的对称面或者通过标准件的轴线时，这些零件要按不剖处理，装配图中需要通过剖面线属性中的排除元件完成。

【例 11-10】利用如图 11-141 所示的螺栓装配完成如图 11-142 所示的螺栓装配工程图。

图 11-141　螺栓装配零件图

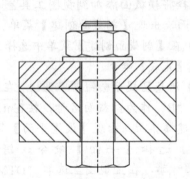

图 11-142　全剖的主视图

🔳 设计步骤

（1）新建工程图文件，名称为 "liti11-10.drw"，选择 "……\liti\chap11\liti11-10.asm"，作为默认模型，选择 "……\liti\chap11\a3heng.drw" 作为模板，进入工程图环境。

（2）按照前面例题讲述的方法创建全剖主视图和不剖的俯视图并显示轴线。使用工具栏工具隐藏各种基准并且将视图以无隐藏线方式显示，主视图如图 11-143 所示。

（3）在图形区双击剖面线，出现【修改剖面线】菜单，如图 11-144 所示，此时螺母的剖面线加亮显示。

（4）在【修改剖面线】菜单中选择【排除】命令，螺母被排除，在螺母零件上不再显示剖面线，如图 11-145 所示。

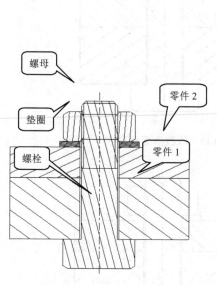

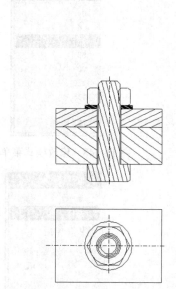

图 11-143   主视图全剖   图 11-144   修改剖面线菜单   图 11-145   螺母不显示剖面线

（5）在【修改剖面线】菜单中选择【下一个】命令，垫圈的剖面线加亮显示，选择【排除】命令，垫圈被排除，在垫圈零件上不再显示剖面线，如图 11-146 所示。

（6）在【修改剖面线】菜单中选择【下一个】命令，螺栓的剖面线加亮显示，选择【排除元件】命令，螺栓被排除，垫圈零件上不再显示剖面线，如图 11-147 所示。

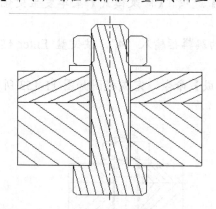

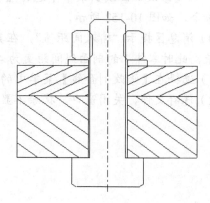

图 11-146   垫圈不显示剖面线   图 11-147   螺栓不显示剖面线

（7）在【修改剖面线】菜单中选择【下一个】命令，零件 2 的剖面线加亮显示，选择【角度】命令，出现【修改模式】菜单，如图 10-148 所示，选择【整体】/【45】命令，零件 2 的剖面线变为左斜 45 度，如图 10-149 所示。

（8）在【修改剖面线】菜单中选择【下一个】命令，零件 1 的剖面线加亮显示，选择【角度】命令，出现【修改模式】菜单，选择【整体】/【135】命令，如图 10-150 所示。零件 2 的剖面线变为右斜 45 度，如图 10-151 所示。

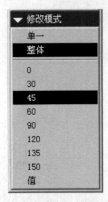

图 11-148　修改模式菜单

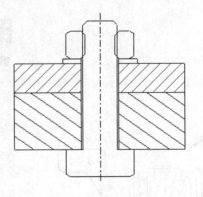

图 11-149　修改剖面线角度

图 11-150　修改剖面线角度

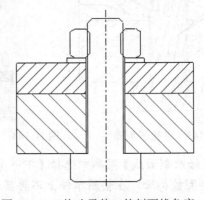

图 11-151　修改零件 1 的剖面线角度

（9）在【修改剖面线】菜单中选择【间距】选项，【修改模式】菜单发生变化，选择【值】命令，如图 10-152 所示。

（10）消息区提示"输入间距值"，在其后的编辑框输入"4"，按键盘 Enter 键接受输入的数值，此时零件 1 的剖面线间距变为 4mm。

（11）选择在【修改剖面线】菜单中的【完成】命令，完成视图如图 11-153 所示。

（12）保存文件，关闭窗口，拭除不显示。

图 11-152　修改剖面线间距

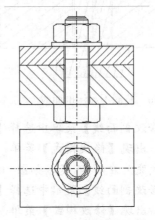

图 11-153　完成螺栓装配图

11.3　细化工程图

只包含视图的工程图并不符合制造的要求，必须对其细化才能产生完整的工程图，需要增加必要的尺寸标注、技术条件、各种符号、明细表以及几何公差等。本节主要介绍工程图的尺寸标注、技术要求、工程图草绘等操作。

11.3.1　视图的显示控制

视图的显示控制和三维设计窗口基本相似，可以通过【基准显示】工具栏的相应工具控制基准面、基准轴、基准点和基准坐标系的显示与否，如图 11-154 所示。当工具按钮处于按下状态时，将显示相应基准，否则不显示，图 11-155 所示为显示和不显示基准时的视图比较。

图 11-154　【基准显示】工具栏

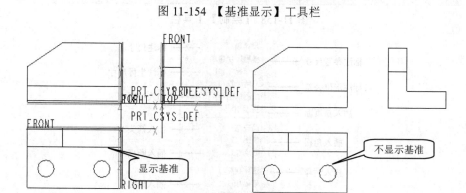

图 11-155　基准显示与不显示的对比

通过如图 11-156 所示的【模型显示】工具栏可以控制模型中可见线与不可见线的显示样式，共有四种形式，可根据需要选用。图 11-157 是各种显示方式显示的工程图对比。但是在文件的绘图选项中如果已经设置了图线的显示模式，使用【模型显示】工具栏控制模型线条显示的功能将失效，需要使用【绘图视图】对话框的【视图显示】选项设置。

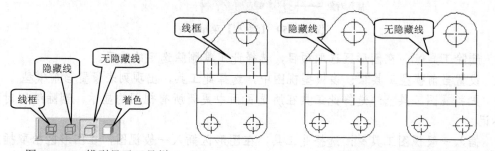

图 11-156　模型显示工具栏　　　　　　图 11-157　各种显示样式比较

● 线框工具 ⬚：模型的所有边线都显示为实线，很少使用此项。
● 隐藏线工具 ⬚：模型的可见边线显示为实线，不可见边线显示为灰度线，打印时是虚线，在绘制视图时使用此项。

● 无隐藏线工具▣：模型的可见边线显示为实线，不可见边线不显示，大多数情况下使用此项。

● 着色工具▣：模型的所有边线都显示为实线，和线框模式显示的一样，很少使用此项。

11.3.2 细化工程图工具

一般情况下使用【绘制】工具栏或者【插入】菜单中的相应命令细化工程图，进行尺寸标注或者注写技术要求和表面粗糙度等操作，【绘制】工具栏放在图形区的上方，如图11-158 所示。工具栏中的工具有的可以弹出对话框，有的可以直接执行相应的命令。【绘制】工具栏中的工具实现的功能也可以通过【插入】菜单中的相应命令实现，【插入】菜单如图 11-159 所示。

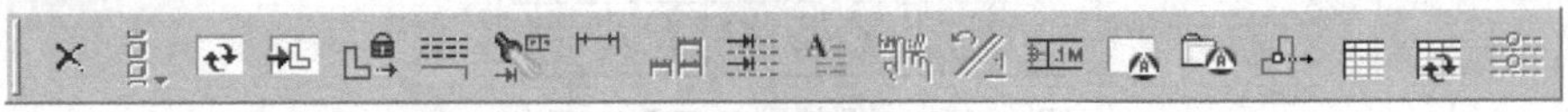

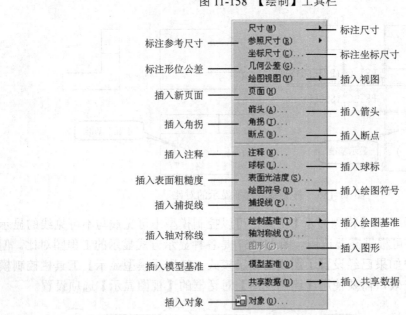

图 11-158 【绘制】工具栏

图 11-159 【插入】菜单

● 删除工具▣：在图形区选取项目，选择此工具删除选定的项目。

● 设置当前模型工具▣：多模型视图中，选择此工具，出现列表设置当前模型。

● 更新视图工具▣：选择此工具在所选页面中更新所有视图的显示，删除绘制时留下的标记。

● 插入一般视图工具▣：选择此工具，在图形区插入一般视图，在图形区拾取插入点，出现【绘图视图】对话框。

● 禁止使用鼠标移动视图工具▣：选择此工具，将禁止使用鼠标左键拖动移动选中的视图。

- 创建捕捉线工具▦：选择此工具，弹出【创建捕捉线】菜单，根据提示创建捕捉线。
- 打开显示/拭除对话框工具▨：选择此工具，打开【显示/拭除】对话框。
- 标注尺寸工具▥：选择此工具，可以选取图元进行尺寸标注或移动尺寸。
- 尺寸对齐工具▦：按住 Ctrl 键选取多个尺寸，选择此工具，将所有尺寸的尺寸线与第一个选取的尺寸线对齐。
- 整理尺寸工具▦：选择此工具，出现【整理尺寸】对话框，选取尺寸后，可以将尺寸按照系统设置进行对齐。
- 创建注释工具▣：选择此工具，出现【注释类型】菜单，插入注释。
- 创建几何公差工具▦：选择此工具，出现【几何公差】菜单，可以在图形中插入形位公差。
- 插入符号工具▣：选择此工具，出现【符号实例调色板】菜单，从中选择符号插入视图。
- 引用外部符号工具▣：选择此工具，从外部图形库选择符号插入视图。
- 对齐对象工具▣：选择此工具，将选取的对象和目标对象对齐。
- 插入表格工具▦：选择此工具，出现创建表菜单，创建表。
- 更新表内容工具▣：选择此工具，更新表的内容。
- 整理球标工具▦：选择此工具，将整理选中的球标自动对齐。

11.3.3　视图控视与修改

视图创建完成后，为了改善视图的质量或显示效果等，需要对视图进行编辑和修改。这部分工作从某种意义上说比创建视图更重要。因为创建视图的过程比较简单，只要掌握视图生成原理，按照定式操作就行了，而要想得到具有高品质的工程图必须进一步掌握它的修改和编辑功能。Pro/E 软件给我们提供了强大的编辑工具。

1. 改变视图位置

完成创建工程图后，默认视图不能移动，要使视图可以移动，可以使用以下三种方法：

- 在系统环境配置文件（config.pro）中的设置选项 "allow_move_view_with_move" 的值为 "yes"。
- 取消【绘制】工具栏禁止使用鼠标移动视图工具▣的选中状态，使其处于浮起状态。
- 选取某一视图，在弹出的快捷菜单中选取【锁定视图移动】命令，取消其勾选。

　　当视图可以移动时，选中的视图中间部位出现一红色加亮显示的小方快，如图 11-149 所示。

当视图之间存在父子关系时，子视图只能在父视图的投影方向上移动。欲使视图可以在任意方向上移动，鼠标左键双击该视图，在出现的【绘图视图】对话框的【类别】列表中选择【对齐】选项，在【视图对齐选项】项目组中取消☐将此视图与其它视图对齐的勾选即可。

当需要视图移动操作时，用鼠标划过视图，此时会出现一个青色的矩形包围框，单击后选中视图，此时鼠标的箭头变为移动符号，如图 11-160 所示，然后拖动鼠标即可实现移动操作。

2．改变视图属性

用鼠标选中视图后单击鼠标右键在弹出的快捷菜单中选择【属性】命令或者直接双击视图，出现【绘图视图】对话框，可以对视图属性进行编辑，如图 11-151 所示。各种视图编辑的操作在 11.2 节已经详细介绍过，不再赘述。

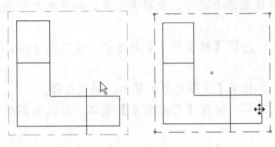

图 11-160　移动视图

图 11-161　修改视图属性

3．删除视图

删除视图的方法有两种：

● 选取视图，选择【绘制】工具栏的删除工具 ×。

● 选取视图，单击鼠标右键，在出现的快捷菜单中选择【删除】命令。

如果选中的视图是父视图，在删除时出现【删除】提示框，单击提示框中的 是 按钮将删除与其关联的所有视图。

11.3.4　尺寸标注

尺寸标注是工程图中极为重要的项目，只有图形的视图只能表明零件的结构形状，并不能表明零件的尺寸，不能使用它们完成零件的加工和机器的装配。这就要求设计者在完成视图后标注零部件的尺寸。

11.3.4.1　显示/拭除尺寸

选择菜单【视图】/【显示及拭除】命令，或者选择【绘制】工具栏中的打开显示/拭除对话框工具 ，出现【显示/拭除】对话框。单击 显示 按钮，对话框如图 11-162 所示，可以在其中设置要显示的项目和欲显示项目的范围。单击 拭除 按钮，对话框如图 11-163 所示，可以在其中设置要拭除的项目和欲拭除项目的选取范围。

在【显示】选项卡的【类型】项目组中可以选择要显示的项目。

● ┣1.2┫：显示尺寸。

● ┣(1.2)┫：显示参照尺寸。

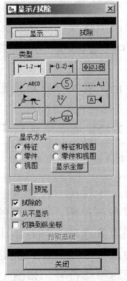

图 11-162　【显示】选项卡

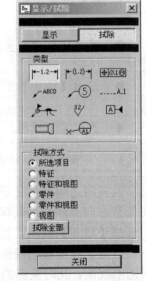

图 11-163　【拭除】选项卡

- ：显示几何公差。
- ：显示注释。
- ：显示球标。
- ：显示轴线。
- ：显示符号。
- ：显示粗糙度。
- ：显示基准。
- ：显示修饰特征。
- ：显示基准目标。

【显示方式】项目组可以控制显示项目的显示范围。

- 【特征】：在视图中显示选取特征的项目。选取 特征 单选项，消息区提示 在所选视图选取特征。中键完成。，在图形区选择特征，系统将会自动创建该特征的所有在【类型】中选中的项目，各项目将显示在系统认为合理的视图上。

- 【零件】：在装配图中显示所选零件的选定项目。选取 零件 单选项，消息区提示 选取一零件。，在图形区选择零件，系统将会自动创建该零件的所有在【类型】中选中的项目，各项目将显示在系统认为合理的视图上。如果在装配图中选择其他显示方式，系统只显示装配尺寸而不显示零件的详细尺寸。

- 【视图】：在指定的视图上显示所有选定的项目。选取 视图 单选项，消息区提示 选取模型视图或窗口，在图形区选择某一视图，将会在该视图上自动创建该特征的所有在【类型】中选中的项目。不能在指定视图上显示的项目将被忽略。

- 【特征和视图】：在指定的视图上显示所选特征的选定的项目。选取 特征和视图 单选项，消息区提示 在所选视图选取特征。中键完成。，在图形区选择某一视图的特征，将会在该视图上自动创建该特征的所有在【类型】中选中的项目。不能在指定视图上显示的项目将被忽略。

- 【零件和视图】：在指定视图中显示零件的所选项目。选取 零件和视图 单选项，消息区提示 选取一零件。，在图形区首先选取视图，再选择零件，系统将会自动在该视图中创建所选零件的所有在【类型】中选中的项目。

- 【显示所有】：显示模型的所有尺寸。单击 显示全部 按钮，出现【确认】对话框，选择其中的 是 按钮，系统将会在认为合理的视图上显示模型所有在【类型】中选中的项目。

【选项】选项卡可以设置显示的范围。

- 【拭除的】：选中该复选框，只显示在视图中被拭除过的项目。

- 【从不显示】：选中该复选框，只显示在视图中从未显示过的项目。

- 【切换到纵坐标】：选中该复选框，将尺寸的标注方式改为纵坐标方式。

在【预览】选项组有 4 个按钮，可以设置预览方式，选中项目的显示方式和范围后，按鼠标中键结束选取后，自动进入预览状态，出现如图 11-164 所示的对话框。

图 11-164　预览选项组

● 选取保留 ：保留选取的项目，选择此按钮后，在视图中选择要保留的项目，其他项目将从视图中删除。

● 接受全部 ：接受显示所有选取的项目，选择此按钮后，系统保留全部显示的项目。

● 选取移除 ：删除选取的项目，选择此按钮后，在视图中选择要删除的项目，其他项目将保留在视图中。

● 拭除全部 ：拭除全部项目，选择此按钮后，在视图拭除所有显示的项目。

拭除项目的方法和显示项目的方法基本相同，不再赘述。

【例 11-11】　利用工程图文件"liti11-11.drw"，练习显示/拭除所有尺寸和轴线。

设计步骤

（1）打开工程图文件"liti11-11.drw"，如图 11-165 所示。

（2）选择菜单【视图】/【显示及拭除】命令，出现【显示/拭除】对话框，如图 11-166 所示。

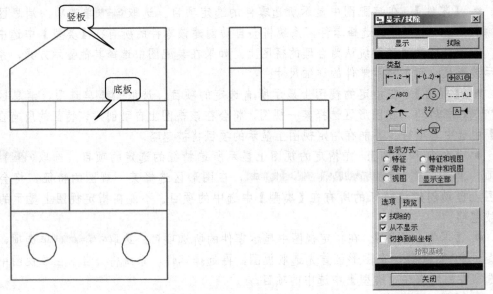

图 11-165　视图　　　　　　　　　　图 11-166　设置显示尺寸和轴线

（3）在对话框中单击 显示 按钮，使其处于按下状态。

（4）在【类型】项目组选择显示尺寸工具 和显示轴线工具 ，使他们处于按下状态。

（5）在【显示方式】项目组选取 特征 单选项，消息区提示 在所选视图选取特征。中键完成。。

（6）在主视图中选取底板，图形区显示其尺寸和轴线，预览如图 11-167 所示。

（7）按中键接受选取的特征，【显示/拭除】对话框中【预览】选项卡被激活，如图 11-168 所示。

（8）单击 选取保留 按钮，消息区提示 选取要显示的预览项目。中键完成。，在图形中按住 Ctrl 键选取尺寸"25"和"7"及所有的轴线，单击中键完成选取，发现图形中只显示选择的两个尺寸及所有轴线，如图 11-169 所示。

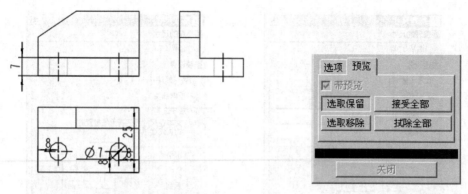

图 11-167　预览显示的尺寸和轴线　　　　　图 11-168　预览选项

（9）单击 拭除 按钮，在出现的【显示/拭除】对话框中单击 拭除全部 按钮，在出现的【确认】提示框中单击 是 按钮，发现刚才显示的所有尺寸和轴线都被删除。

（10）单击 显示 按钮，在【显示/拭除】对话框中单击 显示全部 按钮，出现【确认】对话框，选择其中的 是 按钮，系统自动显示所有尺寸和轴线，预览如图 11-170 所示。

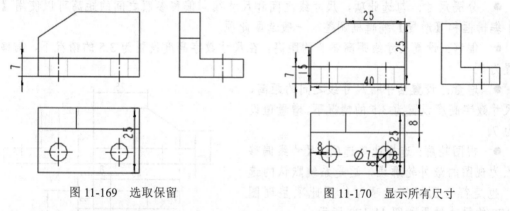

图 11-169　选取保留　　　　　　　　　　图 11-170　显示所有尺寸

（11）单击 接受全部 按钮，单击对话框中 关闭 按钮关闭对话框，完成轴线和尺寸的显示。

（12）保存文件，关闭窗口，拭除不显示。

11.3.4.2　修改尺寸

使用显示尺寸所标注的尺寸在许多情况下不符合国家标准的规定，尺寸排列不整齐，尺寸线和尺寸数字的位置以及尺寸文字的内容也不尽如人意，需要对标注的尺寸进行重新布置，达到合理、清晰、完整的要求。

1．整理尺寸

在图形区框选图 11-170 所示的所有尺寸，选择【绘制】工具栏的整理尺寸工具 ，或者单击鼠标右键在弹出的快捷菜单中选择【清除尺寸】命令，弹出【整理尺寸】对话框，如图 11-171 所示。

在对话框中的【整理设置】选项组有【放置】和【修饰】两个选项卡。

【放置】选项卡用于调整尺寸线之间的间距和尺寸线相对于参照的间距。

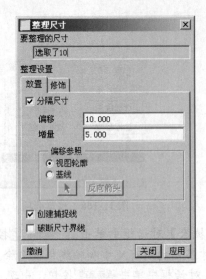 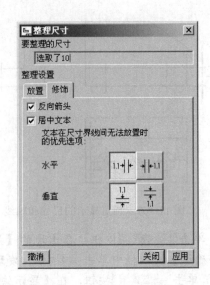

图 11-171 【整理尺寸】对话框

● 分隔尺寸：勾选此项，尺寸线之间和尺寸线同偏移参照之间的距离可以使用【偏移】编辑框和【增量】编辑框调整，一般选取此项。

● 偏移：设置尺寸线距离参照的距离，在尺寸数字高度设置为 3.5 的情况下，偏移值设置为 7。

● 增量：设置两平行尺寸线之间的距离，在尺寸数字高度设置为 3.5 的情况下，增量值设置为 7。

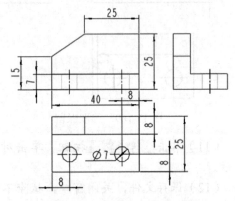

● 视图轮廓：选择此单选项，尺寸线偏移参照为视图的最外轮廓线，这是系统默认的选项，也是符合国标的选项，使用此项整理图 11-170 的尺寸结果如图 11-172 所示。

● 基线：选择此单选项，尺寸线的偏移参照需要在图形中选取，并且可以设置偏移方向。选择此项每次只能设置一个方向的尺寸，并且所有的尺寸都标注在参照的同一侧。选择【基

图 11-172 参照为视图轮廓

线】单选项时，对话框中的选取基线工具 被激活，在图形区选择一条基线，出现红色箭头作为尺寸线偏移的方向，可以通过选取 反向箭头 工具使偏移方向相反，如图 11-173 所示。

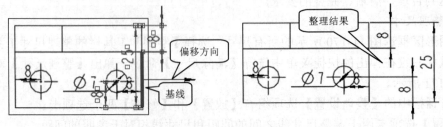

图 11-173 参照为基线

● 创建捕捉线：勾选此复选项，在对齐尺寸的同时创建捕捉线，捕捉线在打印时不输出，如图 11-174 所示，一般不选此项。

● 破断尺寸界线：勾选此复选项，在尺寸界线与其他绘制图元交截位置破断该尺寸界线。

【修饰】选项卡用于设置尺寸箭头和尺寸文本的放置位置。

● 反向箭头：勾选此复选项，如果箭头与文本不重叠，向尺寸界线内部反向箭头；如果箭头与文本重叠，则向尺寸界线外部反向箭头，一般勾选此项。

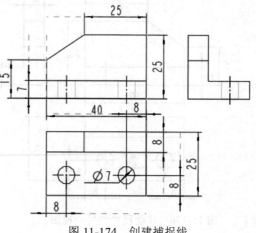

图 11-174　创建捕捉线

● 居中文本：勾选此复选项，在尺寸界线之间居中每个尺寸的文本，一般勾选此项。

● 文本在尺寸界线之间无法放置时的优先选项：通过选择按钮确定尺寸界线之间无法放置尺寸文本时文本移出放置的位置，一般使用默认设置。

2. 对齐尺寸

整理完尺寸后，有些尺寸的放置并不合适，如图 11-172 所示的俯视图中的两个 8，按照要求尺寸线应该水平对齐。

首先选取左端的水平尺寸 8，然后按住 Ctrl 键选取右端的水平尺寸 8，选择【绘制】工具栏的尺寸对齐工具 ，或者单击鼠标右键在弹出的快捷菜单中选择【对齐尺寸】命令，发现后选取的尺寸的尺寸线和第 1 个选取的尺寸的尺寸线已经对齐，如图 11-175 所示。

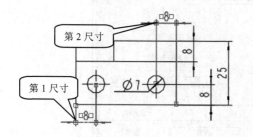 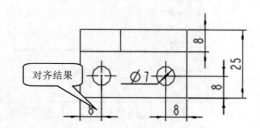

图 11-175　对齐尺寸

3. 将尺寸显示到另一视图

选择竖板的厚度尺寸 8，单击鼠标右键，在出现的快捷菜单中选择【将项目移动到视图】命令，消息区提示 选取模型视图或窗口，在图形区选取左视图，该尺寸移动到左视图标注，如图 11-176 所示。

4. 移动尺寸

选取要移动的尺寸，尺寸加亮显示，在尺寸光标变为移动符号时拖动鼠标将其移动到合适的位置，放开鼠标左键完成移动，如图 11-176 所示，俯视图左端的竖直尺寸的移动如图 11-177 所示。

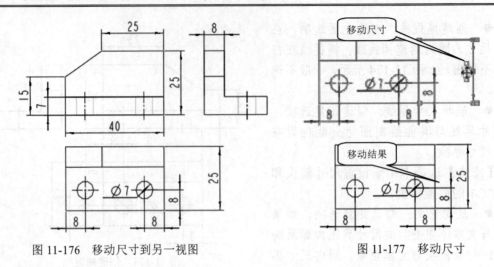

图 11-176　移动尺寸到另一视图　　　　　　　图 11-177　移动尺寸

5. 编辑文本内容

选取要编辑的尺寸，单击鼠标右键，在出现的快捷菜单中选择【属性】命令，出现【尺寸属性】对话框，如图 11-178 所示，可以在其中设置尺寸文字的属性。

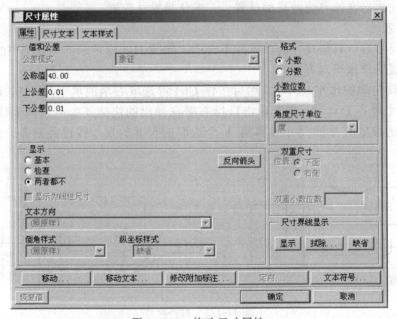

图 11-178　修改尺寸属性

【尺寸属性】选项卡有 3 个选项卡，分别为【属性】、【尺寸文本】和【尺寸样式】。

使用【属性】选项卡设置公称值和公差的大小、尺寸和箭头的显示样式、尺寸文本以及尺寸界线的显示等。

注意到此时其【公差格式】以灰色显示，不能设置，可以在绘图选项中修改选项"tol_display"的值为"yes"，此时所有的尺寸将显示尺寸公差，在【尺寸属性】对话框中的【公差格式】列表变为可用，有 5 种格式：

● 象征：不显示公差，只显示基本尺寸。

- 限制：显示最大极限尺寸和最小极限尺寸。
- 加-减：显示基本尺寸和上下偏差。
- ±对称：显示基本尺寸和对称上下偏差。
- 如其：显示方式和限制方式一样。

图 11-179 为 5 种格式标注的尺寸对比。

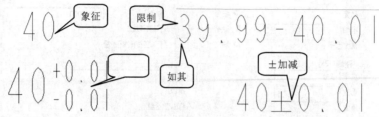

图 11-179　几种尺寸公差格式的比较

在标注尺寸时可首先一次选择不需要标注公差的尺寸，将它们的公差格式设置为"象征"，然后单个设置有公差的尺寸的公差格式和大小。

使用【尺寸文本】选项卡可以设置文本的内容，如图 11-180 所示。

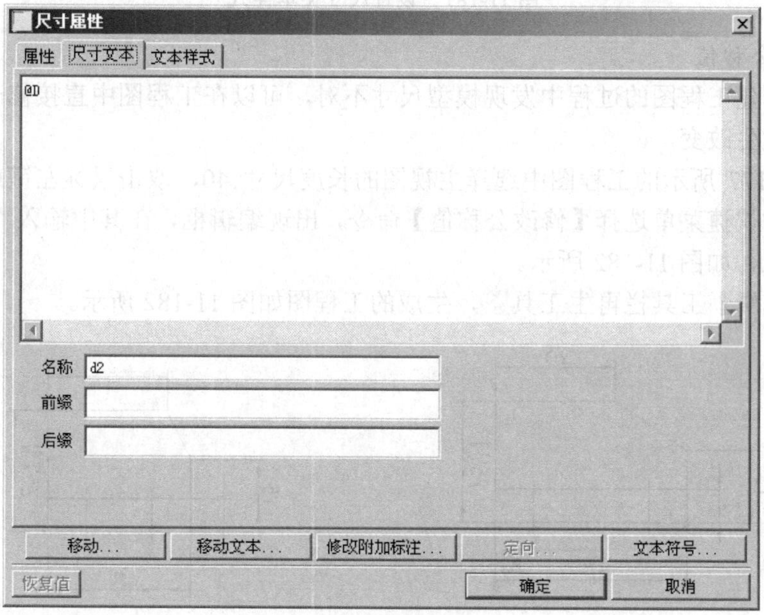

图 11-180　设置文本内容

在编辑框中可以修改或者输入文本，如修改尺寸"φ7"为"2×φ7"只需要在编辑框中的文本内容"φ@D"前面添加"2×"将其变为"2×φ@D"即可。

如果尺寸公差为非标准公差，对直径尺寸，可直接在尺寸后加"@+上偏差值@#@-下偏差值"；如是线性尺寸，须在尺寸和"@+上偏差值@#@-下偏差值"之间留一空格。

还可以在【前缀】编辑框和【后缀】编辑框中设置前缀和后缀。

使用【文本样式】选项卡可以设置尺寸文本的字体、高度、粗细、宽度因子、斜度等参数，对话框如图 11-181 所示。

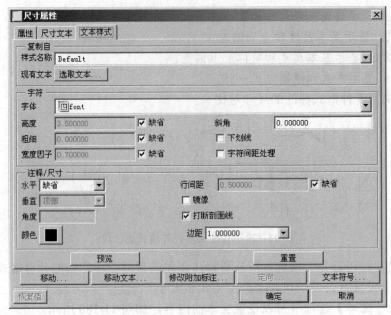

图 11-181　设置尺寸文本样式

6. 修改公称值

如果在创建工程图的过程中发现模型尺寸不对，可以在工程图中直接修改公称值，驱动模型大小发生改变。

在图 11-177 所示的工程图中选择主视图的长度尺寸 40，双击鼠标左键或者单击鼠标右键在弹出的快捷菜单选择【修改公称值】命令，出现编辑框，在其中输入"30"，按鼠标中键接受输入，如图 11-182 所示。

选择【编辑】工具栏再生工具 ，生成的工程图如图 11-182 所示。

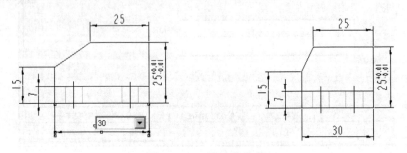

图 11-182　修改公称值

7. 拭除尺寸

在显示尺寸的过程中有多余的尺寸时，需要将多余的尺寸拭除，在半剖视图中有时需要拭除尺寸界线，正确标注尺寸。

在图形区选择尺寸，移动鼠标，光标变为 标志时，单击鼠标右键，在弹出的快捷菜单中选择【拭除】命令，将会拭除整个尺寸，如图 11-183 所示。

在图形区选择尺寸，移动鼠标到尺寸界线位置，光标变为 标志时，单击鼠标右键，在弹出的快捷菜单中选择【拭除】命令，将会拭除光标位置的尺寸界线，如图 11-183 所示。

欲重新显示尺寸界线，选取尺寸后，单击鼠标右键在出现的快捷菜单中选择【显示尺寸界线】既可。

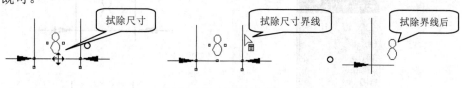

图 11-183　拭除尺寸

8. 插入角拐

图元太小不方便标注尺寸时，尺寸线可以使用角拐模式。

【例 11-12】　为如图 11-184 所示的最右下角长度尺寸 8 创建角拐。

设计步骤

（1）选择菜单【插入】/【角拐】命令。

（2）消息区提示⇨选取尺寸或引线注释来创建啮合。，在图形区选择最右下角长度尺寸 8。

（3）消息区提示⇨在尺寸界线上为拐点选出一个点，中键选出新的细节单元。，在右端尺寸界线上选取拐点，如图 11-184 所示。

（4）消息区提示⇨用左键选取角拐点的位置，中键退出。，在尺寸线以内选取第 2 个角拐点，按鼠标中键完成操作，如图 11-185 所示。

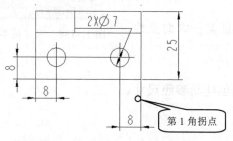

图 11-184　插入第 1 角拐点

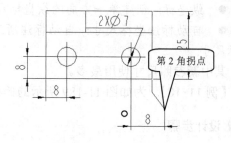

图 11-185　完成角拐

（5）选中尺寸后，选择角拐点的位置单击鼠标右键，在出现的快捷菜单选择【删除】命令，将会删除角拐。

9. 箭头样式

选中尺寸，在箭头位置单击鼠标右键，在出现的快捷菜单中选择【箭头样式】命令，出现【箭头样式】菜单，如图 11-186 所示。从中可以选择箭头的样式，如果选取【实心点】选项，再选择【完成/返回】选项点取位置的箭头变为实心点样式。

　一般对于小尺寸连续标注而言，多使用实心点方式。

10. 反向箭头

选中尺寸，单击鼠标右键，在出现的快捷菜单中选择【反向箭头】命令，尺寸箭头将反向显示，如图 11-187 所示。

图 11-186　箭头样式菜单

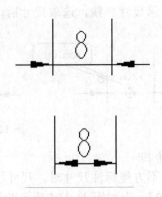

图 11-187　反向箭头

11.3.4.3　草绘尺寸

使用 Pro/E 软件自动标注的尺寸有时不完全符合要求，这时就需要用户手动标注尺寸，使其符合国家标准的规定。系统之中的尺寸包括草绘尺寸、草绘参照尺寸和草绘坐标尺寸三种类型，在机械设计中常用的是尺寸，在此进行详细讲解。

选择菜单【插入】/【尺寸】命令，出现尺寸的下一级菜单，如图 11-188 所示。

● 新参照：每次使用新的参照进行尺寸标注。

● 公共参照：每次使用某个基准参照进行标注后，连续以这个参照为基准进行多个公共基准的尺寸标注。

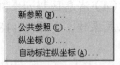

图 11-188　尺寸菜单

● 纵坐标：创建单一方向的纵坐标尺寸。

● 自动标注坐标尺寸：自动标注所选特征某一方向上的坐标尺寸。

其中新参照尺寸使用最多。

【例 11-13】 为如图 11-189 所示的俯视图创建新参照尺寸。

🔲 设计步骤

（1）打开文件 "liti11-13.drw"。

（2）选择菜单【插入】/【尺寸】/【新参照】命令，或者选择【绘制】工具栏标注尺寸工具 。

（3）系统提示 选取图元进行尺寸标注或尺寸移动:中键完成。，并且出现【依附类型】菜单，如图 11-190 所示。

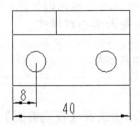

图 11-189　新参照尺寸

图 11-190　依附类型菜单

- 图元上：尺寸引出线在选取的图元上。
- 中点：尺寸引出线在选取的图元的中点上。
- 中间：尺寸引出线在选取的圆弧的圆心上。
- 求交：尺寸引出线在选取的两个图元的交点上。
- 做线：为尺寸引出线创建一条引出线。

（4）在【依附类型】列表中选择【图元上】，在图形区最左竖线上使用鼠标左键选取第1点。

（5）在【依附类型】列表中选择【中间】，在图形区左边的圆上使用鼠标左键选取第2点。

（6）在欲放置尺寸的第3点位置单击鼠标中键，完成尺寸标注，如图11-191所示。

（7）在【依附类型】列表中选择【图元上】，在图形区最左竖线上使用鼠标左键选取第1点。

（8）在【依附类型】列表中选择【图元上】，在图形区最右竖线上使用鼠标左键选取第2点。

（9）在欲放置尺寸的第3点位置单击鼠标中键，出现【尺寸方向】菜单，如图11-192所示。

- 水平：标注选取两点间的水平距离。
- 竖直：标注选取两点间的竖直距离
- 倾斜：标注选取两点之间连线的倾斜距离。
- 平行：标注两点之间与参考线平行的距离/
- 法向：标注垂直于参考直线的距离。

（10）在【尺寸方向】菜单中选择【水平】选项，完成尺寸标注如图11-193所示。

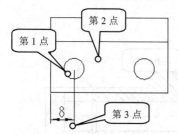
图 11-191　标注新参照尺寸

图 11-192　【尺寸方向】菜单

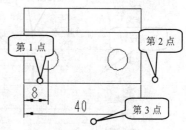
图 11-193　标注水平尺寸

11.3.5　创建基准和形位公差

形位公差分为形状公差和位置公差。形状公差是指零件的实际形状相对于理想形状允许的变动量，位置公差是指零件的实际位置相对于理想位置的允许变动量。

对位置公差而言，需要标记其基准，基准可以是平面，轴线等。

11.3.5.1　创建基准

下面通过例题讲解基准的创建过程。

【例11-14】　利用文件"liti11-14.drw"创建如图11-194所示的各基准。

⊞ 设计步骤

（1）打开文件 "liti11-14.drw"，如图 11-195 所示。

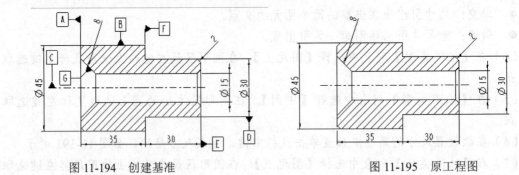

图 11-194　创建基准　　　　　　　　　　　图 11-195　原工程图

（2）选择菜单【插入】/【模型基准】/【平面】命令，出现如图 11-196 所示的【基准】对话框，在【放置】项目组设置生成的基准符号的放置位置。

● 自由：基准符号自由放置。
● 在尺寸中：基准符号对齐选取尺寸的尺寸线。
● 在几何公差中：基准符号对齐几何公差放置。
● 在几何上：基准符号放置在选取的图元上。

（3）在【名称】编辑框中输入 "A"。

（4）单击设置按钮 [A◀] 。

（5）在对话框单击 在曲面上 按钮，消息区提示 ⇨选取曲面。，在图形区使用鼠标左键拾取平面，选择对话框 确定 按钮完成基准 A 的创建，如图 11-197 所示。

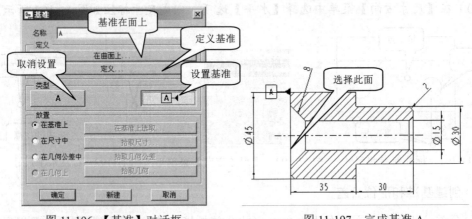

图 11-196　【基准】对话框　　　　　　　　图 11-197　完成基准 A

（6）选取刚创建的基准符号，在光标变为移动符号时，按住鼠标左键将其移动到合适的位置，如图 11-198 所示。

（7）选择菜单【插入】/【模型基准】/【轴】命令。

（8）出现【基准】对话框，在【名称】编辑框输入 "B"。

（9）单击设置按钮 [A◀] ，单击 定义... 按钮，出现【基准轴】菜单，设置定义基准轴的方式，如图 11-199 所示。

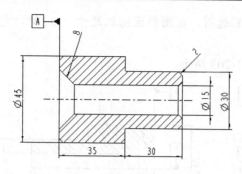

图 11-198　移动基准符号

图 11-199　定义基准轴创建方式

- 过边界：创建穿过边线的基准轴。
- 垂直平面：创建垂直于平面的的基准轴，指定线性尺寸定义基准轴位置。
- 过点且垂直于平面：创建通过基准点且垂直于平面的基准轴。
- 过柱面：创建通过回转面轴线的基准轴。
- 2 平面：创建由两个平面的交线确定的基准轴。
- 二个点/顶点：创建由通过两点的线确定的基准轴。
- 曲面点：创建通过曲面上点的基准轴。
- 曲线相切：创建与曲线或者边相切的基准轴。

（10）选择【过边界】选项，选取如图 11-200 所示的边界。

（11）单击对话框 确定 按钮，完成基准轴 B 的创建。

（12）选取刚创建的基准符号，在光标变为移动符号时移动其位置到如图 11-201 所示的位置。

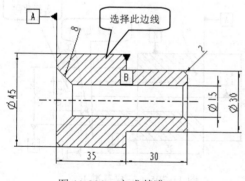

图 11-200　完成基准 B

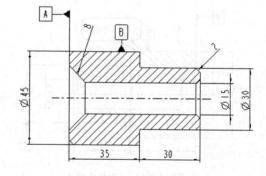

图 11-201　移动基准符号

（13）选择菜单【插入】/【模型基准】/【轴】命令。

（14）出现【基准】对话框，在【名称】编辑框输入 "C"。

（15）单击设置按钮 [A◄]，单击 定义… 按钮，出现【基准轴】菜单。

（16）选择【过柱面】选项，选取 "φ45" 的圆柱面，系统创建基准 C。

（17）在【基准】对话框中单击 新建 按钮，在【名称】编辑框输入 "D"。

（18）单击设置按钮 [A◄]，单击 定义… 按钮。

（19）在【基准轴】菜单选取 "φ30" 的圆柱面，系统创建基准 D。

（20）在【放置】项目组选取 ⊙在尺寸中 选项，在图形区选取尺寸"φ30"，完成基准 D 的创建，如图 11-202 所示。

（21）选择基准符号，移动后如图 11-203 所示。

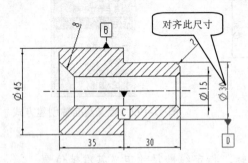

图 11-202　完成基准 C 和基准 D

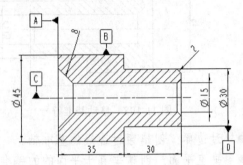

图 11-203　调整基准符号位置

（22）选择菜单【插入】/【模型基准】/【平面】命令。

（23）出现【基准】对话框，在【名称】编辑框输入"E"。

（24）单击设置按钮 ▣A◀ ，单击 在曲面上 按钮，选择如图 11-204 所示的曲面，创建了基准 E。

（25）在【基准】对话框中单击 新建 按钮，在【名称】编辑框输入"F"。

（26）单击设置按钮 ▣A◀ ，单击 在曲面上 按钮，选择如图 11-205 所示的曲面，创建了基准 E。

（27）在【放置】项目组选取 ⊙在尺寸中 选项，在图形区选取尺寸"30"，完成基准 F 的创建，如图 11-205 所示。

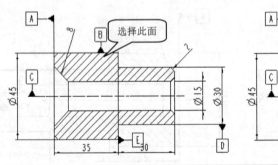

图 11-204　完成基准 E　　　　　　　　　　图 11-205　完成基准 F

（28）选择菜单【插入】/【模型基准】/【轴】命令。

（29）出现【基准】对话框，在【名称】编辑框输入"G"。

（30）单击设置按钮 ▣A◀ ，单击 定义… 按钮，出现【基准轴】菜单。

（31）选择【曲线相切】选项，选取倒角为 8 的圆锥面边线。

（32）系统提示 ⇨选取边的顶点。，选取顶点，如图 11-206 所示。

（33）单击对话框 确定 按钮，完成基准 G 的创建。

（34）调整基准符号的位置，最后结果如图 11-207 所示。

（35）保存文件，关闭窗口，拭除不显示。

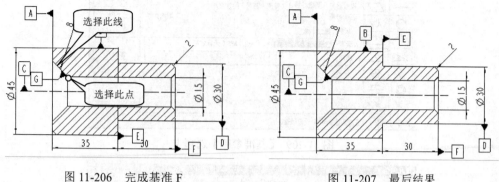

图 11-206 完成基准 F 　　　　　　　图 11-207 最后结果

11.3.5.2 创建形位公差

创建完基准后需要标注形位公差。选择菜单【插入】/【几何公差】命令或者选择【绘制】工具栏的创建几何公差工具 ，可以打开如图 11-208 所示的【几何公差】对话框。

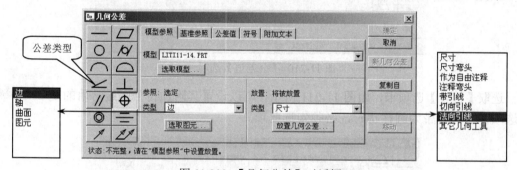

图 11-208 【几何公差】对话框

对话框有 5 个选项卡，分别用于设置模型参照、基准参照、公差值、符号和附加文本等选项。

在【几何公差】对话框最左侧的公差类型工具箱中可以选择形位公差的类别，共有 6 项形状公差和 8 项位置公差。

使用【模型参照】选项卡，可以设置参照模型等选项。

在参照【类型】列表中可以设置被标注的图元和特征类型，有 4 个选项：边、轴、曲面、和图元，在列表中选取相应选项后，单击 选取图元… 按钮可以在图形区选取相应的图元进行标注。

在放置【类型】列表中可以设置形位公差的放置方式，有尺寸、尺寸弯头、作为自由注释、注释弯头、带引线、切向引线、法向引线和其他几何工具共 8 种方式，选取其中一项后， 放置几何公差… 按钮被选中，可以在图形区设置引线，具体方法将在例题中讲解。

选取【基准参照】选项卡，对话框如图 11-209 所示。在【基准参照】项目组可以设置基准参照，如果只有一个基准参照，使用【首要】选项卡，在【基本】列表中选取基准即可；如果有两个或者两个以上的基准参照，可以使用【第二】、【第三】选项卡进行设置。

选取【公差值】选项卡，对话框如图 11-210 所示。一般勾选【总公差】选项，在编辑框可以输入公差值。

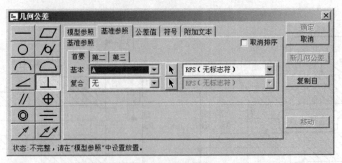

图 11-209 【基准参照】选项卡

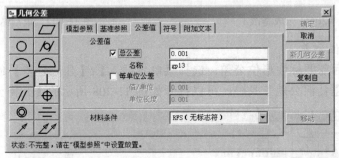

图 11-210 【公差值】选项卡

选取【符号】选项卡，如图 11-211 所示，可以设置其附加符号，最常用的是 □ ⌀ 直径符号 复选项，当公差带为圆柱状时，必须勾选此项。

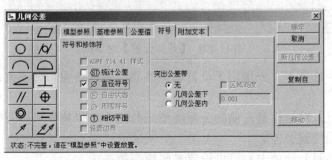

图 11-211 【符号】选项卡

选取【附加文本】选项卡，如图 11-212 所示，可以设置其附加文本，可以勾选不同的 选项，在编辑框中输入相应文本。

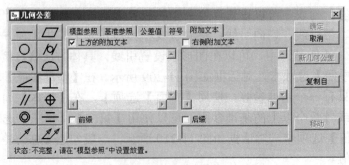

图 11-212 【符号】选项卡

【例 11-15】 标注形位公差，如图 11-213 所示。

设计步骤

（1）打开文件 "liti11-15.drw"，如图 11-214 所示。

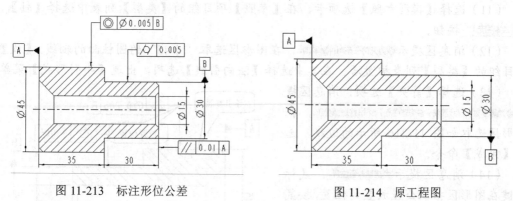

图 11-213　标注形位公差　　　　　　图 11-214　原工程图

（2）选择基准符号 B，单击鼠标右键，在出现的快捷菜单中选择【反向尺寸界线】命令，基准符号 B 放置在另一尺寸界线一侧。

（3）选择【绘制】工具栏的创建几何公差工具 ，出现【几何公差】对话框，在其左侧选择圆柱度公差符号 ，选择【公差值】选项卡，在【公差值】项目组的【总公差】编辑框输入 "0.005"。

（4）选择【模型参照】选项卡，在【参照】项目组的【类型】列表中选择【曲面】，单击 选取图元... 按钮。

（5）消息区提示 选取曲面。，在图形区选取 "φ30" 的圆柱面，【放置】项目组的【类型】列表被激活。在其中选择【法向引线】选项，出现【导引形式】菜单，如图 11-215 所示。

（6）选择【箭头】选项，消息区提示 选取多边，尺寸界线，多个基准点，多个轴线 或曲线。，在图形区选取如图 11-216 所示的边线，选择【完成】命令。

（7）消息区提示 选取放置位置。，鼠标左键在图形区拾取公差放置的位置，按鼠标中键或者单击【几何公差】对话框的 确定 按钮，完成圆柱度公差标注如图 11-216 所示。

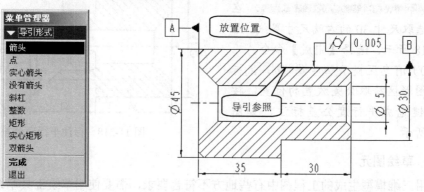

图 11-215　【导引形式】菜单　　　　图 11-216　完成同轴度公差

（8）选择【绘制】工具栏的创建几何公差工具 ，出现【几何公差】对话框，在其左

侧选择同轴度公差符号 <u>◎</u>，选择【公差值】选项卡，在【公差值】项目组的【总公差】
编辑框输入 "0.005"。

（9）选择【基准参照】选项卡，在【基本】列表中选取【B】。

（10）选择【符号】选项卡，勾选 <u>☑ ∅ 直径符号</u> 选项。

（11）选择【模型参照】选项卡，在【参照】项目组的【类型】列表中选择【轴】，单
击 <u>选取图元...</u> 按钮。

（12）消息区提示 <u>⇨为几何公差附件选取轴。</u>，在图形区选取 "φ45" 的圆柱面的轴线，【放置】
项目组的【类型】列表被激活。在其中选择【法向引线】选项，出现【导引形式】菜单。

（13）选择【箭头】选项，消息区提
示 <u>⇨选取多边，尺寸界线，多个基准点，多个轴线 或曲线。</u>，在
图形区选取如图 11-216 所示的边线，选
择【完成】命令。

（14）消息区提示 <u>⇨选取放置位置。</u>，鼠标
左键在图形区拾取公差放置的位置，按鼠
标中键完成同轴度公差标注，如图 11-217
所示。

（15）选择【绘制】工具栏的创建几
何公差工具 <u>加</u>，出现【几何公差】对话框，
在其左侧选择平行度公差符号 <u>∥</u>，选择

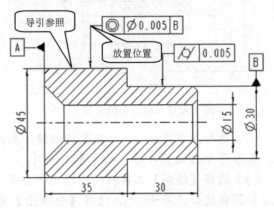

图 11-217　标注同轴度公差

【公差值】选项卡，在【公差值】项目组的【总公差】编辑框输入 "0.01"。

（16）选择【基准参照】选项卡，在【基本】列表中选取【A】。

（17）选择【模型参照】选项卡，在【参照】项目组的【类型】列表中选择【曲面】，
单击 <u>选取图元...</u> 按钮。

（18）消息区提示 <u>⇨选取曲面。</u>，在立体右端面，【放置】项目组的【类型】列表被激活。
在其中选择【法向引线】选项，出现【导
引形式】菜单。

（19）选择【箭头】选项，消息区提示
<u>⇨选取多边，尺寸界线，多个基准点，多个轴线 或曲线。</u>，在
图形区选取尺寸 30 的右端尺寸界线，如
图 11-218 所示，选择【完成】命令。

（20）消息区提示 <u>⇨选取放置位置。</u>，鼠标
左键在图形区拾取公差放置的位置，按
鼠标中键完成平行度公差标注，如图
11-218 所示。

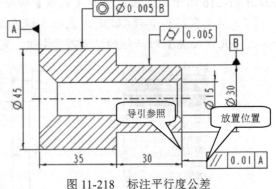

图 11-218　标注平行度公差

11.3.6　草绘图元

使用三维模型生成的工程图中有些地方不符合要求，需要使用草绘工具草绘图元，利用
编辑工具对草绘的图元进行编辑。草绘图元的工具基本上和草绘模块的工具一样使用。在工程
图图形区右侧有【绘图草绘器工具】工具栏和【绘图草绘器】工具栏，如图 11-219 所示。

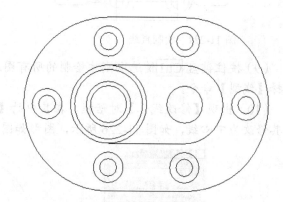

图 11-219 绘图工具栏

绘图草绘器工具的用法和草绘模块的用法基本相同，不在赘述。

绘图草绘器有两个工具。

● 启用草绘链工具：选中此工具，在使用绘图草绘器工具绘制图元时，可以一次绘制多个连续图元，否则一次只能绘制单个图元。

● 记住参数化草绘参照工具：选中此工具，在绘图中草绘时，以参数化方式使绘制图元与模型几何或其他绘制图元相关。

在草绘之前，可以通过选择菜单【草绘】/【草绘器优先选项】命令，弹出【草绘器优先选项】对话框，在其中设置捕捉方式的使用，如图 11-220 所示。

捕捉选项的设置如图 11-220 所示，【草绘工具】选项组的设置可以使用【绘图草绘器】工具栏实现，下面通过实例讲解草绘工具的使用。

【例 11-16】 为如图 11-221 所示的图形添画中心线。

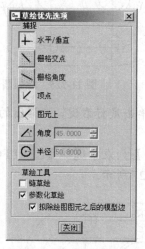

图 11-220 草绘器优先选项菜单

图 11-221 添画中心线

设计步骤

（1）打开文件 "liti11-16.drw"，俯视图如图 11-221 所示。

（2）选择菜单【草绘】/【草绘器优先选项】命令，设置【草绘器优先选项】对话框中各参数如图 11-220 所示。

（3）确认【绘图草绘器】参数化草绘工具处于按下状态，草绘链工具处于浮起状态。

（4）选取两点线工具，出现【参照】对话框，如图 11-222 所示。

（5）单击对话框中选取按钮，在图形区选择如图 11-223 所示的各参照。

（6）单击【选取】提示框的确定按钮或者单击鼠标中键，开始草绘直线图元，光标移动到参照的圆心和端点位置会自动捕捉到该点。

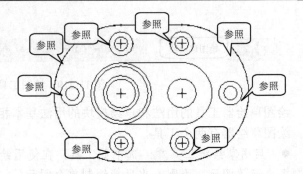

图 11-222 【参照】对话框　　　　　　　　图 11-223　选取参照

（7）草绘各图元如图 11-224 所示。按鼠标中键结束绘制。

（8）同理选取两点线 ↘工具，选取如图 11-224 所示的参照绘制圆弧如图 11-225 所示。

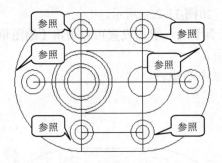

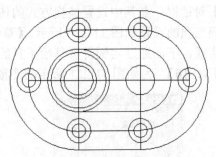

图 11-224　绘制直线　　　　　　　　　　图 11-225　绘制圆弧

（9）按住键盘 Ctrl 键选取刚才绘制的所有图元，单击鼠标右键，在弹出的快捷菜单中选择【线型】命令。

（10）出现【修改线体】对话框，在其中的【线型】列表中选择【CTRLFONT_S_L】，将其修改为中心线，如图 11-226 所示，图形如图 11-227 所示。

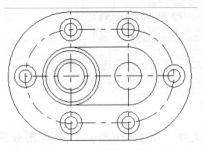

图 11-226 【修改线体】对话框　　　　　　图 11-227　修改线型

（11）选取水平中心线，单击鼠标右键在弹出的快捷菜单中选择【修剪到边界】命令，消息区提示 ⇨选取活动图元的端点指定哪一端要保持/延拓。，选取中心线一端端点，消息区提示 ⇨选取一个裁剪至的边界实体或点。，在图形区使用鼠标左键拾取最外侧边线，将中心线延伸到与外轮廓线相交。

（12）选择菜单【编辑】/【修剪】/【增量】命令，消息区提示 ⇨输入增量的长度 [退出]，在编辑框输入 3，按鼠标中键接受延伸长度。

（13）单击各需要出头的中心线端部，完成中心线
延伸，结果如图 11-228 所示。

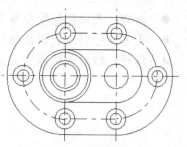

图 11-228 最后结果

11.3.7 插入表面粗糙度

选择菜单【插入】/【表面光洁度】命令，出现【得
到符号】菜单，如图 11-229 所示。选择【得到符号】
菜单中的【检索】命令，出现【打开】对话框，检索
粗糙度符号库，如图 11-230 所示。系统默认目录下有
普通（generic）、去除材料的方法得到的（machined）和不去除材料的方法得到的（unmachine）
三种符号，可以从对话框中根据得到表面的方法选取。

图 11-229 【得到符号】菜单

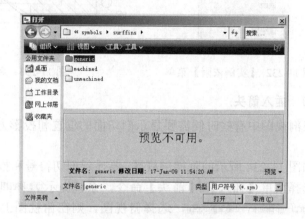

图 11-230 检索表面粗糙度符号库

选择"machined"文件夹，【打开】对话框如图 11-231 所示，出现所选符号的预览。

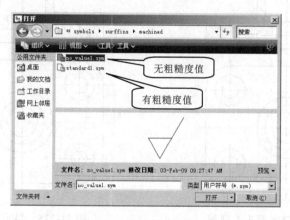

图 11-231 符号预览

一般选取"machined"文件夹中的"standard1"符号库，选取完毕之后，出现实例依
附菜单，如图 11-232 所示。各种情况标注的表面粗糙度对比如图 11-233 所示。

● 方向指引：用引出线标注表面粗糙度。
● 图元：表面粗糙度符号依附到图元或者边界上。

- 法向：表面粗糙度符号垂直于某边或者实体，是最常用的方式。
- 无方向指引：表面粗糙度不依附于参照，没有指引线，独立注出。
- 偏距：相对于局部放大图放置无导引的表面粗糙度。

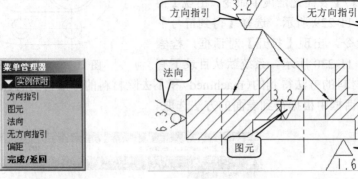

图 11-232　【实例依附】菜单　　　　　图 11-233　各种依附方式对比

11.3.8　插入箭头

在剖视图中有些时候需要显示剖切面的位置和投影方向，这就需要使用【插入箭头】命令。

如图 11-234 所示的阶梯剖视图，要显示剖切符号和投影方向，应该按照下面步骤操作。

选择菜单【插入】/【箭头】命令，系统提示 选取视图来显示箭头。，选择主视图，系统提示 给箭头选出一个截面在其处垂直的视图。，选择俯视图，则在俯视图上显示剖切位置和投影方向，如图 11-235 所示。

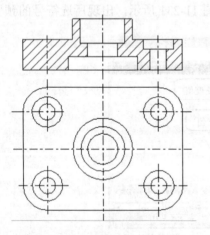

图 11-234　不显示箭头的视图

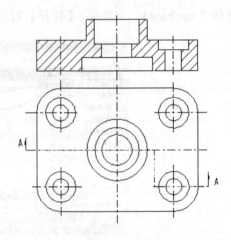

图 11-235　显示箭头后

11.3.9　插入球标

在装配工程图中要为各个零件编写零件序号，在 Pro/E 中称为球标，下面通过例子讲解如何插入球标。

【例 11-17】　为螺栓装配图在主视图插入球标，如图 11-236 所示。

设计步骤

（1）打开文件"liti11-17.drw"，主视图如图 11-237 所示。

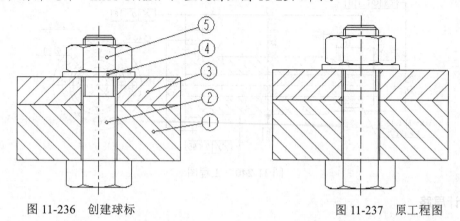

图 11-236　创建球标　　　　　　　　　　图 11-237　原工程图

（2）选择菜单【插入】/【球标】命令，出现【注释类型】菜单，选择【带引线】/【输入】/【水平】/【标准】/【默认】/【制作注释】命令，出现【获得点】菜单。

（3）在【获得点】菜单中选择【自由点】/【点】命令，消息区提示 ⇨选取一些起始点。，在图形区选择件 1 内部 1 点，按鼠标中键结束。

（4）消息区提示 ⇨输入注释，输入零件序号"1"，按鼠标中键接受输入。

（5）再次出现提示，不输入任何值，按鼠标中键完成输入，如图 11-238 所示。

（6）按照上述过程创建 5 个零件的球标，如图 11-239 所示，此时球标并未对齐。

（7）选取球标，按住鼠标左键拖动到合适的位置，使之对齐，如图 11-236 所示。

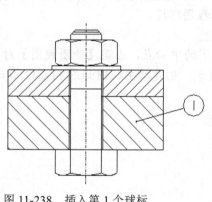
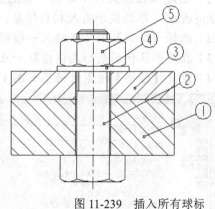

图 11-238　插入第 1 个球标　　　　　　图 11-239　插入所有球标

11.4　综合实例

设计要求

根据给定的零件"zonghe.prt"生成如图 11-240 所示的工程图。

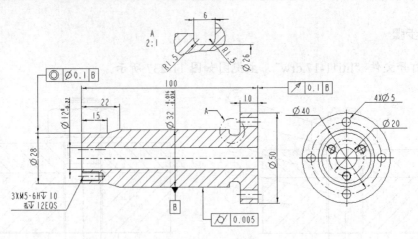

图 11-240 工程图

设计思路

（1）创建全剖的主视图、不剖的左视图和局部放大图。

（2）显示尺寸和轴线。

（3）调整尺寸和轴线的显示样式和位置及尺寸公差。

（4）插入注释。

（5）插入基准。

（6）插入形位公差。

创建视图

（1）创建工程图文件，名为"zonghe.drw"，默认模型使用"zonghe.prt"，模板使用"a3heng.drw"，根据提示输入相应信息，进入工程图环境。

（2）选择【绘制】工具栏插入一般视图工具 。

（3）在图形区使用鼠标左键拾取一点作为视图的中心点，出现【绘图视图】对话框。

（4）设置【绘图】视图对话框如图 11-241 所示。创建的主视图如图 11-242 所示。

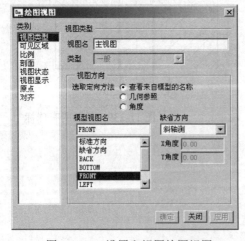

图 11-241 设置主视图绘图视图

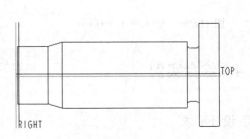

图 11-242 主视图

（5）选取主视图，单击鼠标右键，在出现的快捷菜单中选择【插入投影视图】命令。

（6）根据消息区提示在主视图右方拾取左视图插入点，完成左视图如图 11-243 所示。

（7）双击主视图，在出现的【绘图视图】对话框的【类别】列表中选择【剖面】选项。设置完成后对话框如图 11-244 所示，注意选取 "FRONT" 面作为剖面。

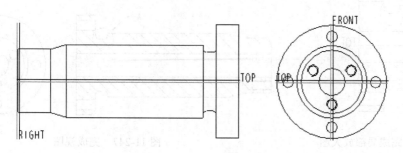

图 11-243　完成左视图

（8）选择菜单【插入】/【绘图视图】/【详图】命令，根据消息区提示选取主视图的点作为局部放大图的中心点。

（9）根据消息区提示草绘样条作为局部放大图的范围，按鼠标中键完成样条，如图 11-245 所示。

图 11-244　设置主视图剖面

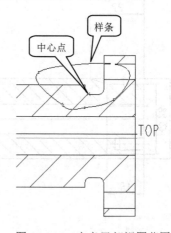

图 11-245　定义局部视图范围

（10）根据消息区提示在合适的位置拾取放置局部图的中心点，如图 11-246 所示。

（11）选中局部放大图中的剖面线，双击鼠标左键，在出现的【修改剖面线】菜单中选择【独立详图】命令，再修改其【间距】到合适的大小。

（12）同样修改主视图剖面线间距。

（13）修改注释文字，最后完成的视图如图 11-247 所示。

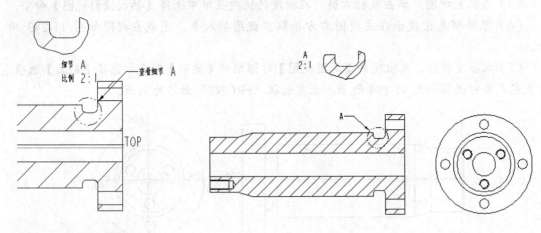

图 11-246　完成局部放大图　　　　　　图 11-247　完成视图

显示尺寸和轴线

（1）选择菜单【视图】/【显示及拭除】命令，按照前面的步骤显示全部的轴线和尺寸。

（2）选择所有多余的尺寸和轴线，单击鼠标右键，在出现的快捷菜单中选择【拭除】命令，完成视图如图 11-248 所示。

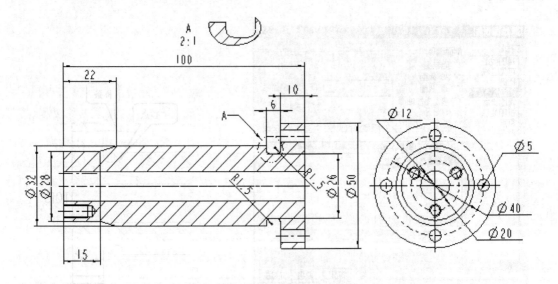

图 11-248　整理尺寸

（3）选择主视图的两个"R1.5"和"Φ26"以及"6"，单击鼠标右键在出现的快捷菜单中选择【将项目移动到视图】命令。

（4）根据提示选择局部放大图，选中的尺寸移动到局部放大图标注。

（5）将其余尺寸按照国家标准的要求移动到合适的视图，如图 11-249 所示。

（6）选择左视图的尺寸"Φ5"，单击鼠标右键在出现的快捷菜单中选择【属性】命令，在出现的【尺寸属性】菜单中选择【尺寸文本】选项卡，修改其尺寸为"4XΦ5"。

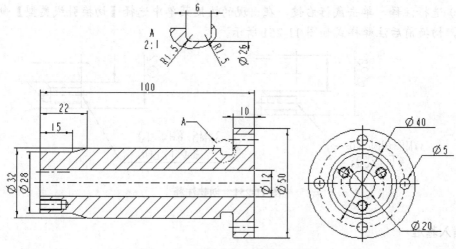

图 11-249　移动尺寸到其他视图

（7）同理修改主视图尺寸"Φ32"为"Φ@D @+-0.016@#@--0.034"，修改主视图尺寸"Φ12"为"Φ@D @+0@#@--0.27"。生成的视图已经添加尺寸公差，适当移动尺寸位置，如图 11-250 所示。

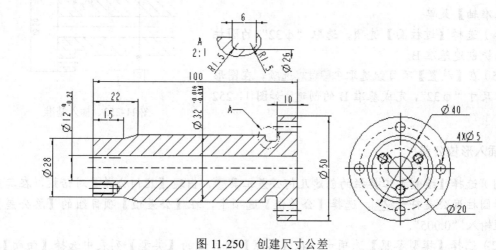

图 11-250　创建尺寸公差

插入注释

（1）选择【绘制】工具栏创建注释工具 ，出现【注释类型】菜单。

（2）选择【带引线】/【输入】/【水平】/【标准】/【默认】/【制作注释】命令，出现【获得点】菜单。

（3）选择【图元上】命令，在主视图左端选择螺纹孔的轴线，在合适位置按鼠标中键确定注释位置。

（4）消息区提示 输入注释:，输入3XM5-6H▽10按鼠标中键接受输入。

（5）再次出现提示，输入孔▽12EQS，按鼠标中键完成输入。

（6）再次出现提示，不输入任何值，按鼠标中键完成输入。

（7）选择注释，单击鼠标右键，在出现的快捷菜单中选择【切换引线类型】命令，完成注释，切换前后注释样式如图 11-251 所示。

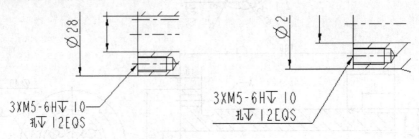

图 11-251　创建注释

插入基准

（1）选择菜单【插入】/【模型基准】/【轴】命令。

（2）出现【基准】对话框，在【名称】编辑框输入 "B"。

（3）单击设置按钮 A ，单击 定义... 按钮，出现【基准轴】菜单。

（4）选择【过柱面】选项，选取 "φ32" 的圆柱面，系统创建基准 B。

（5）在【放置】项目组选取 在尺寸中 选项，在图形区选取尺寸 "φ32"，完成基准 B 的创建，如图 11-252 所示。

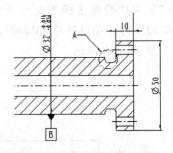

图 11-252　插入基准

插入形位公差

（1）选择【绘制】工具栏的创建几何公差工具 ，出现【几何公差】对话框，在其左侧选择圆柱度公差符号 ，选择【公差值】选项卡，在【公差值】项目组的【总公差】编辑框输入 "0.005"。

（2）选择【模型参照】选项卡，在【参照】项目组的【类型】列表中选择【曲面】，单击 选取图元... 按钮。

（3）消息区提示 选取曲面，在图形区选取 "φ32" 的圆柱面，【放置】项目组的【类型】列表被激活。在其中选择【法向引线】选项，出现【导引形式】菜单。

（4）选择【箭头】选项，根据提示在图形区选取 "φ32" 的圆柱面的最下边线。

（5）根据提示在欲放置公差的位置单击鼠标中键，完成圆柱度公差标注，如图 11-253 所示。

（6）标注其他公差，最后结果如图 11-240 所示。

（7）保存文件，关闭窗口，拭除不显示。

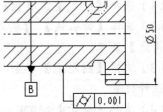

图 11-253　插入圆柱度公差

11.5　本章小结

本章详细介绍了工程图的制作过程，从工程图模板文件的创建、到工程图各种表达方法的使用，以及尺寸标注、尺寸公差的标注和形位公差的标注以及粗糙度等技术要求的插入都进行了详细的讲解。通过本章的学习，读者可以由已经创建的文件生成符合国家标准的工程图样，当然要高效创建工程图文件，需要读者经过大量的练习。

11.6　习题

1．概念题

（1）工程图模块和草绘模块有何异同？

（2）如何设置工程图模板文件和格式文件的选项属性。

（3）如何删除已经创建的各种图元。

（4）删除图元和拭除图元有何区别，如何恢复显示已拭除的图元。

2．操作题

（1）利用所给文件"xiti11-2-1.prt"创建工程图，如图 11-254 所示。

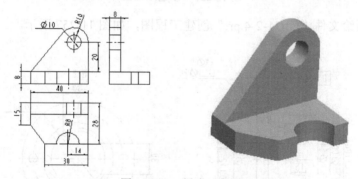

图 11-254　创建工程图

（2）利用所给文件"xiti11-2-2.prt"创建工程图，如图 11-255 所示。

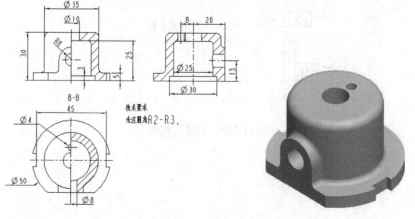

图 11-255　创建工程图

（3）利用所给文件"xiti11-2-3.prt"创建工程图，如图 11-256 所示。

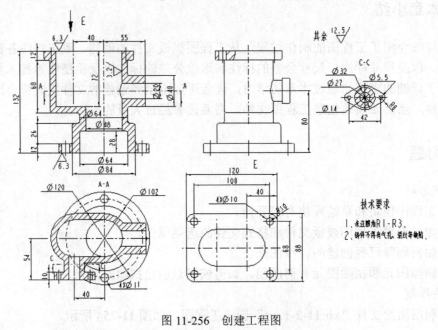

图 11-256 创建工程图

（4）利用所给文件"xiti11-2-4.prt"创建工程图，如图 11-257 所示。

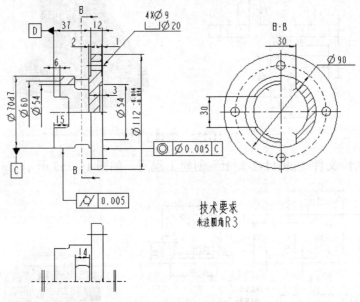

图 11-257 创建工程图

参 考 文 献

[1] 林清安，刘国彬．Pro/Engineer Wildfire 入门与范例[M]．北京：中国铁道出版社，2004．

[2] 陶春生．Pro/ENGINEER Wildfire（中文版）零件设计基础篇[M]．北京：清华大学出版社，2005．

[3] 詹友刚．Pro/Engineer 中文野火版教程——通用模块[M]．北京：清华大学出版社，2003．

[4] 黄忠耀，李冬梅，等．Pro/Engineer 2001 基础训练教程[M]．北京：清华大学出版社，2002．

[5] 林清安．Pro/Engineer Wildfire（中文版）零件设计基础篇[M]．北京：清华大学出版社，2005．

[6] 何博．中文版 Pro/ENGINEER Wildfire 实用速成教程[M]．北京：中国电力出版社，2004．

[7] 祝凌云，李斌．Pro/ENGINEER 运动仿真和有限元分析[M]．北京：人民邮电出版社，2004．

[8] 孙江宏，段大高．Pro/ENGINEER 2001 高级功能应用与编辑处理[M]．北京：清华大学出版社，2003．

[9] Alan JKalameja，夏链．AutoCAD2002 工程制图习题集[M]．北京：机械工业出版社，2002．

[10] 柳迎春．Pro/ENGINEER Wildfire 曲面造型设计[M]．北京：清华大学出版社，2004．

[11] 黄英．画法几何及机械制图习题集[M]．北京：高等教育出版社，2004．

[12] 钱可强，何铭新．机械制图习题集[M]．5 版．北京：高等教育出版社，2004．

[13] 何铭新，钱可强．机械制图[M]．5 版．北京：高等教育出版社，2004．

[14] 孙江宏，黄小龙．Pro/Engineer 野火版入门与提高[M]．北京：清华大学出版社，2005．

[15] 唐俊，龙坤，张浩．中文版 Pro/ENGINEER Wildfire 实例教程[M]．北京：清华大学出版社，2004．